黄河砒砂岩区多动力复合侵蚀过程与机制

肖培青　姚文艺　张　攀　等著

黄 河 水 利 出 版 社
·郑 州·

内 容 提 要

本书在国家重点研发计划课题"础砂岩区多动力复合侵蚀时空分异规律"(2017YFC0504501)等多项科技计划资助下,遵循"特征分析—过程判识—机制揭示"的研究思路,综合运用土壤侵蚀学、泥沙运动力学、自然地理学、生态学等多学科理论,通过"反演—模拟""点—面"结合、多源信息融合分析等多种研究手段,研发基于多源数据融合的水力-风力-冻融复合侵蚀实体模型相似模拟技术,明晰多动力复合侵蚀时空分布特征,辨识多动力复合侵蚀交互特征,揭示植被复合侵蚀对粗泥沙产输的影响,在复合侵蚀区高强度产沙驱动机制及多因子作用贡献率等方面取得了系统认识,为黄河粗泥沙来源区水土流失治理及脆弱生态区生态文明建设提供了科技支撑。

本书可供水土保持、水文泥沙、河床演变、水资源、环境及流域治理等方面研究、规划和管理的科技人员及高等院校有关专业的师生参考。

图书在版编目(CIP)数据

黄河础砂岩区多动力复合侵蚀过程与机制/肖培青等著. —郑州:黄河水利出版社,2021.9

ISBN 978-7-5509-3091-9

Ⅰ.①黄… Ⅱ.①肖… Ⅲ.①黄河-砂岩-泥沙运动-流体动力学-关系-土壤侵蚀-研究 Ⅳ.①TV152

中国版本图书馆 CIP 数据核字(2021)第 182333 号

组稿编辑:王志宽　电话:0371-66024331　E-mail:wangzhikuan83@126.com

出 版 社:黄河水利出版社　网址:www.yrcp.com

地址:河南省郑州市顺河路黄委会综合楼 14 层　邮政编码:450003

发行单位:黄河水利出版社

发行部电话:0371-66026940、66020550、66028024、66022620(传真)

E-mail:hhslcbs@126.com

承印单位:广东虎彩云印刷有限公司

开本:787 mm×1 092 mm　1/16

印张:11.5

字数:266 千字　印数:1—1 000

版次:2021 年 9 月第 1 版　印次:2021 年 9 月第 1 次印刷

定价:120.00 元

前　言

黄河流域砒砂岩区土壤侵蚀剧烈,且为典型的水力、风力、冻融多动力复合侵蚀类型,研究其多动力复合侵蚀规律,对于揭示砒砂岩区土壤侵蚀机制、制定相应的治理对策具有重要意义。

砒砂岩集中分布于内蒙古自治区鄂尔多斯市、陕西省府谷县及山西北部部分地区,其面积1.67万km^2,该区域处于多种自然环境要素相互交错的过渡区,生态系统极度脆弱,具有水力、风力、冻融等多动力在时间上交替、在空间上叠加的侵蚀特征,在冬春季冻融、风化严重,到了夏秋季暴雨洪水多发,加之砒砂岩胶结程度差、结构松散,水力侵蚀剧烈,形成了与单一风力侵蚀或水力侵蚀不同的多动力复合侵蚀机制。冻融侵蚀导致砒砂岩表层酥松破碎,在重力作用下发生泻溜,形成堆积在坡脚的坡积裙,其冻融侵蚀量可以达到沟道产沙量的一半左右,最大可达流域侵蚀量的1/3左右;风力侵蚀主要是大风作用于裸露基岩产生风积、风化,大量粗颗粒泥沙存储在坡面、沟道中,砒砂岩的年风化速度为1.5~3.6 mm,提供的风化物质达2 250~5 292 t/(km^2·a);水力侵蚀使前期存储在那里的粗颗粒泥沙悬浮而被搬运,形成输送能力极强的高含沙水流。在风力-水力两相作用占优势的区域,风水交互作用通过对泥沙供应条件的调节,来控制悬移质泥沙中粗细颗粒的搭配关系,使之形成絮凝结构的浆液,降低粗颗粒泥沙的沉降速度,从而实现最优组合,形成了高强度的粗泥沙输移机制。因此,砒砂岩区生态系统退化除与砒砂岩质地性质、人类活动有关外,还直接受制于复合侵蚀的驱动。多类侵蚀子过程交互叠加,共同构成了复杂的土壤侵蚀系统,使这一地区成为黄河粗泥沙集中来源的核心区,其区域土壤侵蚀模数达30 000~40 000 t/(km^2·a),虽然其面积仅占黄河流域面积的2%,但产生的粗泥沙占黄河下游淤积量的25%,对黄河的防洪安全构成了极大的威胁。

然而,多动力复合侵蚀规律的研究是一项非常复杂的科学问题。复合侵蚀不是多种单一侵蚀过程的简单线性相加,而是一个多动力侵蚀相互耦合的复杂体系。风力侵蚀对地表物质的冲击、摩擦,使地表粗化,改变土壤粒度组成,结构发生破坏,抗蚀力降低,进而为水力侵蚀的发生提供了边界条件。而水力侵蚀对地表的冲刷及雨滴击溅,又为风力侵蚀提供了新的风化层。冻融可以引起土壤理化性质变化,使土壤结构遭到破坏,孔隙率增大,容重降低,不仅为风力侵蚀、水力侵蚀提供了物质条件,而且由于冻融使土壤抗剪强度和土壤抗蚀力减弱、水稳性团聚体含量降低,还会相对增加风力侵蚀、水力侵蚀的力学作用,使土壤更容易遭受外营力侵蚀。可见,复合侵蚀过程中各侵蚀子过程间具有交互效应,多种驱动因子间通过下垫面、水流、风沙流、侵蚀物质等媒介发生耦合作用,但受研究手段和观测方法的限制,其各自的贡献率尚无法直接测量,研究复合侵蚀规律面临着理论、方法与技术的多项挑战。复合侵蚀会导致生态严重退化,同时其发生地区也往往是生态环境脆弱区,因此多动力复合侵蚀现象及其危害早已为人们所注意,成为水土保持与生态治理研究的热点领域和前沿科学问题,是国家生态文明建设重大战略实施的迫切科技需求。

因此,将水力-风力-冻融作为一个完整的动力耦合系统,揭示砒砂岩区多动力胁迫下生态系统退化与复合侵蚀耦合机制,建立系统的多动力复合侵蚀与侵蚀产沙耦合关系辨识方法,突破复合侵蚀模拟理论与技术,由此推动复合侵蚀研究由定性向定量、由过程向机制方向的发展,是十分迫切和必要的。为此,科技部将"砒砂岩区多动力复合侵蚀时空分异规律"(编号:2017YFC0504501)列为国家重点研发计划课题,并得到国家自然科学基金面上项目"砒砂岩区坡面水力、风力、冻融交替侵蚀作用机制"(编号:41877079)、中国博士后科学基金面上项目"砒砂岩区多动力互作的坡面侵蚀过程与机制"(编号:2018M630826)、中国博士后科学基金特助项目"砒砂岩区侵蚀交互特征对粗泥沙产输过程的作用机制"(编号:2019T120627)资助,对黄河砒砂岩区复合侵蚀的发生发展过程开展系统研究。本书以"特征分析—过程判识—机制揭示"的学术思路,综合运用土壤侵蚀学、泥沙运动力学、自然地理、生态学等多学科理论,将传统土壤侵蚀问题延伸到环境科学领域,通过"反演—模拟""点—面"结合、多源信息融合分析的方法,研究多动力复合侵蚀时空分布特征;利用相似原理和土壤侵蚀动力学、泥沙运动力学的基本理论,结合野外径流小区定位观测,融合水力模拟、风力模拟、冻融模拟等技术与方法,攻克基于多源数据融合的水力-风力-冻融复合侵蚀实体模型相似模拟技术,研究多动力复合侵蚀交互特征,分析水力、风力、冻融等驱动因子的动力学参数与土壤侵蚀的关系;基于多尺度遥感解析,结合不同类型区野外观测、室内外模拟试验与地面调查数据,辨识砒砂岩区不同侵蚀类型植被覆盖特征值,明晰复合侵蚀时空分异规律,揭示植被复合侵蚀对粗泥沙产输的影响,破解砒砂岩区高强度产沙的侵蚀动力机制。

本书是研究团队近年来承担的多个项目研究成果的总结。全书共分 7 章,第 1 章绪论,由姚文艺、肖培青、张攀执笔;第 2 章砒砂岩区侵蚀环境特征,由任宗萍、付金霞、何厚军执笔;第 3 章砒砂岩多动力复合侵蚀模拟技术,由肖培青、姚文艺、杨春霞执笔;第 4 章砒砂岩区水力-风力-冻融复合侵蚀规律,由付金霞、张攀、李平、何厚军执笔;第 5 章砒砂岩区多动力复合侵蚀机制,由杨春霞、肖培青、李平执笔;第 6 章砒砂岩区植被-复合侵蚀-粗泥沙产输效应,由张攀、任宗萍、何厚军、李平执笔;第 7 章结论,由肖培青、姚文艺、张攀执笔。全书由肖培青、姚文艺统稿。

本书的撰写得到了何兴照、史学建等专家的指导和帮助,参加研究的人员还有:王志慧、孔祥兵、申震洲、孙维营、齐雁冰、张宝利、卫午毓、高玄娜、谢梦瑶、杨玉春、吴娟、马晓妮、张星、马勇勇、周壮壮等。研究过程中,项目组全体研究人员密切配合,团结协作,圆满完成了研究任务,在此对他们表示诚挚的感谢!

限于作者水平,加之砒砂岩区复合侵蚀问题复杂,还有不少问题需要深化研究,因而书中欠妥之处敬请读者批评指正。

作　者

2021 年 6 月

目　录

第1章 绪 论

1.1 研究意义

黄河中游鄂尔多斯高原砒砂岩区水力侵蚀、风力侵蚀、冻融侵蚀交替发生，多类侵蚀子过程共同构成了复杂的土壤侵蚀系统，为典型的水力、风力、冻融多动力复合侵蚀类型区，也是黄河粗泥沙集中来源的核心区，其区域土壤侵蚀模数达 30 000～40 000 t/(km^2·a)，虽然其面积仅占黄河流域面积的 2%，但产生的粗泥沙却占黄河下游淤积量的 25%，对黄河的防洪安全构成了极大威胁。

砒砂岩区处于多种自然环境要素相互交错的过渡区，生态系统极度脆弱，具有水力、风力、冻融等多动力在时间上交替、在空间上叠加的侵蚀特征，在冬春季冻融、风化严重，到了夏秋季暴雨洪水多发，加之砒砂岩胶结程度差、结构松散，水力侵蚀剧烈，形成了相当复杂的多动力复合侵蚀机制。砒砂岩区生态系统退化除与砒砂岩质地性质、人类活动有关外，还直接受制于复合侵蚀的驱动，多类侵蚀子过程交互叠加，在时空分布、能量供给、物质来源等方面相互耦合，使这一地区形成了与单一风力侵蚀或水力侵蚀不同的泥沙侵蚀、搬运、沉积过程。砒砂岩区多动力复合侵蚀现象及其危害早已为人们所注意，然而，以往受研究手段和观测方法的限制，忽视了其侵蚀系统的完整性，对该地区土壤侵蚀机制的研究多以单一水力侵蚀或风水两相侵蚀为主，对水力、风力、冻融三相侵蚀的作用机制尚不清楚；对复合侵蚀的研究主要集中于其发生过程、侵蚀类型及侵蚀产沙量等方面，而在多动力交互侵蚀的分异规律、交互关系、叠加效应、作用机制等方面缺乏研究，而这正是有效治理砒砂岩区侵蚀的关键科学问题之一。

为此，本项目针对鄂尔多斯高原砒砂岩区风力侵蚀-水力侵蚀-冻融复合侵蚀剧烈的突出问题，突破多动力复合侵蚀实体模型相似模拟技术，明晰砒砂岩不同类型区侵蚀环境特征，阐明复合侵蚀时空分布规律，建立多动力复合侵蚀与粗泥沙产输耦合关系辨识方法，揭示多动力复合侵蚀机制，为破解砒砂岩区植被退化的侵蚀动力机制提供基础支撑。

1.2 研究现状及分析

土壤侵蚀是土壤或母质在水力、风力、重力、冻融等内外营力作用下被破坏、剥离和搬运的过程，这一过程可以是其中一种力引起的，也可能是多种力引起的，而多种力的作用关系往往比较复杂，如可以是复合关系、交替关系，亦或是交互关系，由此形成了不同的侵蚀类型，从广义上讲，均可称为复合侵蚀。复合侵蚀往往强度高，严重导致生态环境退化，因此研究复合侵蚀发生发展规律是水土保持与生态治理的重大课题，是国家生态文明建设重大战略实施的迫切科技需求。

复合侵蚀发生过程中,各外营力(如风力、水力、冻融等)不是单独起作用的,而是在时空分布、能量供给、物质来源等方面相互耦合,形成了与单一的水力侵蚀或风力侵蚀完全不同的泥沙侵蚀、搬运、沉积过程。复合侵蚀往往具有多动力叠加、侵蚀类型多且持续时程长的突出特点,加重了土壤侵蚀强度。复合侵蚀可以分为两种类型,一种是多种外营力同时发生、耦合作用,致使复合侵蚀力有别于单一侵蚀营力的特点,例如暴风雨等;另一种是多种外营力交替发生,一种侵蚀营力对地表物质的侵蚀、搬运及沉积,为另一种侵蚀营力的再作用提供了物质基础,例如在水力、风力、冻融交替作用下的侵蚀产沙过程中,风力、冻融侵蚀为水力侵蚀提供了侵蚀物质来源,直接影响侵蚀物质的传递与转化,从而对侵蚀产沙过程形成调控机制。因此,研究复合侵蚀规律面临着理论、方法与技术的多项挑战。

复合侵蚀导致的生态退化已成为一个重要的全球性环境问题。全世界易于发生风水两相侵蚀的干旱、半干旱地区面积达 2 374 万 km^2, 占全球陆地面积的 17.5%。强烈的复合侵蚀导致生态环境具有明显的波动性、多变性和脆弱性,使这些地区成为高侵蚀模数和高含沙量分布的中心。1995 年,联合国教科文组织(UNESCO)启动了撒哈拉地区的风水交互作用研究课题。1999 年国际地质对比计划(IGCP)项目也将风水交互作用作为一个重要的研究专题。之后,在第七届河流沉积学国际会议、第五届国际风沙会议、第十二届国际水土保持大会和全球变化与陆地生态-土壤侵蚀系统(GCTE-SEN)项目等一系列的国际会议和重大国际研究计划中,风水两相侵蚀被列为热点研究领域和前沿科学问题,引起了学术界的广泛关注。多动力复合侵蚀过程的发生发展机制十分复杂,而现有研究大多忽视了多动力复合侵蚀系统的完整性,缺乏对复合侵蚀系统中各驱动因子之间的物质和能量交换机制的深入认识,并在模拟试验方面缺少对其过程进行有效分解与耦合的观测方法,对三相或多相侵蚀的作用机制及多相侵蚀对产沙过程的驱动机制尚不清楚,而这正是有效治理复合侵蚀的关键科学问题之一。

1.2.1 复合侵蚀类型与特征

1.2.1.1 **复合侵蚀类型**

我国位于欧亚大陆面向太平洋的东斜面上,气候条件时空差异大,具有显著的季风气候和黄土高原、漫岗黑土、红土丘陵等地貌的独特侵蚀环境,形成了从东南以水力侵蚀为主的类型逐渐过渡到西北以风力侵蚀为主的分异规律,其间有冻融等其他侵蚀类型的分布,在地域上是连续的,构成了我国复合侵蚀的交错带。土壤侵蚀与气候密切相关,因此不同区域的侵蚀主导驱动力就有主次之分,构成了不同的复合侵蚀类型。但是目前关于复合侵蚀类型的划分并没有统一的标准和有效方法,不同研究者划分的类型各异。就目前的成果看,一般是基于复合侵蚀的主导动力因子划分的。海春兴等把我国的复合侵蚀划分为 5 种类型,包括风力搬运为主的风水复合侵蚀,破坏性的风水复合侵蚀,高原风力侵蚀为主的风水复合侵蚀,河流作用下的风、水、重力复合侵蚀,以及风选为主的风水复合侵蚀。姚正毅等以复合侵蚀营力在行政区内的侵蚀模数比重和侵蚀面积比重作为划分依据,把我国北方农牧交错带风水复合侵蚀划分为 3 个类型区,即风力侵蚀与水力侵蚀相当的复合区、以风力侵蚀为主的复合区和以水力侵蚀为主的复合区。

也有人按照侵蚀营力作用关系将风水复合侵蚀划分为风水交替侵蚀、风水共同侵蚀两大类,其中风水交替侵蚀在时间上交替发生,风、水两种侵蚀营力通过下垫面或可蚀物质等媒介发生耦合作用;风水共同侵蚀是风、水直接耦合作用发生的侵蚀,不以媒介为耦合条件。Kirkby、joanna 等根据侵蚀强度把风水复合侵蚀分为以风力侵蚀为主的侵蚀过程、以水力侵蚀为主的侵蚀过程和风水作用相当的侵蚀过程三种类型。同时认为,由以风力侵蚀为主转化为以水力侵蚀为主将伴随着有效降水量的增加,而且风水作用相当的侵蚀过程其潜在侵蚀强度最大。虽然人们已经认识到复合侵蚀的多类型问题,但目前仍属于定性的分类,没有统一的划分方法和标准。

在不考虑人为侵蚀因素的条件下,对常见的自然因素引起的复合侵蚀,大致可以归纳为三大类,即二相复合侵蚀、三相复合侵蚀和多相复合侵蚀(见图1-1)。

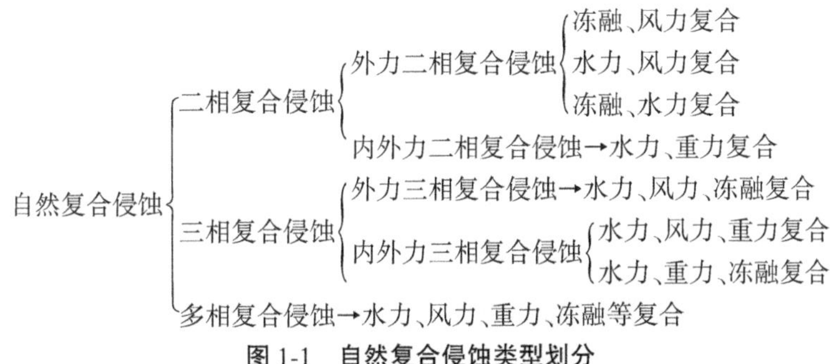

图1-1 自然复合侵蚀类型划分

1.2.1.2 复合侵蚀特征

由于多动力的组合关系复杂,加之地形、土壤、植被、土地利用方式等下垫面因素的影响,复合侵蚀具有明显的时空分异特征和地域分异规律。例如,风水复合侵蚀多发生在干旱半干旱地区,像非洲萨赫勒地区,位于热带沙漠与热带草原的过渡地带,发生对流性暴雨之前通常是强风暴,风沙与流水交替作用剧烈,属典型的风水复合侵蚀区。全球干旱半干旱地区易发生风水复合侵蚀的面积约占全球面积的18%,发生的范围相对其他类型的复合侵蚀更广。在气候干旱、年内温差大且风大沙多的地区易发生水力、风力、冻融多动力复合侵蚀,例如我国鄂尔多斯高原砒砂岩地区;在亚热带、热带季风性湿润气候区山地,以发生水力、重力复合侵蚀为主,例如广东、广西和江西等花岗岩地区。正是由于风水复合侵蚀发生面积大,引起人们更多的关注,对其研究的成果也相对比较多。

就局地而言,地形地貌的差异性也会导致复合侵蚀类型不同,如在我国黄土高原地区,中、小流域的水平分异及垂直分带规律普遍存在,刘元保等曾对黄土高原土壤侵蚀垂直分带做了系统研究和划分,从侵蚀程度上将黄土高原垂直侵蚀带划分为浅沟侵蚀带、浅沟—切沟侵蚀交错带、切沟侵蚀带等由弱到强的三个等级,黄土高原地区土壤侵蚀的时空分异规律也较为显著。不过,从目前研究看,即便是同一地区的研究结果,受地理位置、局部环境、研究尺度等的综合影响,研究结果仍然不具有可比性。复合侵蚀与环境因子之间存在着复杂的时空变异关系,但由于人们对多动力作用过程及环境特征时空分布的响应关系仍不明晰,复合侵蚀过程中驱动因子与环境因子间的响应关系尚无法定量表达。

引起复合侵蚀的作用力在时间上往往是不同步的,延长了土壤遭受侵蚀的时间,复合侵蚀较单一营力侵蚀的强度要高。根据唐克丽对黄土高原土壤侵蚀研究,强烈的土壤侵蚀不是发生在降雨量最多的水力侵蚀地区，而是发生在降雨量为 400 mm 左右的水蚀风蚀交错地区。这主要是由于全年水蚀、风力侵蚀的强弱交替和相互促进以及水蚀、风蚀在空间上的叠加，致使风水交错侵蚀区的强度高于单一的水力侵蚀区。砒砂岩水蚀、风力侵蚀、冻融复合侵蚀区，其区域土壤侵蚀模数可达 30 000~40 000 t/(km^2 · a)，虽然其面积仅占黄河流域面积的 2%，但产生的粗泥沙却占黄河下游淤积量的 25%，对黄河的防洪安全构成了极大威胁。

复合侵蚀既具有连续性，又在不同时段具有以某种侵蚀力为主的演变特征。例如，在地质时期的大尺度上，由于气候的周期变迁，以水力侵蚀为主的时期与以风力侵蚀为主的时期会交替出现，其时间跨度可以数百年乃至上千年；在年际尺度上，干湿变化使复合侵蚀的强弱和类型发生相应变化；在年尺度内，降雨集中季节往往以水力、重力复合侵蚀为主，在季风期往往以风力侵蚀为主，在冬春之交，会以冻融侵蚀为主。尤其是在干旱环境下，湿度的增加会明显改变侵蚀类型，如以风力侵蚀为主改变为水力侵蚀为主，且其过渡区往往是侵蚀强度最大的。当然，风力也可以通过改变降雨雨滴形状、大小、方向等来改变雨滴动能，从而与水力侵蚀耦合形成复合侵蚀。

在鄂尔多斯高原砒砂岩区，复合侵蚀的季节性周期变化非常明显。冬春季冻融、风化严重，泻溜物堆积在坡脚形成扇形坡积裙；夏秋季暴雨洪水多发，形成富含泥沙的暴雨径流，使前期堆积的粗颗粒泥沙大量向下输移，导致高强度的侵蚀产沙过程(见图 1-2)。水力侵蚀-风力侵蚀-冻融侵蚀是自然界水、风、温度综合作用的结果，形成了与单一的水力侵蚀或风力侵蚀发生机制完全不同的泥沙侵蚀、搬运、沉积过程。然而，以往对这一地区的土壤侵蚀研究多以单相侵蚀为主，却对复合侵蚀的交替过程与机制研究涉及较少，对于复合侵蚀对产沙过程的驱动机制仍不清楚。砒砂岩区处于多种自然要素相互交错的过渡区，风沙、温差、地形、松散层、粒度组成等提供了泥沙产生的动力与边界基础，暴雨、裸露地表、入渗能力低等提供了泥沙输移的条件，形成了特殊的复合侵蚀产沙机制。冻融侵蚀导致砒砂岩表层酥松破碎，在重力作用下发生泻溜，形成堆积在坡脚的坡积裙，其冻融侵蚀量可以达到沟道产沙量的一半左右，最大可达流域侵蚀量的 1/3 左右；风力侵蚀主要是大风作用于裸露基岩产生风积、风化，大量粗颗粒泥沙存储在坡面、沟道中，砒砂岩的年风化速度为 1.5~3.6 mm，提供的风化物质达 2 250~5 292 t/(km^2 · a)；水力侵蚀使前期存储在那里的粗颗粒泥沙悬浮而被搬运，形成输送能力极强的高含沙水流。在风力、水力两相作用占优势的区域，风水交互作用通过对泥沙供应条件的调节，来控制悬移质泥沙中粗、细颗粒的搭配关系，使之形成絮凝结构的浆液，降低粗颗粒泥沙的沉降速度，从而实现最优组合，形成了高强度的粗泥沙输移机制。

总之，目前国内外关于复合侵蚀的研究主要集中于风水两相侵蚀，很少涉及三相或多相侵蚀。而在诸如我国鄂尔多斯高原砒砂岩区等土壤侵蚀剧烈、生态退化严重的地区，其土壤侵蚀的发生往往是多种内外营力耦合作用的结果，但受研究手段和观测方法的限制，没有把水力-风力-冻融作为一个动力耦合系统，研究其交替循环作用下的完整侵蚀过程。而随着土壤侵蚀与生态治理实践发展的需求及研究理论和技术手段的进步，土壤侵蚀研究正在朝着多元化、精细化方向发展，三相或复合侵蚀交互过程和作用机制研究将是土壤侵蚀研究中的重要发展趋势之一。

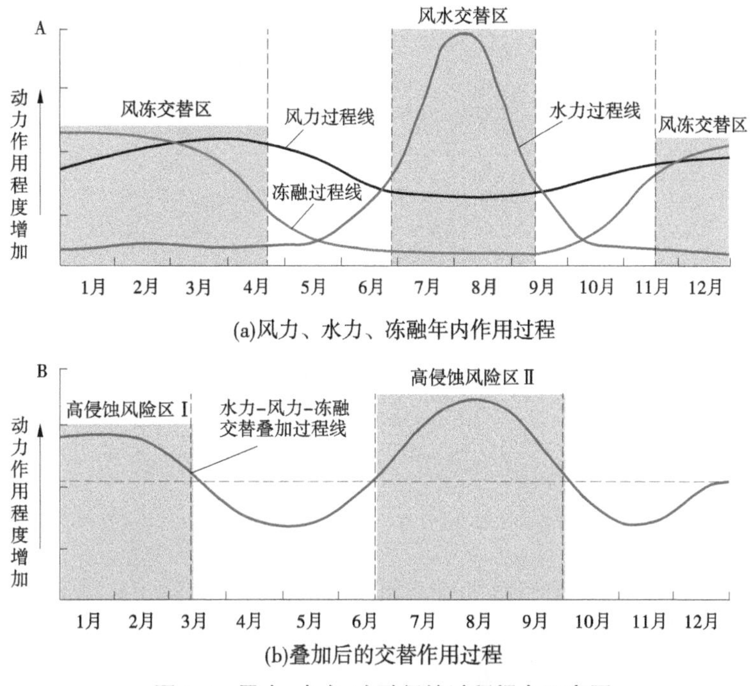

图 1-2 风力、水力、冻融侵蚀过程耦合示意图

1.2.2 复合侵蚀发生机制

复合侵蚀发生机制受多种因素制约。杨会民等把制约复合侵蚀的因素划分为侵蚀动力因子、土壤抗蚀性因子与干扰因子三大类,实际上可统称为侵蚀环境因子,主要包括自然因子和人为因子。自然因子包括气候、地质地貌等,人为因子主要包括土地利用开发方式、能源开发及城镇建设、水利水土保持等流域治理活动等。自然侵蚀环境因素是影响复合侵蚀的决定性因子,人类活动是复合侵蚀的驱动或减缓因子。

降雨是影响复合侵蚀的主要气候因子。降雨多的地方以水力侵蚀为主,降雨量少、降雨强度低的地区,尤其是干旱区多以风力侵蚀为主。土壤及地质地貌对复合侵蚀的影响也很大,我国发生水力侵蚀的主要地区为土壤疏松的黄土高原,而风力侵蚀主要发生在缺水的荒漠地区。受地形及海拔高度的影响,在半湿润向半干旱过渡地带,地形的东南侧以水力侵蚀为主,而地形的西北侧以风力侵蚀为主,风水复合侵蚀严重区处于两者的过渡带。人类可以通过水土保持、生态恢复、改变耕作方式、退耕还林还草等措施减轻风力侵蚀、水力侵蚀;反之,如果人类掠夺性开发、滥垦滥伐滥牧,会加剧土地沙化和水力侵蚀。

不少研究表明,在复合侵蚀过程中各类侵蚀具有互馈、耦合的复杂关系。海春兴等把风水复合侵蚀的关系表达为

$$F(t) = F(t)_{水} + F(t)_{风} + \Delta f \tag{1-1}$$

认为风水侵蚀随时间变化的强度 $F(t)$ 不是水力侵蚀强度 $F(t)_{水}$、风力侵蚀强度 $F(t)_{风}$ 的简单相加,而是相互作用,相互加速或减速的作用,其相互作用大小 Δf 可能为正,也可能为负。不过,这一表达式实际上仍然属于线性叠加关系,可能用一个相当于尾

迹函数 Δf 是难以表达其复杂的非线性关系的。

风力侵蚀对地表物质的冲击、摩擦,使地表粗化,改变了土壤粒度组成,使土壤结构发生破坏,抗蚀力降低,进而为水力侵蚀发生提供了边界条件。而水力侵蚀对地表的冲刷及雨滴击溅,又为风力侵蚀提供了新的风化层。不过,宋阳等对砂黄土的研究认为,风力侵蚀后的降雨使砂黄土表面在风干过程中形成了一层较为坚硬的结壳,增大了土壤的抗蚀性,降低了第二次的风力侵蚀率。实际上,土壤粒度组成特征与风力侵蚀、水力侵蚀均有明显关系,尤其与近地面 20 cm 风速和径流产流总量联系最为密切。根据 Wiggs 等的研究,风力侵蚀率与风切应力的 3 次方成正比。也有人通过对黄河上游东柳沟的研究认为,流域风力侵蚀强度与月平均风速呈指数关系。同时,风力侵蚀作用大小与地貌形态有关,沟谷可以影响风速、方向等,进而影响风沙量。在沟谷迎风面是风加速区,风力侵蚀严重,而在背风面是风沙的沉积区。张庆印的研究进一步表明,风力侵蚀量的大小受沟宽、沟深和沟壑密度等因素的影响,风力侵蚀量随沟宽和密度的增加而增大,而与沟深的关系复杂,当沟深为 8 cm 时,风力侵蚀量最大,其后随沟深增加而减少。另外,风力侵蚀量与地表粗糙度、起伏度都有很大关系。风力侵蚀量大小与是否挟沙也有很大关系。有研究表明,对于没有挟沙的“净风”而言,对保持自然土体结构且有一定植被覆盖的土壤,基本上不会产生风力侵蚀。在净风作用下,风力侵蚀微弱,甚至很难发生风力侵蚀,而在挟沙风作用下,由于沙粒持续而猛烈地冲击地面,对地表的物质结构具有很大的破坏力,风力侵蚀强度急剧增大,与净风风力侵蚀相比,可成倍甚至几十倍地增加。相对于未发生风力侵蚀而言,风力侵蚀可以改变地表的地形,进而增加水力侵蚀的径流流速、流深和径流剪切力等,从而增加水力侵蚀率。根据杨会民等的试验进一步发现,风力侵蚀与水力侵蚀之间存在明显的正交互效应,风力侵蚀促进了侵蚀形态(粗糙度、细沟及床面粗化)的发展,改变了降雨产沙随雨强变化的量化关系,且对土壤入渗率产生影响。

冻融可以引起土壤理化性质变化,使土壤结构遭到破坏,孔隙率增大,容重降低,不仅为风力侵蚀、水力侵蚀提供了物质条件,而且由于冻融使土壤抗剪强度和土壤抗蚀力减弱,水稳性团聚体含量降低,还会相对增加风力侵蚀、水力侵蚀的力学作用,使土壤更容易遭受外营力侵蚀。因此,复合侵蚀的强度往往更大。不过,在复合侵蚀中,不同单一侵蚀的贡献率是不同的,例如根据马玉凤等分析,内蒙古孔兑区的叭尔洞沟中游河谷段,2010 年风力侵蚀与水力侵蚀对侵蚀的贡献比率为 1.8∶1。而根据杨会民等介绍,有研究表明,风力侵蚀贡献率则相对较小,在 1%~20%。也有人通过对黄河流域多沙粗沙区的产沙规律研究认为,非水力侵蚀扮演着重要的角色,如景可等的计算表明,在多沙粗沙区河流粒径>0.05 mm 的悬移质泥沙中,有 38% 是由风成沙和基岩风化物提供的;许炯心研究发现我国沿黄河流域含沙水流中,粒径>0.05 mm 的粗颗粒泥沙有 10%~30%来自基岩风化物与风成沙。李秋艳等认为整个黄土高原水力侵蚀风蚀交错区,因风力作用产生的输沙量接近流域总输沙量的 10%~20%,风沙入河量占粗泥沙年输沙量的 25%。之所以有如此大的差异,与研究区域的复合侵蚀环境有很大关系,例如对于穿过风沙区和黄土丘陵沟壑区的流域,既有活跃的风沙活动,又有强烈的黄土水力侵蚀,风力侵蚀贡献最大。同时,与评价标准和评价方法的不一致也有关。

总之,复合侵蚀过程中各单一侵蚀间具有交互效应,这既增加了土壤侵蚀量,也使复合侵蚀发生、发展的机制更为复杂。

1.2.3　复合侵蚀研究方法

复合侵蚀研究最大的难点之一是从总侵蚀量中分离各动力作用的贡献量。目前对水力侵蚀与风力侵蚀研究的理论基础大都是流体力学，然而，由于风力侵蚀和水力侵蚀物质运移的方向性与维度不同，通常是作为两个独立的过程分别测量的。水力侵蚀有明显的边界，可以通过测量流域出口的径流泥沙得到，而风力侵蚀没有明显的边界，只能通过跟踪土壤表面的变化或分析微粒来测量风力侵蚀通量。目前，分析风力侵蚀产沙常用的方法有直接估算法、输沙平衡法、粒度分析法、模型法、同位素示踪法等。其中，前三种方法是通过调查观测或试验，利用风力、地面条件观测、取样以及调查资料计算风力侵蚀量，但是很难反映风力侵蚀与水力侵蚀之间的交互作用。同位素示踪法是通过对放射性核素Cs、^{7}Be的分析，确定沉积物通量的空间变化，在水力侵蚀、风力侵蚀测量方面表现出了一定的优越性。但是，风力侵蚀对水力侵蚀的影响分为风积和风化两个方面，目前的风力侵蚀测量方法都是针对风积作用的定量观测，而对风化作用造成的影响尚无法定量，这也增加了风水交互侵蚀的研究难度。

可见，在复合侵蚀系统中，虽然影响侵蚀的动力要素属于已知范畴，但多种驱动因子间通过下垫面、水流、风沙流、侵蚀物质等媒介发生耦合作用，各自的贡献率尚无法直接测量，复合侵蚀系统是一个典型的灰色系统（grey system），有其内在规律，但仍属未知。开展多动力复合侵蚀实体模拟试验是揭示复合侵蚀机制的重要手段。然而，目前开展较多的是野外自然条件下的风水交错侵蚀定位观测试验，对水力、风力、冻融复合侵蚀的室内实体模型试验技术研究仍薄弱。为辨识多动力复合侵蚀机制，基于复合侵蚀类型的时空分布规律，根据相似原理和土壤侵蚀动力学方法，融合室内风洞试验、人工模拟降雨试验、冻融循环试验及高速摄影测量等技术与手段，创建基于多源数据融合的降雨-风洞-冻融多动力交替循环试验模拟技术，是揭示水力、风力、冻融等交替侵蚀过程与作用机制的必然科技需求，也是土壤侵蚀研究方法的发展趋势之一。

1.2.4　研究中存在的主要问题

复合侵蚀不仅强度较单一侵蚀类型高，同时也是最难以治理的，因而在国内外对复合侵蚀开展了大量研究，取得了不少认识，研究方法也不断引入一些新的技术手段。但是由于复合侵蚀具有显著的时空分异性、多动力驱动与互馈作用的复杂性，现有一些研究成果仍有较大的分歧，同时对复合侵蚀发生、发展的动力学机制还缺乏认识，在复合侵蚀模拟和定量评估方面的理论与方法研究还非常薄弱，尤其是缺乏揭示多动力驱动关系的有效试验关键技术。为此，对以下不足问题需要引起更多的关注。

（1）未将复合侵蚀中多动力交互关系作为一个完整的动力系统进行研究。对复合侵蚀的研究多从物理概念方面探讨每种侵蚀动力的作用及其对其他类型侵蚀的影响，而没有从理论上、机制上揭示复合侵蚀的多动力系统的驱动及互馈关系。同时，对复合侵蚀类型的研究也多限于以风水两相为主，而对三相或多相侵蚀的交替过程与机制研究涉及较少，更缺乏对多相侵蚀的驱动机制的认识。将复合侵蚀多动力作为一个力学系统进行定量研究,有助于从机制上认识高侵蚀产沙过程形成的动力调控机制。

(2)复合侵蚀过程与环境因子间的时空变异关系尚不够清晰。多动力侵蚀过程在时间上交替、在空间上叠加,加剧了侵蚀程度。复合侵蚀与环境因子之间是一个互相影响、互相作用的复杂体系,复合侵蚀环境下多动力在空间上如何分布、在时间上如何分配,以及在不同季节如何传递与转化等问题的研究是非常不够的。辨识各动力因子交替作用的时空分异规律,明晰二者之间的时空响应关系,是揭示复合侵蚀时空分布、能量传递、物源供给耦合关系的基础。

(3)定量辨识复合侵蚀过程中各驱动因子的贡献率仍是亟待解决的关键问题。在复合侵蚀系统中多动力存在复杂的耦合关系,各动力因子间物源供给如何耦合、各驱动因子对产沙的贡献率的定量评估指标体系及其评估方法的研究均明显不足。科学定量辨识各动力因子在总侵蚀量中的贡献比率,是研究多相侵蚀交互作用及评估复合侵蚀程度的核心内容。

(4)对复合侵蚀过程中多动力因子耦合、叠加关系的定量研究不够。复合侵蚀不是多种单一侵蚀过程的简单相加,而是一个通过下垫面、水流、风沙流、侵蚀物质等媒介发生耦合的复杂体系,系统的多因子叠加关系及其侵蚀效应,在整个风力侵蚀、水力侵蚀、冻融过程中如何演变与累加,侵蚀力在交错季节如何互馈与叠加等需要深入研究,这是研究复合侵蚀机制的重要理论问题。

因此,开展复合侵蚀规律与治理技术研究,弥补现有研究的不足,既是水土保持与生态学等相关学科发展的科学需求,更是国家生态文明建设战略实施的重大需求。今后的研究中,复合侵蚀发生发展的动力学机制揭示与多动力分解的模拟理论与方法将成为重点研究方向。为此需要通过进一步明确多动力交互作用下的复合侵蚀模式,阐明植被格局对复合侵蚀的反馈机制,揭示多动力胁迫下生态系统退化与复合侵蚀耦合机制,建立系统的多动力复合侵蚀与侵蚀产沙耦合关系辨识方法,突破复合侵蚀模拟理论与技术,由此推动复合侵蚀研究由定性向定量、由过程向机制方向的发展,并必将大大丰富土壤侵蚀动力学、生态学等相关学科的研究内容。为此,需要加强以下问题的研究。

(1)创建基于多源数据融合的降雨-风洞-冻融等多动力交替循环模拟试验技术。结合野外径流小区定位观测,融合水力模拟、风力模拟、冻融模拟等技术与方法,创建水力、风力、冻融复合侵蚀实体模型控制试验的相似理论与技术,并形成完整的多动力复合侵蚀实体模型相似模拟技术体系,是今后研究复合侵蚀机制的主要方向。

(2)复合侵蚀系统中各驱动因子作用过程的定量剥离。复合侵蚀研究最大的难点在于从侵蚀系统中剥离各动力作用的子过程。例如在砒砂岩区,风力侵蚀、冻融为水力侵蚀提供了物质来源,水力侵蚀又为风力侵蚀、冻融提供了易蚀的边界条件,但侵蚀物质的产生、搬运不是均匀发生的,而是一种“存储—释放”的复杂过程。通过多源数据融合及多动力侵蚀过程模拟试验的技术手段,对这一复杂过程进行抽象、概化,离解出各驱动因子作用子过程,是未来研究中要解决的核心科学问题。

(3)多动力不同耦合状态下产沙过程的揭示及量化。复合侵蚀不是多种侵蚀过程的简单相加,而是一个相互耦合的复杂体系,其耦合效应表现为:①通过下垫面特征的改变而产生耦合作用;②通过形成高含沙水(风)流产生耦合作用。如何通过量化下垫面、水流、侵蚀物质等媒介的变化,辨识复杂的多动力因子耦合产沙过程,是未来该领域要解决的重点和难点问题。

对这些问题的研究将有效提升我国生态脆弱区生态环境恢复重建的理论水平,推动脆弱生态恢复重建理论与技术上的进步,并为实现我国到 2030 年全面遏制生态系统恶化趋势的既定战略目标做出直接贡献。

1.3　研究目标与内容

1.3.1　研究目标

揭示水力、风力、冻融侵蚀交互特征及变化规律,阐明复合侵蚀时空分布规律,明晰复合侵蚀发生的动力机制及动力临界,揭示复合侵蚀过程与机制,辨识粗泥沙产输过程对植被覆盖变化的响应,为破解砒砂岩区植被退化的侵蚀动力机制提供基础支撑。

1.3.2　主要研究内容

主要围绕水力、风力、冻融侵蚀交互特征及变化规律,复合侵蚀时空分布规律,复合侵蚀发生的动力机制及动力临界,复合侵蚀过程与机制,粗泥沙产输过程对植被覆盖变化的响应等基础理论问题开展研究,主要包括以下 4 个内容。

1.3.2.1　多动力侵蚀交互特征

分析砒砂岩区侵蚀环境特征,研究水力侵蚀、风力侵蚀、冻融侵蚀的交互特征及其相互关系,开展砒砂岩不同类型区水力、风力、冻融复合侵蚀模式研究,揭示砒砂岩区复合侵蚀的多动力交互作用规律。

1.3.2.2　多动力复合侵蚀时空分布

分析砒砂岩不同类型区复合侵蚀产沙特征及复合侵蚀与下垫面要素的耦合关系,研究多动力复合侵蚀的空间分布和随时间变化的动力特征,揭示多动力复合侵蚀的时空分异规律。

1.3.2.3　多动力复合侵蚀过程与机制

分析水力侵蚀、风力侵蚀、冻融的发生过程及其与砒砂岩成分、结构的响应关系;研究水力侵蚀、风力侵蚀、冻融侵蚀的复合机制及其关系;分析多动力驱动下复合侵蚀发生发展过程,明晰砒砂岩不同类型区侵蚀发生的动力临界,揭示多动力复合侵蚀发生机制。

1.3.2.4　植被—复合侵蚀—粗泥沙产输效应

研究基于混合像元分解技术的实时动态植被定量信息遥感反演方法,提取砒砂岩区植被覆盖特征值;分析水力侵蚀、风力侵蚀、冻融不同复合侵蚀类型下的植被特征和分布格局;研究不同复合侵蚀类型下粗泥沙产输过程及其与植被覆盖关系,辨识植被覆盖对粗泥沙产输的影响,揭示砒砂岩区植被—复合侵蚀—粗泥沙产输效应及其耦合关系。

1.4　技术路线

(1)利用原位试验观测与实体模型控制试验、遥感解译等多手段,通过“反演—模拟”

“点—面”结合、多源信息融合分析的方法，研究多动力复合侵蚀时空分布特征。

(2)利用相似原理和土壤侵蚀动力学、泥沙运动力学的基本理论，结合野外径流小区定位观测，融合水力模拟、风力模拟、冻融模拟等技术与方法，攻克基于多源数据融合的水力、风力、冻融复合侵蚀实体模型相似模拟技术，研究多动力复合侵蚀交互特征，分析水力、风力、冻融等驱动因子的动力学参数与土壤侵蚀的关系。

(3)结合不同类型区野外观测与室内外模拟试验，明晰复合侵蚀时空分异规律，揭示多动力复合侵蚀机制，破解砒砂岩区植被退化的侵蚀动力机制。

(4)基于多源多尺度遥感与地面调查数据，利用高光谱混合像元分解技术，解析砒砂岩区不同侵蚀类型植被覆盖特征值，揭示植被覆盖对粗泥沙产输的影响。

技术路线见图 1-3。

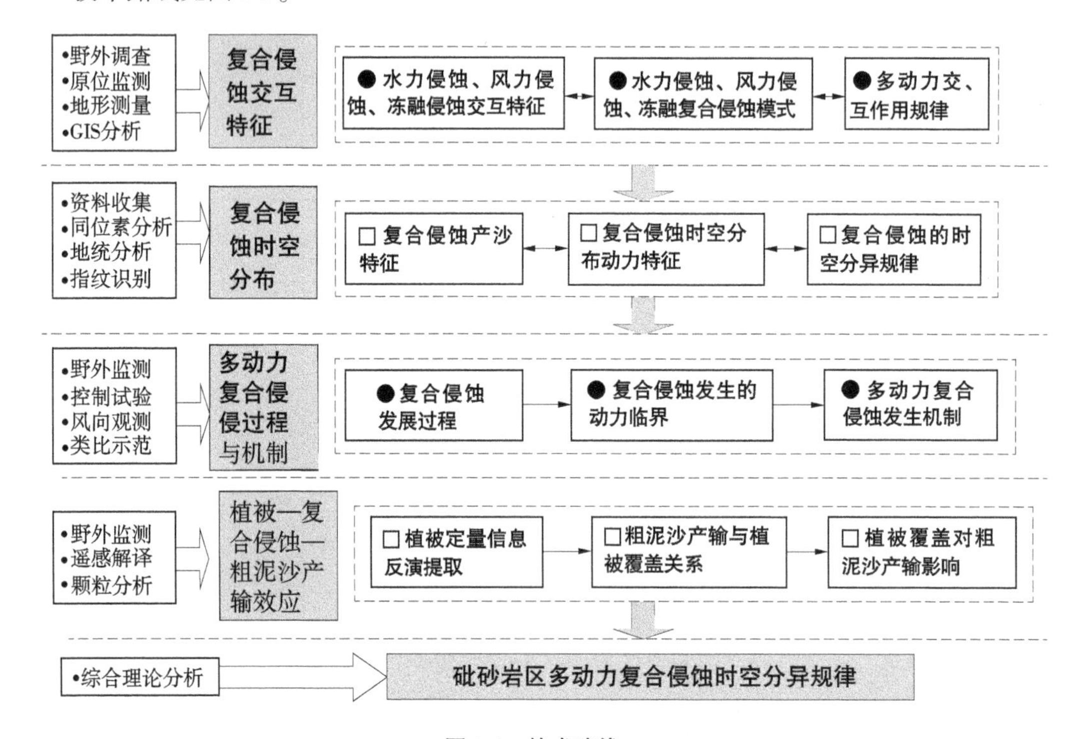

图 1-3　技术路线

第 2 章　砒砂岩区侵蚀环境特征

2.1　砒砂岩地质形成过程

整个砒砂岩区各年代地层均有发育(见图 2-1),其中下更新统、白垩系上统及中统、侏罗系上统、石炭系上统及下统、泥盆系、志留系、奥陶系上统及中统、寒武系下统地层缺失,研究区北部有极少部分震旦系地层。主要地层包括早古生代寒武系凤山组、崮山组、张夏组,奥陶系马家沟组;晚古生代石炭系本溪组、太原组,二叠系孙家沟组、石盒子组、山西组;中生界三叠系延长组、二马营组、刘家沟组、和尚沟组,侏罗系安定组、富县组,白垩系东胜组,伊金霍洛组;新生界新近系宝德组、静乐组,第四系沱阳组、选仁组、马兰组、离石组。

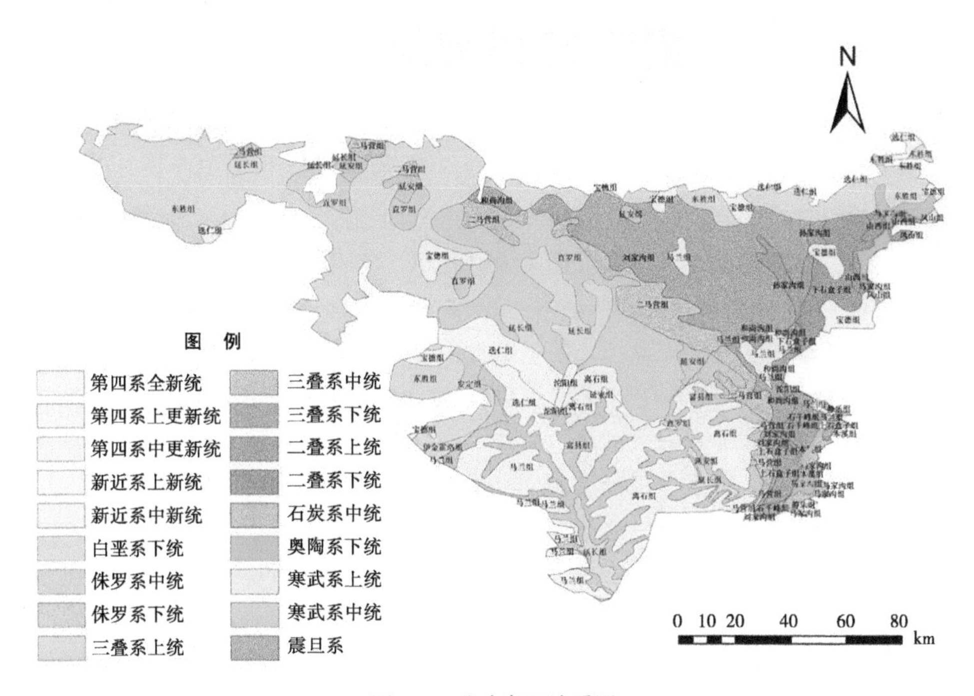

图 2-1　砒砂岩区地质图

砒砂岩主要形成于古生代和中生代。区域在晚古生代处于联合古陆形成大阶段的海西构造阶段,中生代主要处于联合古陆解体这一大阶段中的印支-燕山构造阶段(老阿尔卑斯山阶段),因沉积环境不同,地层间和地层内的岩层差异很大,氧化环境下形成的红色岩层与还原环境下形成的白色岩层呈交替分布的互层状态,反映了地质时期湿—热、干—热交替变化的气候韵律。岩性多为含不同成分的粉砂岩、砂岩、砂砾岩、页岩、灰岩等。

鄂尔多斯地区在中生代逐渐发展成为独立沉积的盆地。在中生代早期区域持续沉降,广泛发育湖盆与大型河流,盆内以湖泊相沉积与三角洲沉积为主,三叠纪大型湖盆是今日鄂尔多斯盆地油气的主要生油区,而三角洲与河道砂体是油气的主要储集空间。早三叠世气候干燥、炎热,植被不发育的沉积环境,主要为河湖相的红色细碎屑岩建造,沉积物主要为砂岩、泥岩。中三叠世,盆地东缘沉积了红色砾岩、泥岩;中部沉积了灰绿色泥岩,局部夹煤层,植物日渐繁茂。中三叠世末发生了印支运动第Ⅱ幕,造成中晚三叠世地层间断。盆地北部抬升,晚三叠世地层缺失,而西缘坳陷继续下陷,盆地中心也开始下陷,鄂尔多斯地区开始全面进入了典型的内陆盆地发展期。晚三叠世,除北部外,其他地区沉积了灰绿色泥岩,局部夹煤层,盆地边缘区沉积厚度不过百米,盆地中部最大沉积厚度可达 300 m,而西部桌子山地区沉积厚度最大可达 1 800 m,可见盆地坳陷中心在西部区。晚三叠世区内植物发育,形成了以延长植物群为代表的区域性植物群落。晚三叠世末发生了印支运动第Ⅲ幕,盆地一度抬升,造成上三叠统部分地层被剥蚀。

中生代早、中侏罗世,鄂尔多斯盆地为一套陆相沉积物。早侏罗世中晚期,仅在准格尔旗南部沉积了一套百余米厚的陆相碎屑沉积——富县组。中侏罗世,盆地处于温暖潮湿的亚热带气候环境,植被发育,沉积了一套从西向东逐渐变薄的含煤层砂质沉积物。中侏罗世末期发生了燕山运动的第Ⅱ幕,使中下侏罗世发生了强烈的褶皱和断裂,并使鄂尔多斯台坳上升成为剥蚀区。白垩纪初,鄂尔多斯盆地下降,全区大部分地区接受了早白垩世沉积,形成了早白垩统沉积地层志丹群(现称伊金霍洛组)。早白垩世,鄂尔多斯盆地以湖、河环境为主,植物繁茂。早期沉积物为河湖相红色碎屑,晚期为湖泊相砂泥质,总厚度可达千余米,沉积中心在盆地北部临河一线,为南北向延伸的箕状盆地,盆地东部已退缩到东胜一带。早白垩世中期盆地开始萎缩,沉积的东胜组为红色碎屑沉积建造。早白垩世晚期,鄂尔多斯盆地整体抬升,湖水退出,湖地干涸。晚白垩世,盆地成为剥蚀区。

鄂尔多斯盆地东北部晚白垩世开始抬升,并且以晚白垩世晚期和古近纪中晚期发生的抬升作用尤为强烈。新近纪鄂尔多斯盆地再次发生抬升,前期地层再次被风化剥蚀。盆地内部古近纪地层和早中新世地层缺失, 仅在盆地周邻断陷残留。

中新世晚期受到青藏高原扩张和抬升作用的影响,使得鄂尔多斯盆地持续达 2 亿多年的东隆西降发生反转, 地貌易位,导致盆地东部沉降,在这一阶段盆地东部开始广泛接受沉积。鄂尔多斯盆地差异性隆升形成地块内部高地剥蚀区和小型盆地或洼地沉积区。盆地北部由于抬升作用使得中生代地层出露地表,遭受了强烈的风化作用,并受到流水和风力影响,将因风化剥蚀产生的砂、粉砂和尘土物质,再次搬运至地势低洼区域,开始沉积红色黏土序列。

第四纪初期,青藏高原加速隆升, 在季风作用加强的同时, 中国北方干旱化加剧,区域气候向干旱寒冷方向发展。受青藏高原隆升影响, 鄂尔多斯高原加速隆升。东亚冬季风造成鄂尔多斯高原北部风力侵蚀作用进一步加剧，陕北黄土高原开始接受黄土沉积，黄土堆积取代了红黏土堆积。第四纪中晚期高原持续抬升，原鄂尔多斯盆地洼地内的内陆湖泊逐渐被东流河流袭夺而消失，河网密度加大，高原北部沙漠化与南部水土流失加剧。

鄂尔多斯盆地东北部出露的三叠系砒砂岩中的红色砂岩、泥岩岩性松散、胶结作用差，这很可能是其在早成岩作用和表生成岩作用阶段之间未经历或很少经历埋藏成岩作用导致的。鄂尔多斯附近出露的中生代砒砂岩中的白色砂岩，有学者认为是“漂白砂岩”，是红色砂岩、泥岩被上古生界逸散的天然气溶解于地层水形成的“还原性流体”漂白而成。漂白砂岩的具体形成过程为：还原性流体（含烃及其伴生组分的流体）将红色砂岩还原导致其褪色（Fe^{3+}转变为 Fe^{2+}），这一过程通过 $CH_4+4Fe_2O_3+16H^+=10H_2O+CO_2+8Fe^{2+}$等反应释放 CO_2，使孔隙流体转变为酸性，从而导致长石、碳酸盐矿物及岩屑的溶蚀、溶解。如果漂白泥岩层的上覆岩层为隔水层，则漂白泥岩层可能是含溶解 CH_4 的古含水层；如果漂白泥岩层的上覆地层仍为高孔、高渗砂岩层，则漂白泥岩层可能是含溶解 CO_2 的古含水层。也有学者认为，还原流体是浮力驱动的，还原性流体为油气或煤层释放的天然气和酸性流体。

另外，由于缺氧、还原古含水层是红色砂岩、泥岩被漂白的场所，因而可以推断，漂白作用是在表生成岩阶段之前完成的，即在地表抬升之前漂白作用就已经完成。鄂尔多斯盆地东北部北段的抬升时间为 81~62 Ma 和 54~12 Ma，南段的抬升时间为 36~21 Ma，这说明，最晚在 12~21 Ma 时包含漂白泥岩的砒砂岩已经进入表生成岩阶段或表生成岩—风化阶段，并且在这一阶段未形成化学风化成因的蒙皂石，依据如下：①8 Ma 时，西北内陆干旱化，虽然局部低地形成红黏土沉积，但是，红黏土来源于粉尘及区域高地的面流剥蚀物；②约 2.60 Ma 时形成黄土高原，西部干旱化加剧；③毗邻的毛乌素沙地自早更新世以来已断续存在，其中，不稳定和较稳定的矿物含量较高，说明化学风化较弱，暗示该地区自早更新世以来的气候条件亦不利于形成化学风化成因的蒙皂石。

还原性流体的改造作用对砒砂岩侵蚀脆弱性的影响不大。砒砂岩中大量存在的由蒙皂石再搬运作用形成的碎屑蒙皂石（成岩作用和还原性流体作用未对砒砂岩中的蒙皂石含量产生显著影响），以及由于缺失或部分缺失埋藏成岩作用所导致的弱胶结作用很可能是导致砒砂岩侵蚀脆弱性的主要原因。

砒砂岩区包含碎屑岩类含水岩组、松散岩类孔隙含水岩组及极少部分碳酸盐岩类裂隙岩溶含水岩组，其中碎屑岩类含水岩组面积占比最大（见图 2-2）。碎屑岩类含水岩组富水程度在弱到中等之间，其中富水程度弱的含水岩组面积比重最大；富水程度中等的含水岩组主要分布在研究区西北部和中部。松散岩类孔隙含水岩组富水程度在极弱到中等之间，主要分布在研究区西南部和东北部。碳酸盐岩类含水岩组富水程度中等，集中分布在研究区东南部。总体而言，砒砂岩岩层结构松散，含水岩组富水程度在极弱到中等之间，保水能力弱，抗蚀性差。

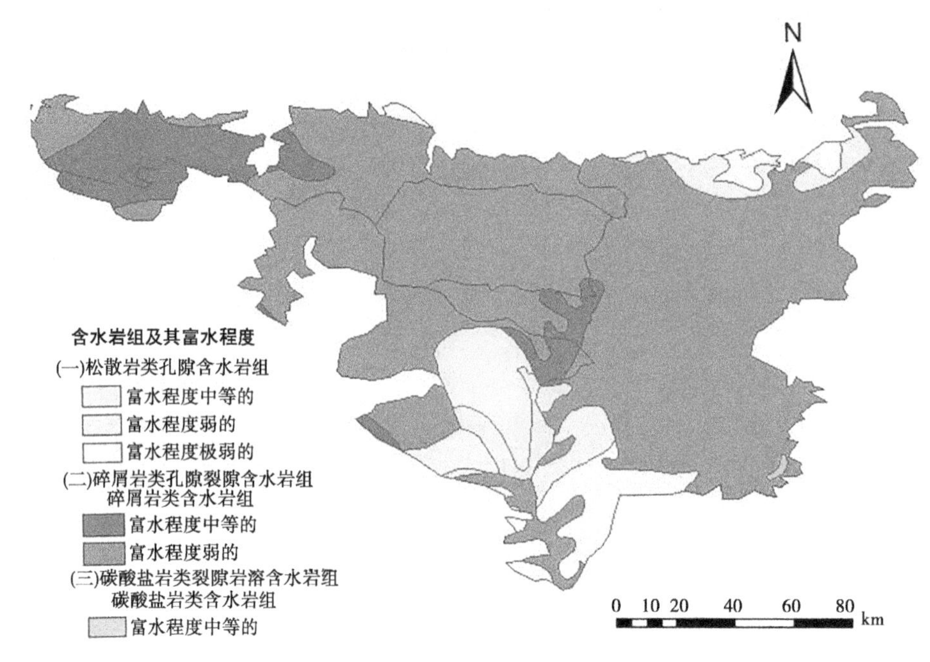

图 2-2 砒砂岩区水文地质图

2.2 砒砂岩区气候特征

2.2.1 气温变化规律

砒砂岩区 1960~2019 年年均气温、最高气温和最低气温的空间分析如图 2-3 所示,该区西北部年均气温、最高气温和最低气温较低,东南部和北部温度较高,空间分布区域性差异明显。整体上,年均气温、最高气温和最低气温的变化范围分别为 6.5~9.6 ℃、19.9~23.7 ℃和-7.4~-3.0 ℃。

同时,位于砒砂岩区东部的覆土砒砂岩区的年均气温、最高气温和最低气温最高(见图 2-4),平均值分别为 8.3 ℃、22.8 ℃和-5.2 ℃,最低值出现在裸露砒砂岩区(强度侵蚀),年均气温、最高气温和最低气温值分别为 7 ℃、21.2 ℃和-6.5 ℃。

图 2-5 为 1960~2019 年砒砂岩区年均气温、最高气温和最低气温的年际变化趋势图。由图 2-5 所示,年均气温、最高气温和最低气温呈明显上升趋势,变化趋势率分别为 0.32 ℃/10 a、0.33 ℃/10 a 和 0.47 ℃/10 a,60 年来分别上升了约 1.0 ℃、0.6 ℃和 1.3 ℃。其中,最低气温的增加速率以及增加幅度最大。

对砒砂岩区不同分区年均气温进行 Mann-Kendall(M-K)突变检验,分析结果如图 2-6 所示:不同砒砂岩区年均气温均通过了 0.05 显著水平检验,表明年均气温的上升显著程度为覆土砒砂岩区>覆沙砒砂岩区>裸露砒砂岩区(剧烈侵蚀)>裸露砒砂岩区(强度侵蚀),且不同砒砂岩区年均气温的突变年份均发生在 1995 年前后,1995 年之后,各区年均气温均呈显著上升趋势。

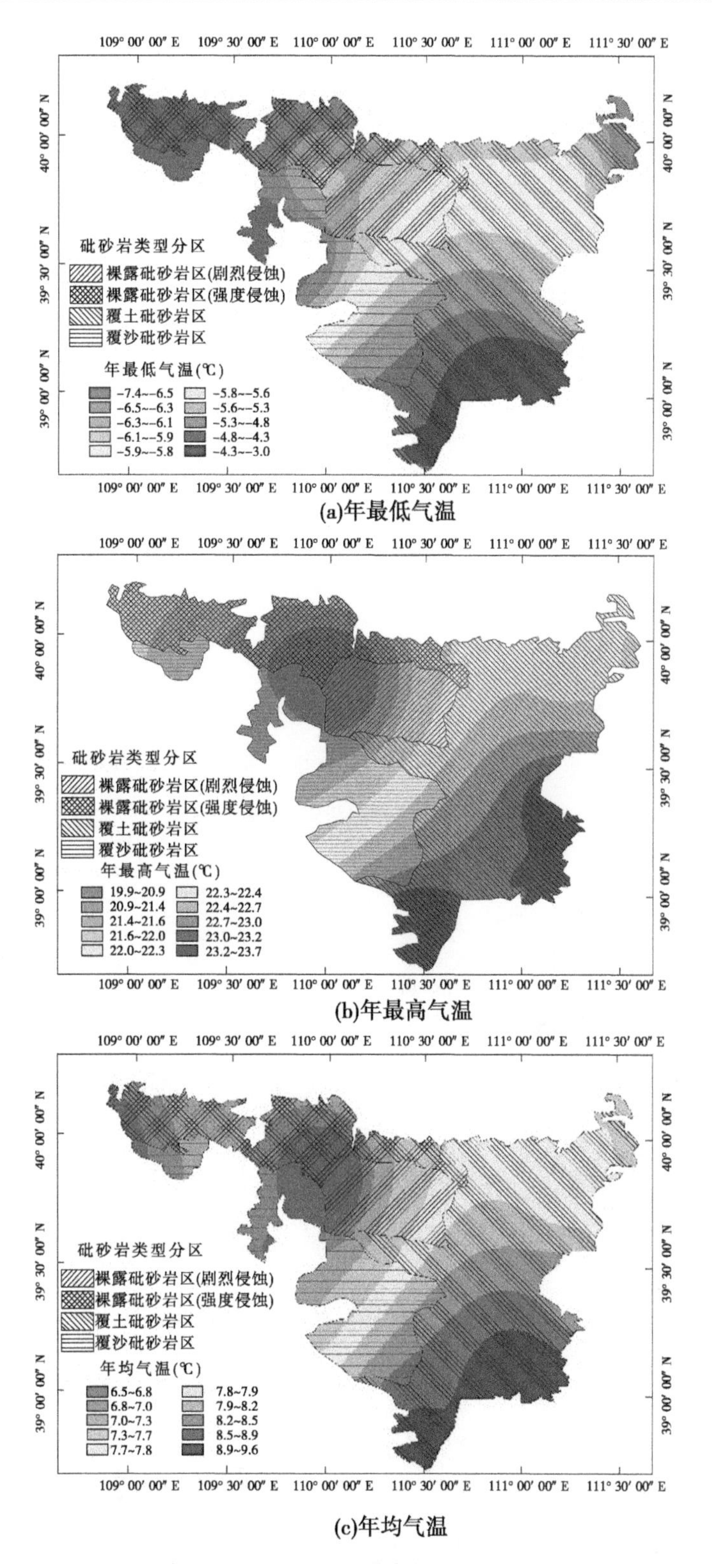

(a)年最低气温

(b)年最高气温

(c)年均气温

图 2-3　砒砂岩区多年平均气温、最高气温和最低气温空间分布图

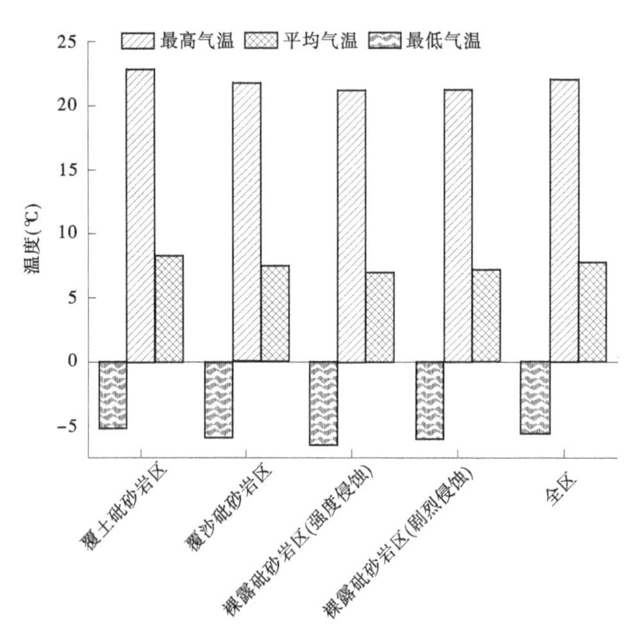

图 2-4　砒砂岩区不同分区的气温特征

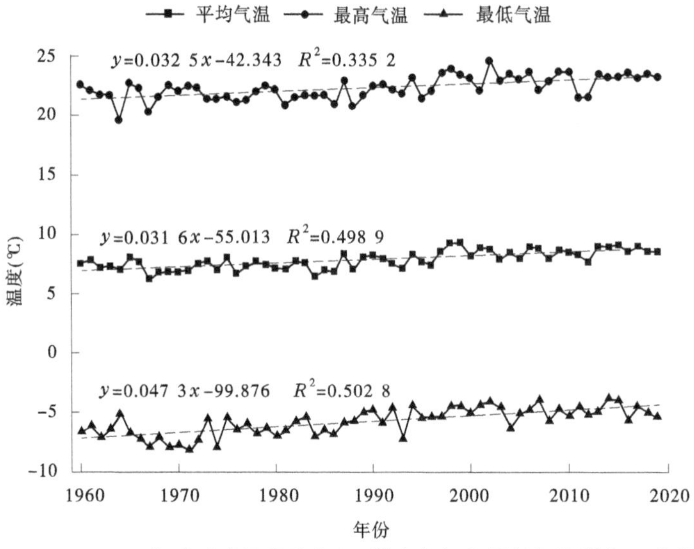

图 2-5　1960~2019 年砒砂岩区平均气温、最高气温和最低气温的年际变化趋势

2.2.2　降水变化规律

2.2.2.1　降水量年内、年际变化

砒砂岩区多年平均月降水量如图 2-7 所示,可以看出年内分配差异较大,其中 8 月降水量最高,达 103.1 mm,占年降水量的 25.5%;7 月次之,为 101.3 mm,占到年降水量的 25.1%,主汛期 7~8 月占比达一半;12 月的降水量最低,为 2.1 mm,占年降水量的 0.5%。

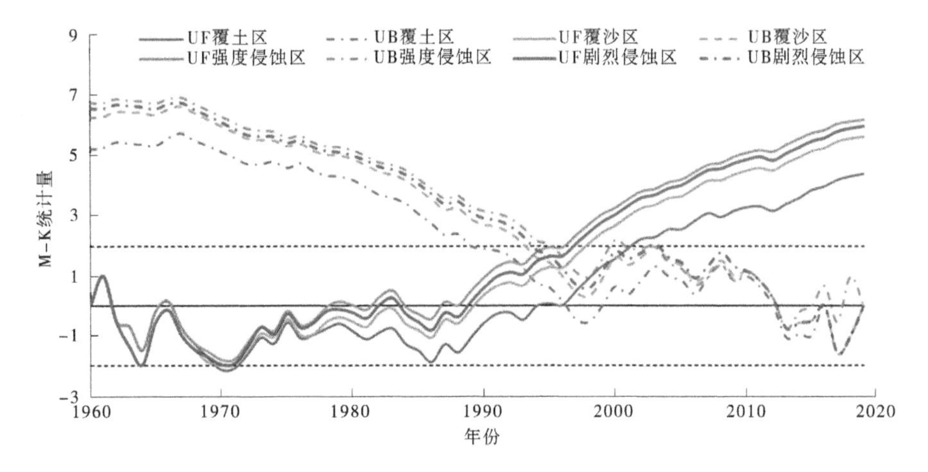

图 2-6　砒砂岩区气温突变检测

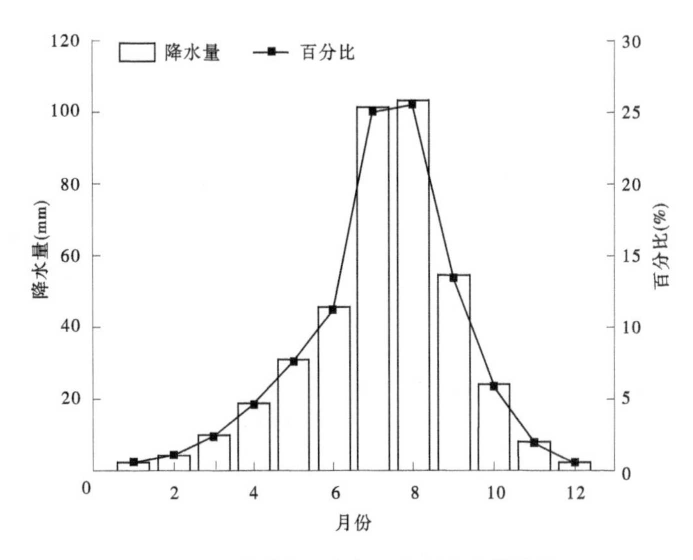

图 2-7　砒砂岩区多年平均月降水量变化

通过对砒砂岩区及其附近 12 个气象站点日降水量数据资料分析，砒砂岩区多年平均降水量为 390. 9 mm，其中 1967 年降水量最多，高达 644. 6 mm；1965 年最少，为 168. 1 mm。如图 2-8 所示，砒砂岩区近 60 年降水量变化波动频繁，运用 Mann-Kendall 检验法得出检验值 Z 为 0. 049，年降水量整体呈现出上升趋势，且上升趋势不显著。降水量的趋势方程为 $y=0.162x+69.309$，其中倾向率为 1. 62 mm/10 a。

统计了砒砂岩不同分区的年均降水量，可以看出不同分区之间降水量有一定的差异，多年平均降水量表现为覆土砒砂岩区>裸露砒砂岩区(剧烈侵蚀)>覆沙砒砂岩区>裸露砒砂岩区(强度侵蚀)，其值分别是 410. 3 mm、386. 0 mm、384 mm、360. 9 mm。各地形区降水量均呈上升趋势但均不显著，变异系数在 0. 25～0. 26 变化，表明各分区降水量空间上存在较大差异，但年际变化幅度均较小(见图 2-9)。

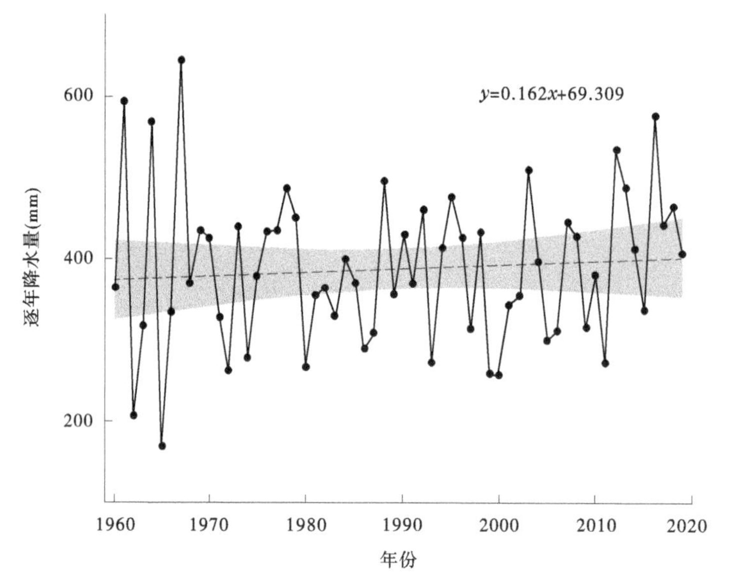

图 2-8　砒砂岩区 1960～2019 年年均降水量变化趋势

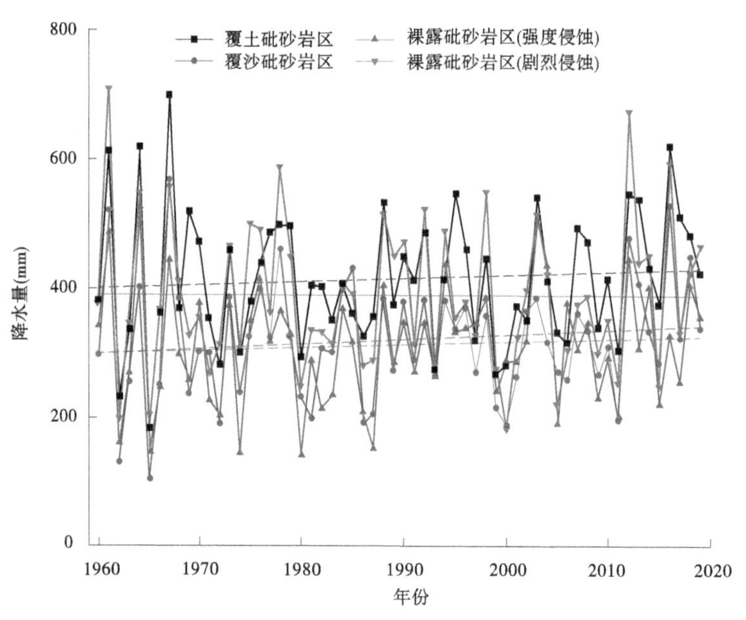

图 2-9　不同砒砂岩区 1960～2019 年年均降水量变化趋势

如图 2-10 所示，1960～2019 年年降水距平指数有不同程度的负值，表示该年份的降水量偏低于平均降水量，反之即偏高。图 2-10 表明降水偏多和降水偏少交替出现，20 世纪末 21 世纪初年均降水量减少最明显，20 世纪 90 年代次之，70 年代降水处于丰水阶段。根据降水距平百分率干旱等级标准，1962 年、1965 年、1980 年、2000 年等的降水距平指数分别是-47. 21%、-57. 01%、-31. 89%、-34. 29%，其为特旱年份；1966 年、1971 年、1983 年等为重旱年份。

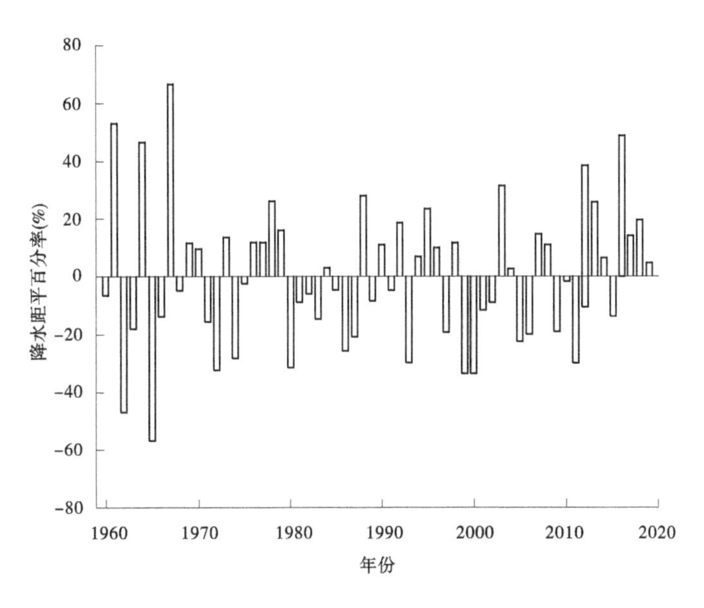

图 2-10　砒砂岩区降水距平指数

统计砒砂岩区各季降水量特征值(见表 2-1),降水量主要集中在夏季,平均降水量为 241.7 mm,约占全年降水量的 61.8%;其次为秋季和春季,降水量约为 83.8 mm、57.1 mm,分别约占全年降水量的 21.4%、14.6%;而冬季降水量仅为 8.3 mm,占全年降水量的 2.1%。从降水量上升幅度而言,春季和秋季最大。根据非参数统计检验法得出四季降水量检验值 Z,四季的检验值均为正值,其变化呈现出增加的趋势,其中夏季变化最小,Z 值为 0.007。从各季节的变异系数来看,冬季最大(0.564),夏季最小(0.316),说明砒砂岩区冬季降水量少且变化不稳定,波动比较频繁,夏季降水量多且最稳定。

表 2-1　砒砂岩区各季降水量特征值

季节	最大值(mm)	最小值(mm)	极差(mm)	平均值(mm)	Z 值	变异系数
春季	136.0	10.2	125.8	57.1	0.094	0.483
夏季	436.4	86.8	349.7	241.7	0.007	0.316
秋季	173.3	29.1	144.2	83.8	0.094	0.423
冬季	20.3	1.4	19.0	8.3	0.032	0.564

从表 2-2 得出,砒砂岩区年代平均降水量波动频繁,2010 年后降水量最多,高出平均降水量 46.1 mm。从各季降水量的年代际变化可知,降水量主要集中在夏、秋两季,春季降水量较为稳定,在 40~70 mm 间波动;夏季降水量呈“W”形,最大降水量出现在 2010 年后,为 261.8 mm,2010s 降水最少;秋季降水量呈“V”形,1980s 以来降水量呈现逐渐下降的趋势,20 世纪末达到最低值,为 65.7 mm,到 2000 年后降水量开始增加;冬季降水量呈“M”形,普遍较少,其中 1980s 最多,为 10.8 mm。

表 2-2 砒砂岩区年代平均降水量及季节降水量的年代际变化

年代	春季(mm)	夏季(mm)	秋季(mm)	冬季(mm)	年(mm)
1961~1970 年	64.0	252.2	83.8	6.2	406.2
1971~1980 年	41.7	230.5	92.7	10.8	375.7
1981~1990 年	57.3	242.8	62.8	6.9	369.8
1991~2000 年	53.7	241.8	65.7	7.0	368.2
2001~2010 年	69.3	213.5	86.4	9.4	378.6
2011~2019 年	57.7	261.8	108.5	8.9	437.0

2.2.2.2 降水量突变分析

砒砂岩区年均降水量 M-K 突变检验结果如图 2-11(e)所示,在置信水平 0.05 的基础上,UF 和 UB 两条曲线的交点有 2012 年、2014 年、2016 年,说明年均降水在 2012 年前后发生突变。就季节降水突变而言,春季降水[见图 2-11(a)]UF 曲线在 1971~1990 年和 1994~2003 年两个部分的统计量小于 0,表明这两个时期的降水量呈下降趋势;在其他年份,UF 曲线统计大于 0,表明该范围内的降水呈上升趋势,考虑 UF 曲线整体未超过 $\alpha=0.05$ 显著水平线,可以推出:在该时间范围内降水量增加(减少)趋势不显著。在临界线($Z=\pm1.96$)内 UF 曲线与 UB 曲线分别在 1964 年、1991 年、1997 年、2001 年、2011 年、2017 年有交点,说明在 0.05 的显著水平下,春季降水存在多个突变点,振荡剧烈。夏季降水 UF 曲线在 1977~1983 年和 1993~2000 年两部分统计量大于 0,表明这两个时期的降水量呈上升趋势,其他年份呈下降趋势,且降水量增加(减少)趋势并不明显;在临界线($Z=\pm1.96$)内 UF 曲线与 UB 曲线分别在 1969 年、1975 年、1984 年、1997 年、2016 年等年份有交点,说明在 0.05 的显著水平下,夏季降水发生突变。就秋季降水而言,UF 曲线在 1963~1972 年和 1980~2011 年两个部分的统计量小于 0,表明这两个时期的降水量呈下降趋势,在其他年份降水呈上升趋势;由于 UF 曲线未超过 $\alpha=0.05$ 显著水平线,即在该时段内降水下降趋势不明显,突变年为 1961 年、2010 年、2018 年。冬季降水的变化类似于夏季降水,其中 UF、UB 曲线均未超过 $\alpha=0.05$ 显著水平线,1959~1971 年、1982~1990 年、1995~2002 年呈不显著下降趋势,冬季降水突变主要发生在 1972 年、2000 年、2008 年。

砒砂岩区不同分区年均降水量 M-K 突变检验结果如图 2-12 所示,不同砒砂岩区年均降水量 UF 值多大于 0,UF 曲线与 UB 曲线均在 2012 年前后有交点,说明砒砂岩各分区年均降水量均在 2012 年前后发生突变。各区 UF 值的大小随年代发生一定的变化,21 世纪初,UF 值表现为覆土砒砂岩区>裸露砒砂岩区(剧烈侵蚀)>覆沙砒砂岩区>裸露砒砂岩区(强度侵蚀),表明该时段年均降水量的下降程度为覆土砒砂岩区>裸露砒砂岩区(剧烈侵蚀)>覆沙砒砂岩区>裸露砒砂岩区(强度侵蚀)。2015 年后,各区年均降水量呈上升趋势。

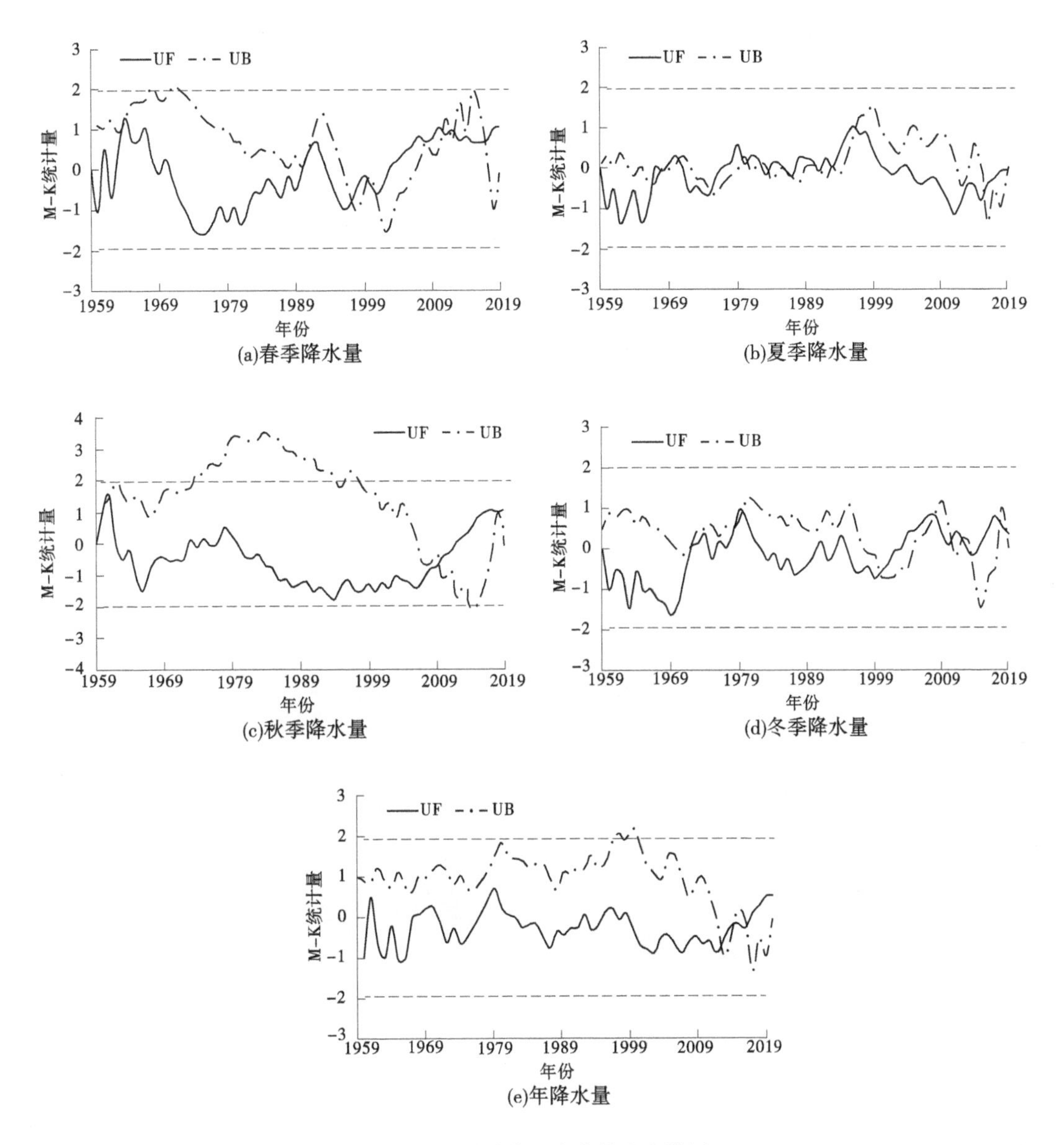

图 2-11　砒砂岩区降水量突变检测

2.2.2.3　降水量空间分布

砒砂岩区降水受到地势及地形因素等影响,该区降水量呈现东高西低的趋势。其中覆土砒砂岩区南部的降水量最大(见图 2-13),年平均降水量在 417~442 mm,覆土砒砂岩区北部次之,裸露砒砂岩区(强度侵蚀)东部以及覆沙砒砂岩区北部年平均降水量在 349~375 mm,年均降水量最小的地区为裸漏砒砂岩区(强度侵蚀)西部,年均降水量在 315~349 mm。

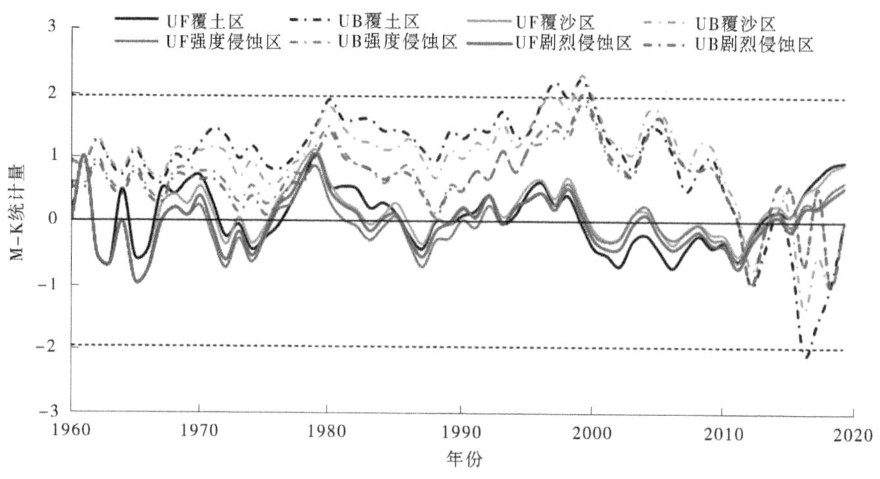

图 2-12　不同砒砂岩分区年均降水量突变检测

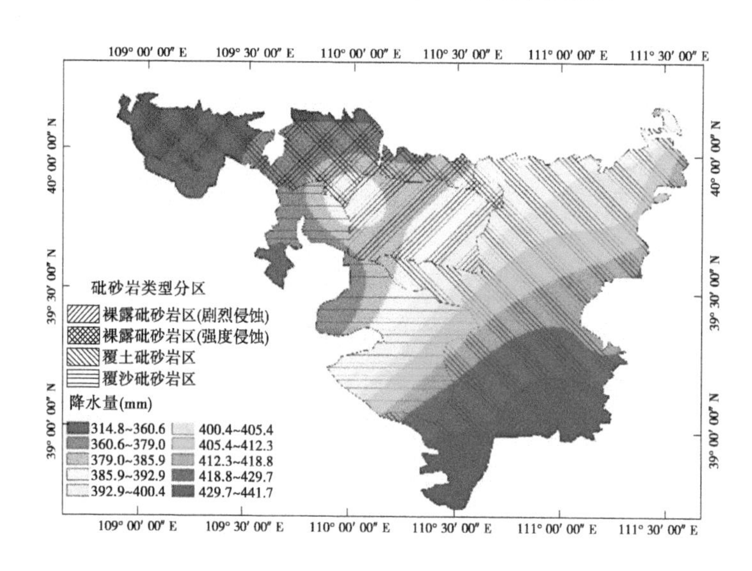

图 2-13　砒砂岩区年均降水量空间分布

如图 2-14 所示，砒砂岩区四季年平均降水量在空间分布上均表现为自东南向西北地区逐渐减少。主要原因是砒砂岩区东南部受季风影响大，使得降水量较多，而西北部受季风影响小，降水量较少。春季年均降水量主要集中在覆土砒砂岩区。夏季覆土砒砂岩区南部降水量最为丰沛，为 260~275 mm，裸露砒砂岩区（强度侵蚀）西部降水量最少，降水在 233~355 mm，秋季降水分布同夏季类似。冬季砒砂岩区降水量最少，仍呈东南部向西北部逐渐递减的趋势。因此，可以得知，夏季降水梯度变化较其他三季明显，且对年降水量的贡献率最大，春季、秋季次之，冬季最小。

2.2.2.4　降雨侵蚀力

砒砂岩区 1960~2019 年多年平均降雨侵蚀力为 1 163.77 MJ · mm/(hm^2 · h)，介于 183.87~2 702.49 MJ · mm/(hm^2 · h)，变异系数(C_V)为 0.46。如图 2-15 所示，砒砂岩区

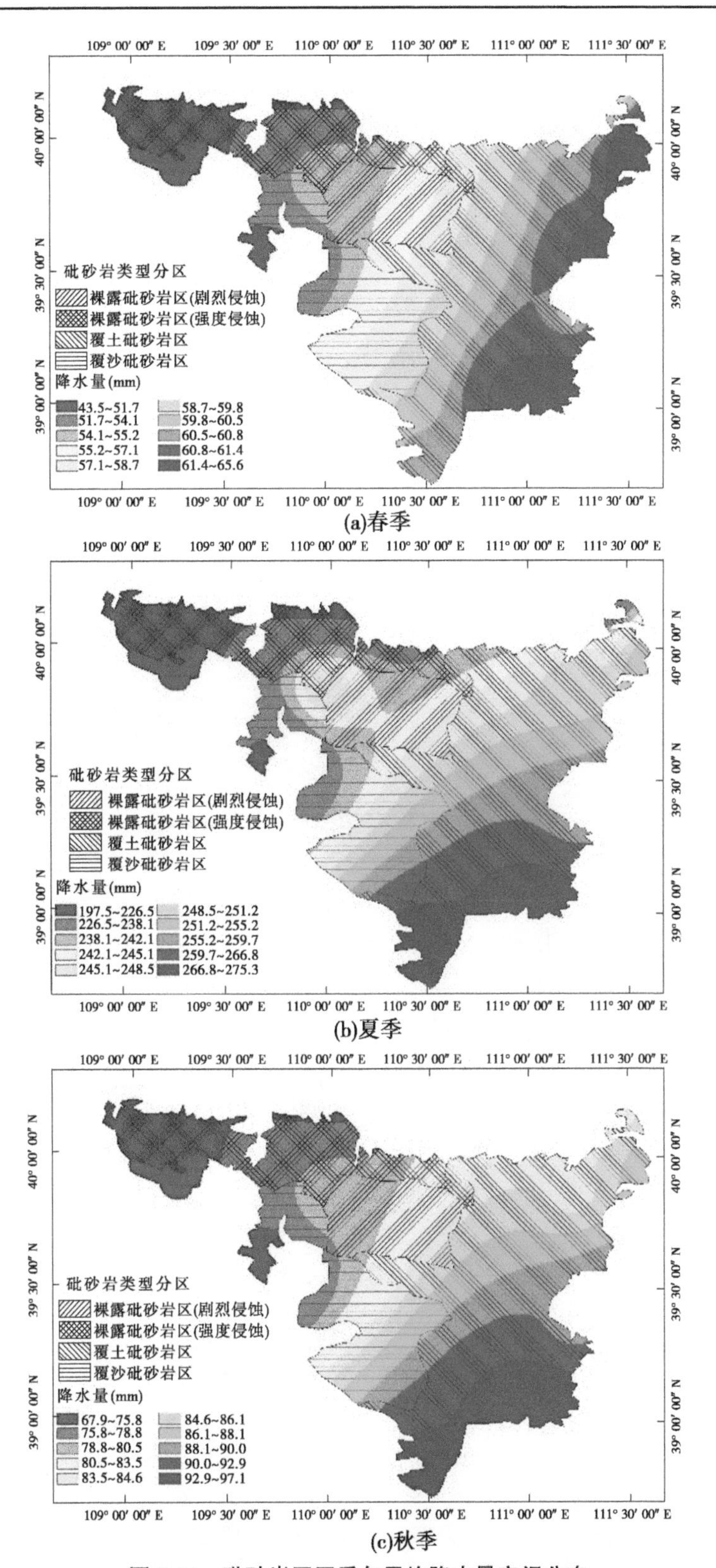

图 2-14　砒砂岩区四季年平均降水量空间分布

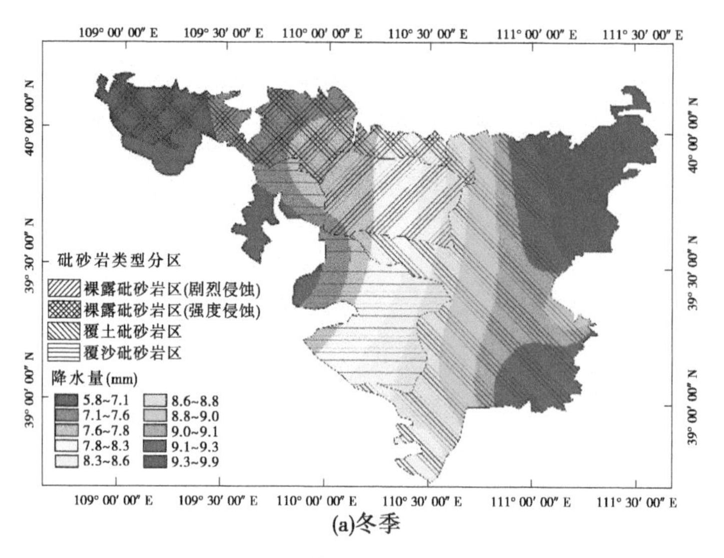

(a)冬季

续图 2-14

年降雨侵蚀力呈波动变化,运用非参数统计检验法得出检验值 Z 为 0.028,年降雨侵蚀力整体呈现出上升趋势,且上升趋势不显著。降雨侵蚀力的趋势方程为:$y=0.976x-777.75$。砒砂岩区年降雨侵蚀力和降雨量年际变化过程存在一致性,二者皮尔逊相关系数 0.93,达 0.01 的极显著性水平。

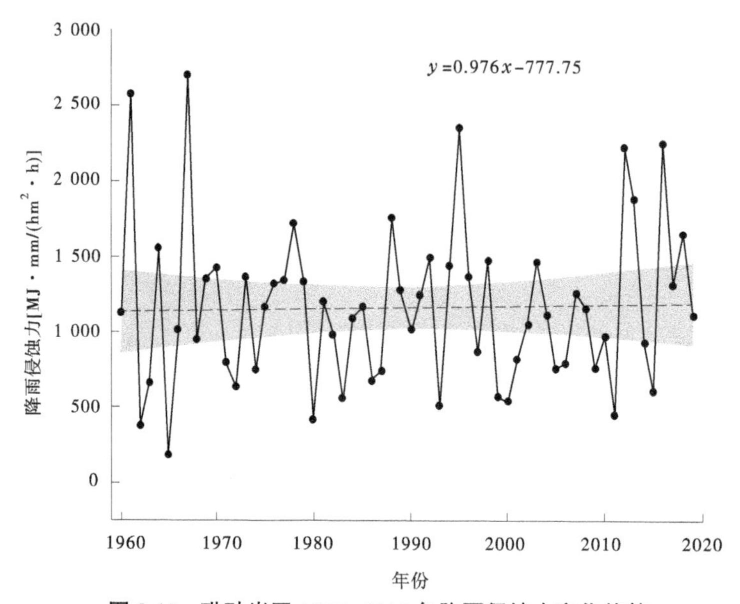

图 2-15　砒砂岩区 1960~2019 年降雨侵蚀力变化趋势

统计不同砒砂岩区年降雨侵蚀力特征值(见表 2-3),其中降雨侵蚀力最大的区域为覆土砒砂岩区,平均降雨侵蚀力为 1 248.54 MJ·mm/(hm^2·h)。其次是覆沙砒砂岩区和裸露砒砂岩区(剧烈侵蚀),降雨侵蚀力约为 1 212.23 MJ·mm/(hm^2·h)、1 211.74 MJ·mm/(hm^2·h)。而裸露砒砂岩区(强度侵蚀)降雨侵蚀力最低,为 1 110.53 MJ·mm/(hm^2·h)。从降雨侵蚀力的上升幅度而言,覆土砒砂岩区较大。根据非参数统计检验法得出不同砒砂岩区降雨侵蚀力检验值 Z,四个区的检验值均为正值,其变化呈现出增加的趋势,其中裸露砒砂岩区(强度侵蚀)变化最小,Z 值为 0.001。从各区的变异系数来看,裸露砒砂岩区(强度侵蚀)最大,为 0.53;覆土砒砂岩区最小,为 0.48,说明裸露砒砂岩区(强度侵蚀)降雨侵蚀力低且变化不稳定,波动比较频繁,覆土砒砂岩区降雨侵蚀力大且最稳定。

表 2-3　不同砒砂岩区年降雨侵蚀力特征值统计

砒砂岩分区	最大值 [MJ·mm/(hm^2·h)]	最小值 [MJ·mm/(hm^2·h)]	极差 [MJ·mm/(hm^2·h)]	平均值 [MJ·mm/(hm^2·h)]	Z 值	变异系数
覆土砒砂岩区	3 089.53	180.70	2 908.83	1 248.54	0.033	0.48
覆沙砒砂岩区	3 064.26	186.36	2 877.90	1 212.23	0.010	0.50
裸露砒砂岩区(强度侵蚀)	3 201.57	229.57	2 972.00	1 110.53	0.001	0.53
裸露砒砂岩区(剧烈侵蚀)	3 522.52	268.43	3 254.09	1 211.74	0.011	0.52

降雨侵蚀力 Mann-Kendall 时间序列突变点分析结果显示(见图 2-16),不同砒砂岩区年降雨侵蚀力和年均降水量 M-K 突变结果存在一定的相似性,各区的降雨侵蚀力均未通过 0.05 显著水平检验。在置信区间内,UF 曲线和 UB 曲线交点较多,即表明各区年降雨侵蚀力存在多个突变点,振荡剧烈。多数年份 UF 值高于 0,表明不同砒砂岩区降雨侵蚀力总体呈上升趋势,但存在较明显的年代差异,2004 年后各区均有递减趋势,直至 2017 年出现递增趋势。

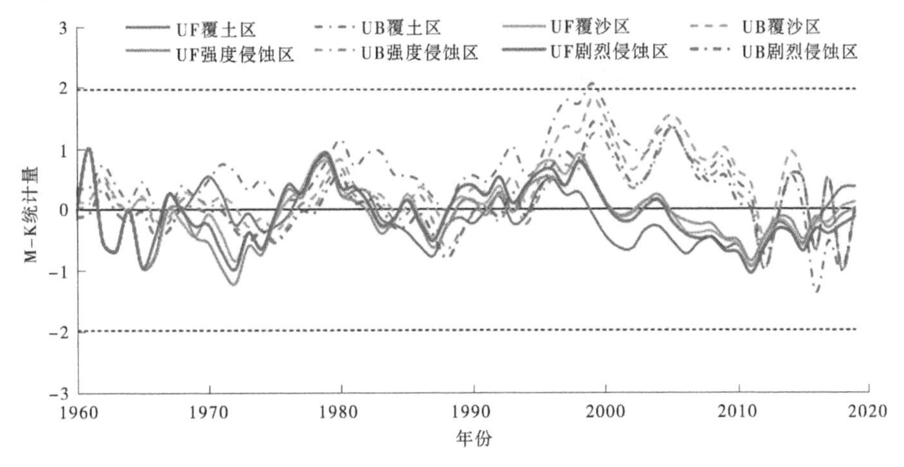

图 2-16　不同砒砂岩分区年降雨侵蚀力突变检测

砒砂岩区多年平均降雨侵蚀力的空间分布特征与降水量的空间分布特征基本一致(见图 2-17),表现为覆土砒砂岩区南部和覆沙砒砂岩区南部区域降雨侵蚀力较高,裸露砒砂岩区(强度侵蚀)西部区域较低。覆土砒砂岩区南部的降雨侵蚀力可达 1 500 MJ·mm/(hm^2·h),自南向北降至 1 000 MJ·mm/(hm^2·h);覆沙砒砂岩区多低于 1 300 MJ·mm/(hm^2·h);裸露砒砂岩区(剧烈侵蚀)降雨侵蚀力主要集中在 1 084~1 280

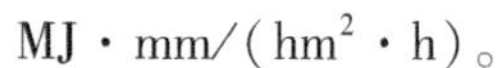
MJ · mm/(hm^2 · h)。

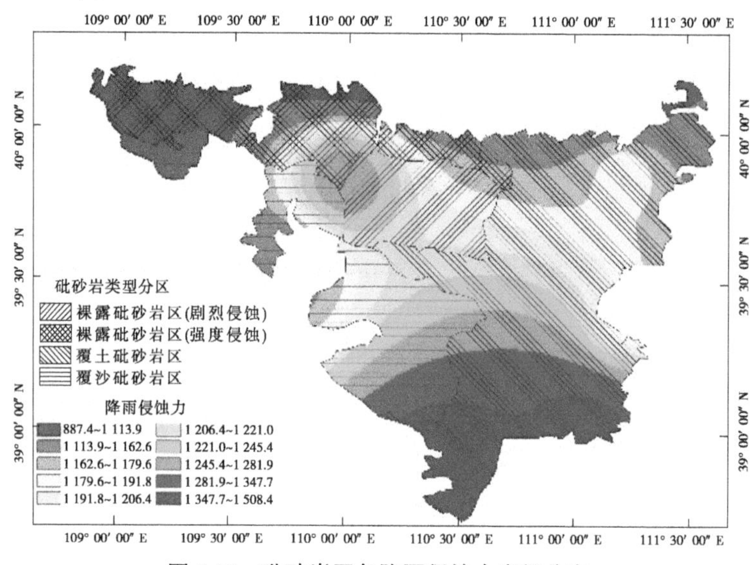

图 2-17 砒砂岩区年降雨侵蚀力空间分布

2.2.3 地温变化规律(0 cm)

1 d 内最高温度大于 0 ℃而最低温度小于 0 ℃称为一个冻融日循环,年冻融循环天数是指一年中冻融日循环发生的天数,是冻融侵蚀的主要动力因素之一。在冻融侵蚀强度评价的 6 个指标中,统计了砒砂岩区不同分区的各年代年冻融循环天数均值(见图 2-18),可以看出不同砒砂岩区年冻融循环天数差异较小,其中覆土砒砂岩区年冻融循环天数最少,随着年代更替,年冻融循环天数在不断减少。进一步统计了砒砂岩区不同分

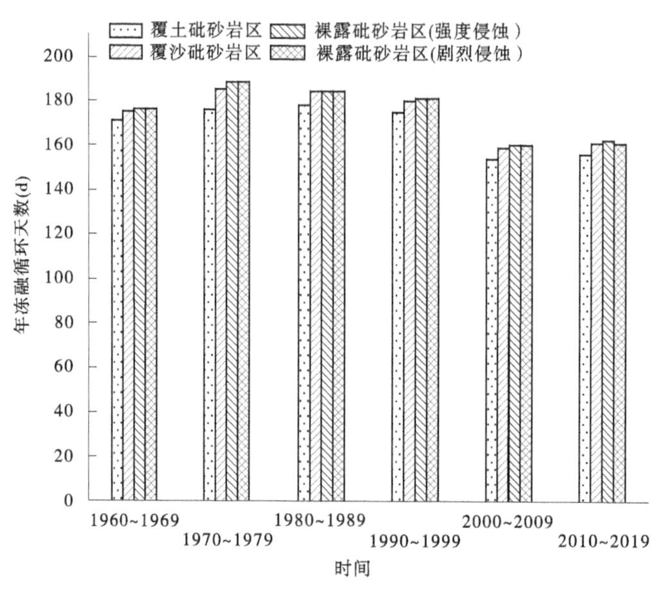

图 2-18 不同砒砂岩区年冻融日循环天数时间

区发生冻融循环天数的年温差累积(见图 2-19),可以明显看出冻融循环天数的年温差累积大小排序为裸露砒砂岩区(强度侵蚀)>裸露砒砂岩区(剧烈侵蚀)>覆沙砒砂岩区>覆土砒砂岩区,说明裸露砒砂岩区(强度侵蚀)的冻融循环作用强烈。

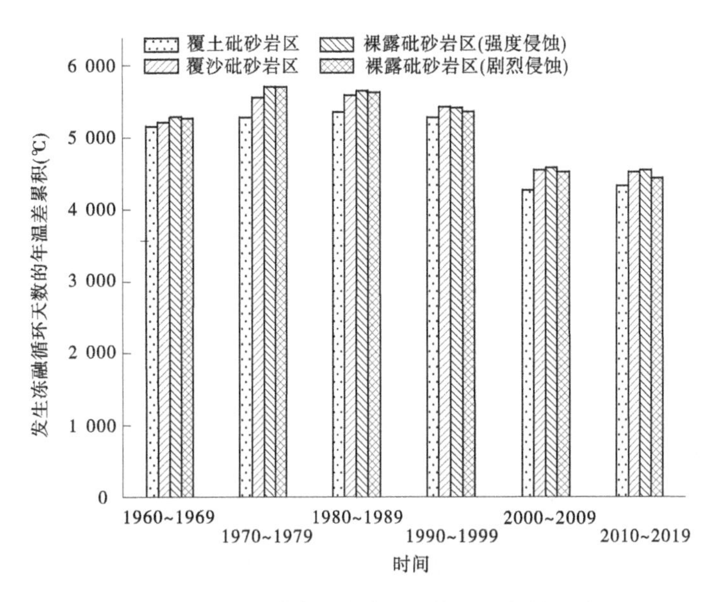

图 2-19　不同砒砂岩区年冻融日循环天数的温差累积

2.3　砒砂岩区土壤类型

根据粮农组织公布的世界土壤数据库(HWSD),提取了砒砂岩区的土壤类型分布(见图 2-20),该数据显示砒砂岩区的土壤类型一共有 17 种,以石灰性雏形土(CMc)和简育栗钙土(KSh)为主,分别占砒砂岩区土壤类型的 21.31%和 17.41%。

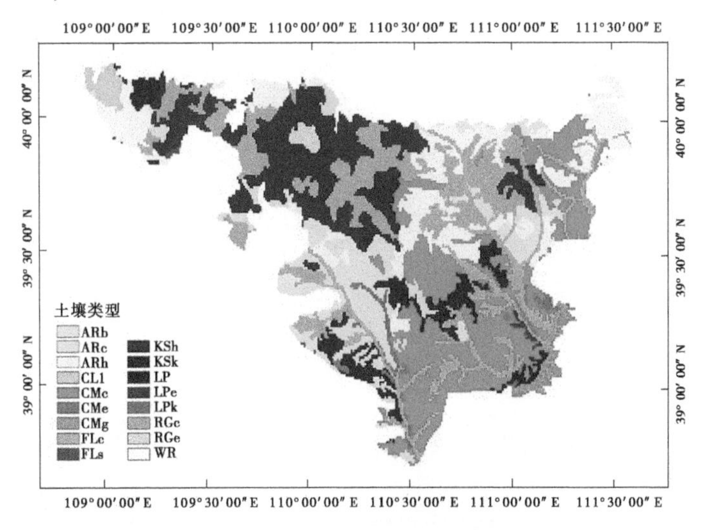

图 2-20　砒砂岩区土壤类型分布

将不同土壤类型面积在各分区所占比例情况进行统计，如表 2-4 所示，覆土砒砂岩区土壤类型共有 15 种，相较于总区，该区域无饱和疏松岩性土（RGe）、盐化冲积土（FLs）以及黏化钙积土（CLl）。其中石灰性雏形土（CMc）和简育砂性土（ARh）占比最高，分别为 38.24%、16.67%。覆沙砒砂岩区土壤类型共 12 种，其中占比较高的两种土壤类型分别是过渡性红砂土（ARb）以及石灰性砂性土（ARc），分别为 20.16%、18.99%。裸露砒砂岩区（强度侵蚀）土壤类型共 9 种，其中简育栗钙土（KSh）占比高达 43.69%。裸露砒砂岩区（剧烈侵蚀）土壤类型共 6 种，分别为简育栗钙土（40.48%）、石灰性疏松岩性土（36.25%）、简育砂性土（14.40%）、石灰性雏形土（8.23%）、饱和疏松岩性土（0.34%）和过渡性红砂土（0.30%）。

表 2-4　砒砂岩区土壤类型占比　（%）

土壤类型		砒砂岩总区	覆土砒砂岩区	覆沙砒砂岩区	裸露砒砂岩区（强度侵蚀）	裸露砒砂岩区（剧烈侵蚀）
LP	薄层土	0.50	0.98	0	0	0
LPe	饱和薄层土	0.23	0.45	0	0	0
CMe	饱和雏形土	0.57	0.61	1.22	0	0
RGe	饱和疏松岩性土	0.67	0	0	3.65	0.34
KSk	钙积栗钙土	5.62	5.67	9.03	4.77	0
ARb	过渡性红砂土	6.91	5.12	20.16	0.14	0.30
LPk	黑色石灰薄层土	0.91	0.87	2.22	0	0
KSh	简育栗钙土	17.41	4.07	16.47	43.69	40.48
ARh	简育砂性土	14.96	16.67	8.73	17.86	14.40
CMg	潜育雏形土	0.81	1.59	0	0	0
FLc	石灰性冲积土	6.44	10.47	4.61	0.75	0
CMc	石灰性雏形土	21.31	38.24	4.44	0	8.23
ARc	石灰性砂性土	6.00	2.67	18.99	3.68	0
RGc	石灰性疏松岩性土	16.37	12.53	13.58	18.91	36.25
WR	水体	0.02	0.05	0	0	0
FLs	盐化冲积土	0.12	0	0.56	0	0
CLl	黏化钙积土	1.14	0	0	6.55	0

2.4　砒砂岩区地形地貌特征

由砒砂岩区坡度分布示意图(见图 2-21)可以看出坡度从西北到东南逐渐递增,根据坡度分级,可将砒砂岩区分为微斜坡、缓斜坡、斜坡、陡坡,其中坡度分布情况见表 2-5。由表 2-5 可知,砒砂岩区主要分布在第 3 级别,斜坡面积为 9 526.10 km^2,占总面积的 57.06%,缓斜坡次之。

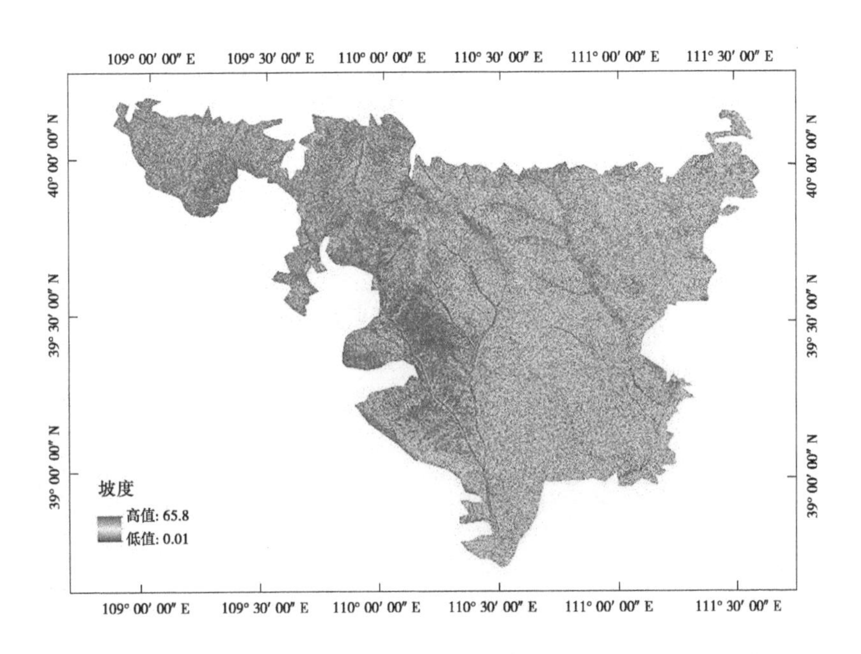

图 2-21　砒砂岩区坡度分布示意图

表 2-5　砒砂岩区坡度分级

等级	微斜坡	缓斜坡	斜坡	陡坡
级别	1	2	3	4
坡度(°)	0~2	2~5	5~15	15~35
面积(km^2)	855.41	3 317.86	9 526.10	2 995.62
比例(%)	5.12	19.87	57.06	17.94

由砒砂岩区坡向分布示意图(见图 2-22)可以看出该区各坡向均匀分布,根据坡向分级,可将砒砂岩区分为阴坡、半阴坡、半阳坡、阳坡,坡向分布情况见表 2-6。由表 2-6 可知,砒砂岩区各坡向所占比例为 22%~28%,其中阳坡最大。

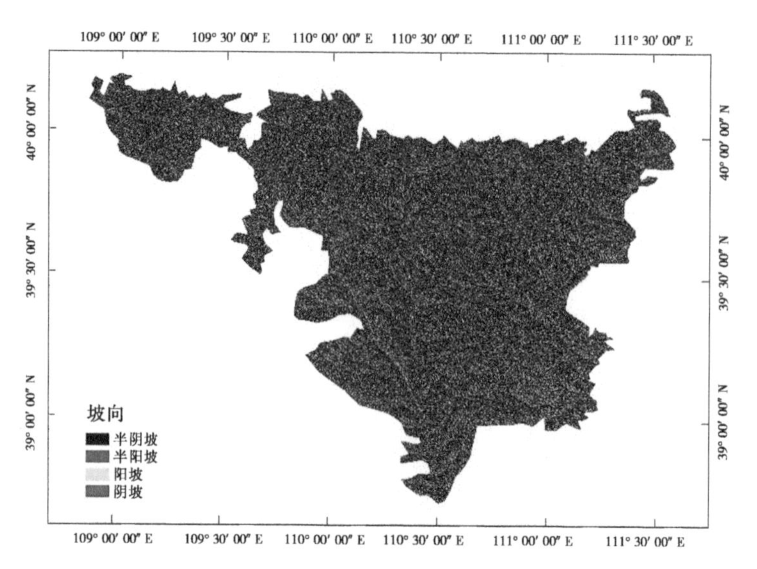

图 2-22 砒砂岩区坡向分布示意图

表 2-6 砒砂岩区坡向分级

坡向	阴坡	半阴坡	半阳坡	阳坡
面积(km^2)	4 666.33	3 769.23	4 499.75	3 759.68
比例(%)	26.95	22.52	22.58	27.95

将不同地形因子在各分区所占比例情况进行统计,如表 2-7 所示。就坡度而言,裸露砒砂岩区(剧烈侵蚀)同砒砂岩区分布情况一致,均为斜坡>缓斜坡>陡坡>微斜坡。然而,覆土砒砂岩区,陡坡面积占比比缓斜坡大,约为 14.16%。就坡向而言,砒砂岩总区各坡向占比相差不多,各分区阴坡面积占比最大,其中裸露砒砂岩区(剧烈侵蚀)占比约为13.93%。覆沙砒砂岩区阳坡占比最小,约为 2.28%。

表 2-7 砒砂岩区不同分区地形因子面积占比统计 (%)

地形因子	分级	覆土砒砂岩区	覆沙砒砂岩区	裸露砒砂岩区(强度侵蚀)	裸露砒砂岩区(剧烈侵蚀)
坡度	微斜坡	1.44	1.91	1.19	0.59
	缓斜坡	6.48	6.51	4.58	2.31
	斜坡	29.01	11.23	10.28	6.54
	陡坡	14.16	1.46	1.17	1.15
坡向	阴坡	13.18	12.01	11.97	13.93
	半阴坡	5.43	4.75	4.82	6.11
	半阳坡	5.23	3.65	3.60	4.73
	阳坡	2.93	2.28	2.35	3.03

地表切割深度直观地反映了地表被侵蚀切割的情况，是研究水土流失及地表侵蚀发育状况时的重要参考指标。如图 2-23 所示，砒砂岩区地表切割深度最大值为 100.56 m。统计不同砒砂岩区地表切割深特征值(见表 2-8)，砒砂岩区地表切割度按各区排序总体表现为覆土砒砂岩区>裸露砒砂岩区(剧烈侵蚀)>裸露砒砂岩区(强度侵蚀)>覆沙砒砂岩区。

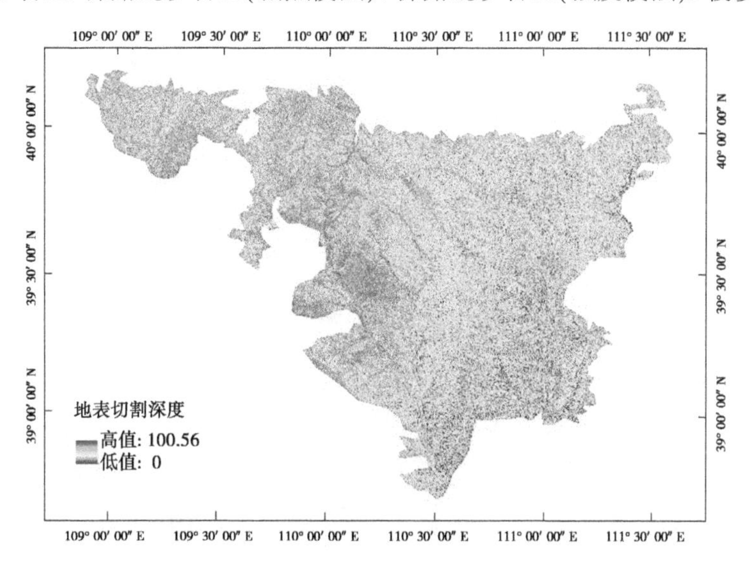

图 2-23　砒砂岩区地表切割深度分布示意图

表 2-8　不同砒砂岩区地表切割深度特征值统计

砒砂岩分区	最大值(m)	最小值(m)	平均值(m)	标准差	变异系数
覆土砒砂岩区	100.56	0	9.03	4.88	0.54
覆沙砒砂岩区	77.67	0	5.53	3.34	0.60
裸露砒砂岩区(强度侵蚀)	42.44	0	5.81	3.06	0.53
裸露砒砂岩区(剧烈侵蚀)	39.44	0	6.48	3.45	0.53

统计不同砒砂岩分区的坡度坡长因子特征值(见表 2-9)，其中覆土砒砂岩区的 LS 因子均值最大(4.95)，覆沙砒砂岩区的 LS 因子最小(2.49)。

表 2-9　不同砒砂岩区坡度坡长因子特征值统计

分区	最小值	最大值	平均值	标准差
覆土砒砂岩区	0.01	59.5	4.95	4.77
覆沙砒砂岩区	0.01	49.5	2.49	3.12
裸露砒砂岩区(强度侵蚀)	0.01	37.5	2.63	2.95
裸露砒砂岩区(剧烈侵蚀)	0.01	40.5	3.24	3.44

坡度坡长因子 LS 是地形对土壤侵蚀影响最重要的影响因子，根据研究区 DEM 数据，计算了该区域的 LS 因子。如图 2-24 所示，砒砂岩区 LS 因子最大值为 59.5，平均值为 3.8。

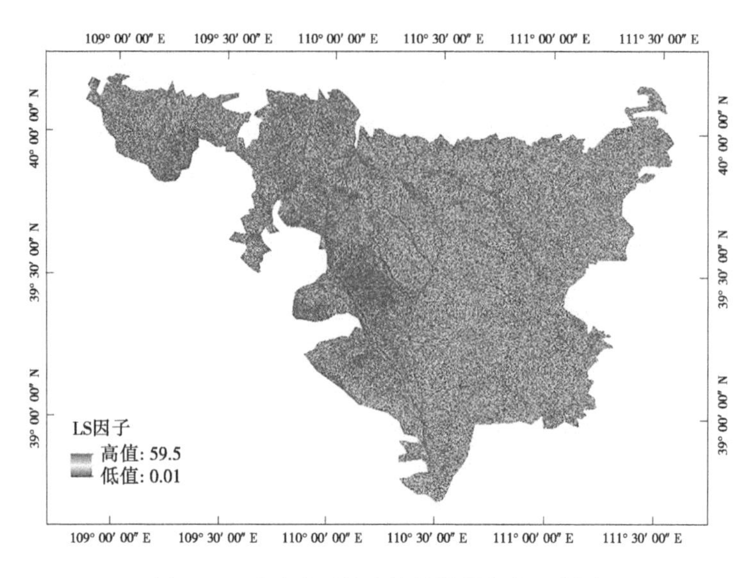

图 2-24　砒砂岩区坡度坡长因子分布示意图

2.5　砒砂岩区土壤水分特征

2.5.1　砒砂岩区土壤水分时间变化规律

2.5.1.1　土壤水分季节尺度变化特征

砒砂岩区的年均土壤含水量的变化范围为 0.09~0.26,图 2-25 为砒砂岩区四季土壤平均含水量的变化趋势,可以看出在季节层面,砒砂岩区土壤平均含水量按季节排序总体表现为秋季>夏季>春季>冬季。

2.5.1.2　土壤水分月尺度变化特征

砒砂岩区每月土壤平均含水量变化见图 2-26,2017 年内土壤含水量最高的月份为 10 月,最低的月份为 1 月,一年 12 个月中仅有 4 个月土壤水分处于下降阶段,其余月份土壤含水量均在增加。

2.5.2　砒砂岩区土壤水分空间变化规律

2.5.2.1　土壤水分季节尺度空间变异特征

由砒砂岩区四个季节时间段的平均土壤水分栅格图(见图 2-27),可以看出在四个时间段内,砒砂岩区土壤平均含水量的空间分布基本一致,均为从西北到东南逐渐上升。但不同季节土壤水分含量的变化范围有一定的差异。春季土壤含水量的变化范围为 0.079~0.264,土壤含水量较低的区域主要分布在覆沙砒砂岩区;其中低于整个区域平均值的部分,27%分布在裸露砒砂岩区(强度侵蚀)。夏季土壤含水量的变化范围为 0.122~0.282,整个区域内覆土砒砂岩区的土壤含水量较高,除覆沙砒砂岩区外,北部区域土壤水分值最低,但较春季也有所提高;秋季土壤含水量的变化范围为 0.110~0.363,整个砒砂

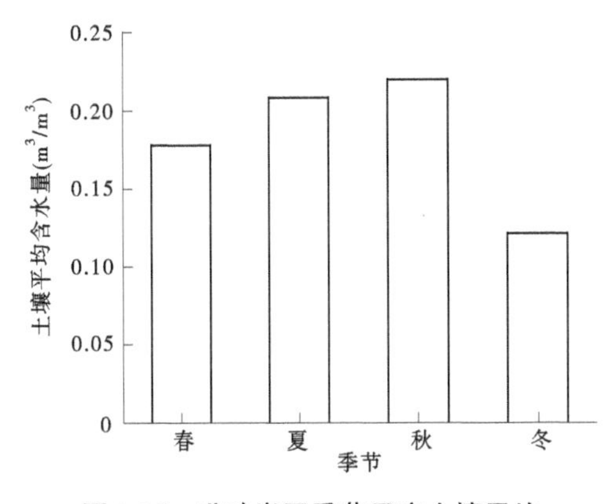

图 2-25　砒砂岩区季节尺度土壤平均含水量变化图

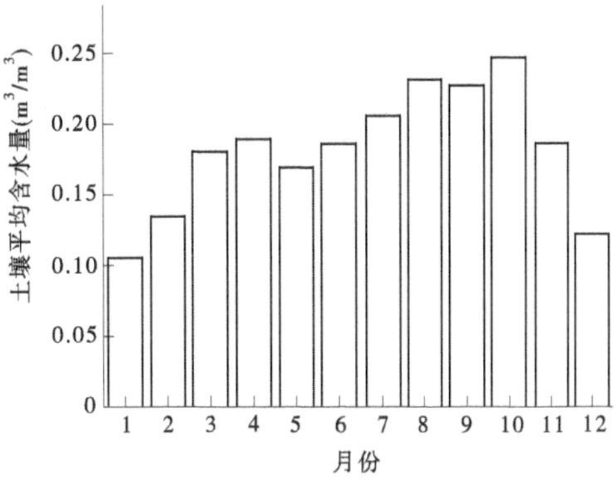

图 2-26　砒砂岩区土壤平均含水量月尺度变化趋势

岩区到达一年之中的峰值,低于土壤含水量平均值(0.21)的区域主要分布在覆沙砒砂岩区;冬季土壤含水量的变化范围为 0.016~0.194,为一年之中最低。

不同砒砂岩区季节尺度统计性描述参数见表 2-10,对不同砒砂岩区土壤平均含水量进行对比,可以发现裸露砒砂岩区(强度侵蚀)夏季和秋季土壤含水量相同;覆沙砒砂岩区土壤含水量春季最低,夏季最高;裸露砒砂岩区(剧烈侵蚀)和覆土砒砂岩区变化趋势一致,春季最低,秋季最高。砒砂岩区春季土壤含水量整体偏低,其中覆沙砒砂岩区最低(0.122),裸露砒砂岩区(剧烈侵蚀)最高(0.200)。进入夏季之后,降雨量的不断增加,导致地表土壤含水量普遍上升,裸露砒砂岩区(强度侵蚀)和覆沙砒砂岩区达到一年的峰值。秋季裸露砒砂岩区(剧烈侵蚀)和覆土砒砂岩区土壤含水量达到一年的峰值,其中覆土砒砂岩区土壤平均含水量达到 0.254。冬季土壤平均含水量均为一年之中最低,整个时间段内砒砂岩区的土壤含水量均低。

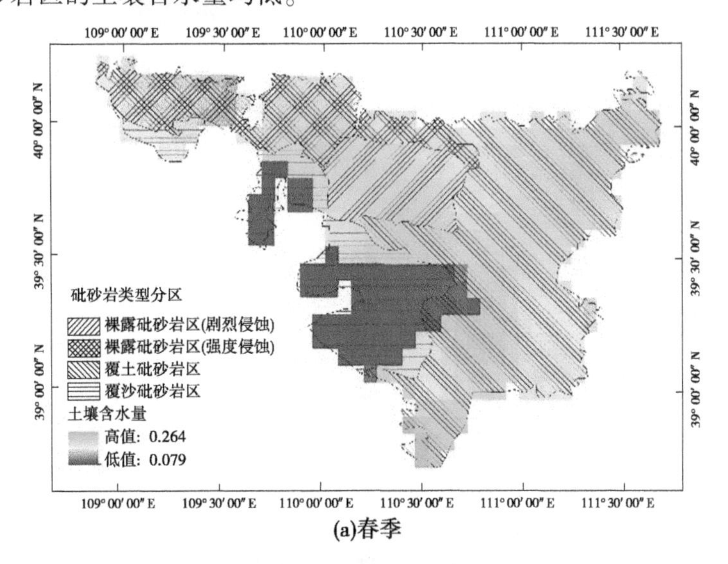

(a)春季

图 2-27　不同砒砂岩区四季平均土壤水分的空间分布

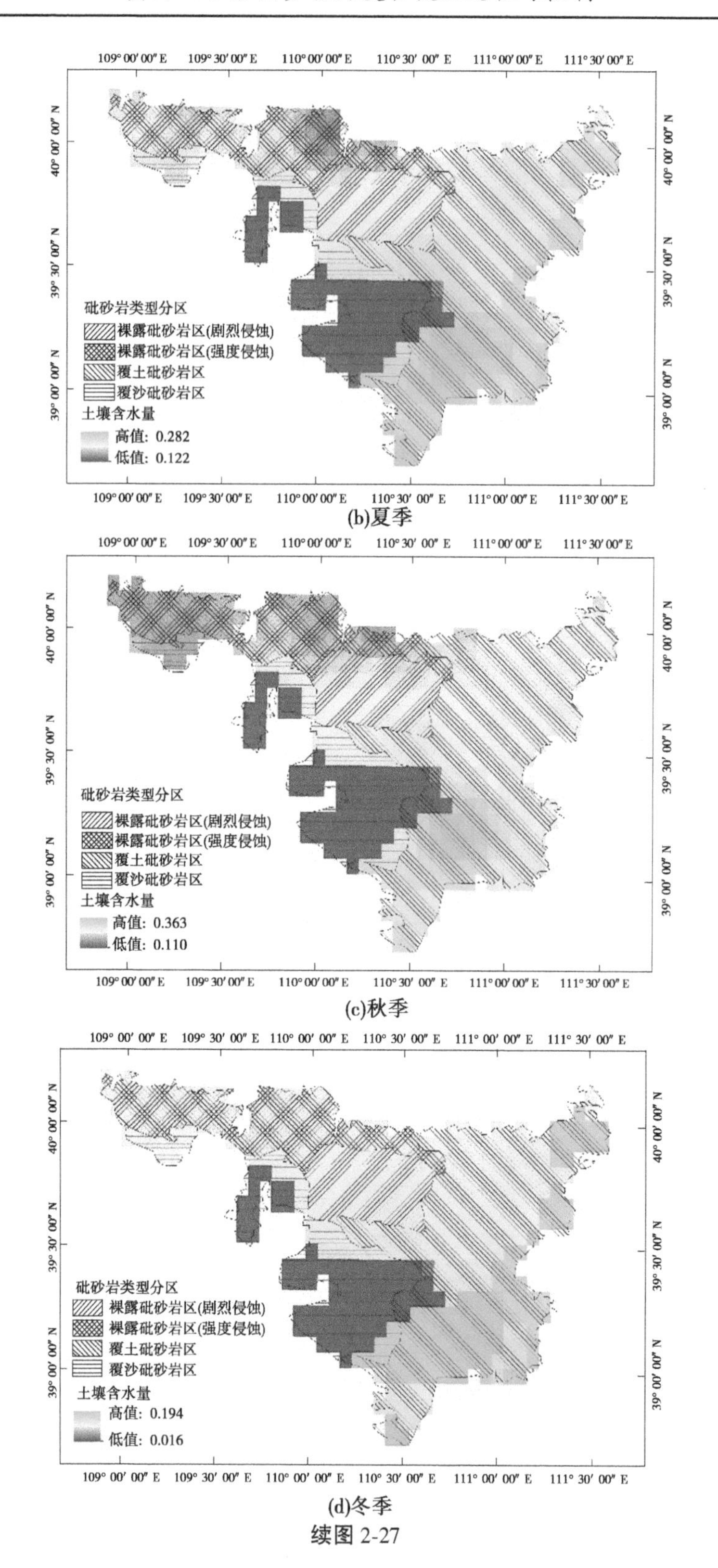

(b)夏季

(c)秋季

(d)冬季

续图 2-27

表 2-10　不同砒砂岩区季节尺度时间变化统计性描述

砒砂岩区类型	季节	最小值	最大值	平均值	标准差	变异系数
覆沙砒砂岩区	春	0.079	0.208	0.122	0.046	0.373
	夏	0.122	0.250	0.159	0.04	0.253
	秋	0.110	0.277	0.153	0.051	0.334
	冬	0.022	0.180	0.059	0.049	0.827
覆土砒砂岩区	春	0.092	0.264	0.197	0.023	0.119
	夏	0.134	0.282	0.234	0.026	0.113
	秋	0.123	0.363	0.254	0.037	0.147
	冬	0.016	0.194	0.146	0.035	0.240
裸露砒砂岩区（剧烈侵蚀）	春	0.186	0.210	0.200	0.007	0.034
	夏	0.185	0.228	0.207	0.009	0.043
	秋	0.204	0.255	0.229	0.012	0.053
	冬	0.120	0.132	0.126	0.004	0.030
裸露砒砂岩区（强度侵蚀）	春	0.142	0.209	0.178	0.018	0.102
	夏	0.159	0.215	0.193	0.013	0.070
	秋	0.169	0.222	0.193	0.013	0.070
	冬	0.110	0.122	0.116	0.003	0.027

研究时段内各个砒砂岩区土壤含水量的变异系数见图 2-28(b)，从各个砒砂岩区土壤含水量的变异系数可以看出，覆土砒砂岩区和覆沙砒砂岩区具有相同变化趋势，裸露砒砂岩区(剧烈侵蚀)和裸露砒砂岩区(强度侵蚀)具有相同的变化趋势。这可能是影响覆沙砒砂岩区、覆土砒砂岩区和裸露砒砂岩区土壤水分含量变化的主要因素不同所导致的。由表 2-10 可知，覆沙砒砂岩区的变异系数依次为 0.373%、0.253%、0.334%、0.827%，其中四个季度均属于中等程度变异，冬季变异程度最高；覆土砒砂岩区的变异系数依次为 0.119%、0.113%、0.147%、0.240%，同覆沙砒砂岩区一致，均属于中等变异程度，且四季变异程度变化不大；裸露砒砂岩区(剧烈侵蚀)的变异系数依次为 0.034%、0.043%、0.053%、0.030%，四季均属于弱变异；裸露砒砂岩区(强度侵蚀)的变异系数依次为 0.102%、0.070%、0.070%、0.027%，其中春季属于中等程度变异，其余三个季度均为弱变异。

2.5.2.2　土壤水分月尺度空间变异特征

由砒砂岩区 12 个月的平均土壤水分栅格图(见图 2-29)，对比该区各月土壤平均含水量的空间分布，可以看出在研究时段内不同砒砂岩区土壤平均含水量具有相同的变化趋势，总体表现为从西北向东南递增。就月尺度而言，砒砂岩区土壤平均含水量按各区排序总体表现为覆土砒砂岩区>裸露砒砂岩区(剧烈侵蚀)>裸露砒砂岩区(强度侵蚀)>覆沙砒砂岩区。其中，覆土砒砂岩区和覆沙砒砂岩区具有相同变化趋势，裸露砒砂岩区(剧

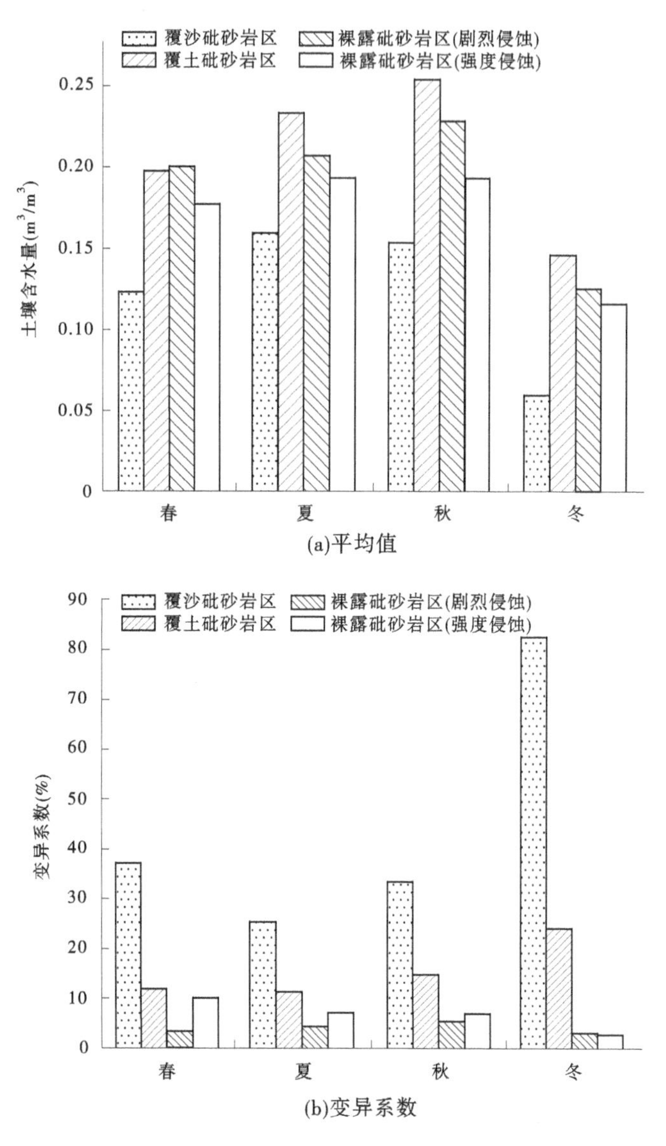

图 2-28　不同砒砂岩区四季土壤含水量的时间变化

烈侵蚀)和裸露砒砂岩区(强度侵蚀)具有相同的变化趋势。

从表 2-11 可以看出,覆土砒砂岩区一年中共有 7 个月处于土壤水分上升阶段,4 个月处于土壤水分下降阶段,其中土壤水分明显增加的月份为 7 月,与 6 月相比增量为 4.3%,土壤含水量明显下降的月份为 12 月,与 11 月相比减量为 7.4%。覆沙砒砂岩区同覆土砒砂岩区一致,土壤水分下降的月份为 5 月、9 月、11 月、12 月,但该区土壤水分明显上升的月份为 3 月(4.7%),土壤水分明显下降的月份为 11 月(6.2%),4 月两个区的土壤水分变化量一样。裸露砒砂岩区(剧烈侵蚀)同裸露砒砂岩区(强度侵蚀)变化一致,一年共有 5 个月处于土壤水分下降阶段,土壤水分增量最大的月份为 3 月,且大小均约 6%,土壤水分减量最大为 11 月,其中裸露砒砂岩区(剧烈侵蚀)水分下降速率较快(7.4%)。

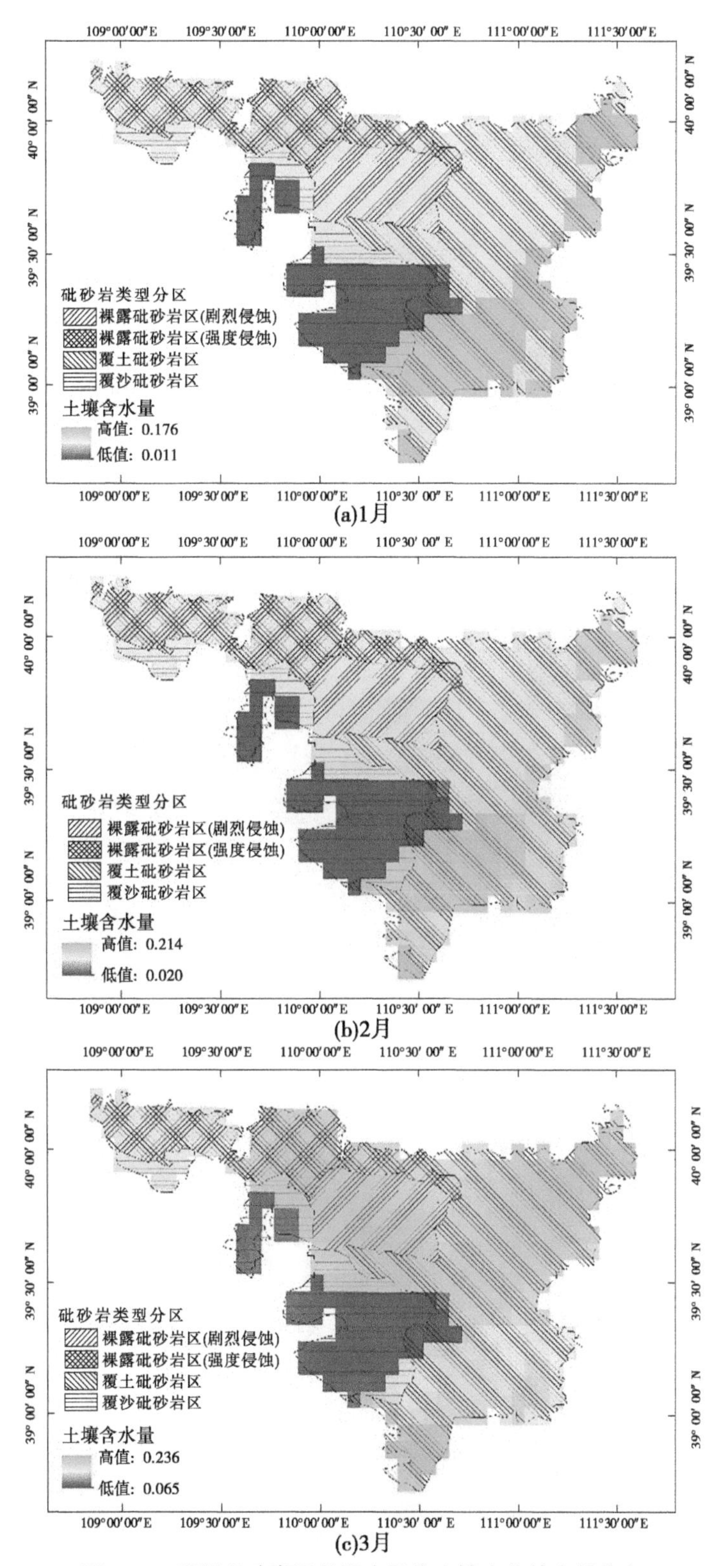

图 2-29　不同砒砂岩区月尺度平均土壤水分的空间分布

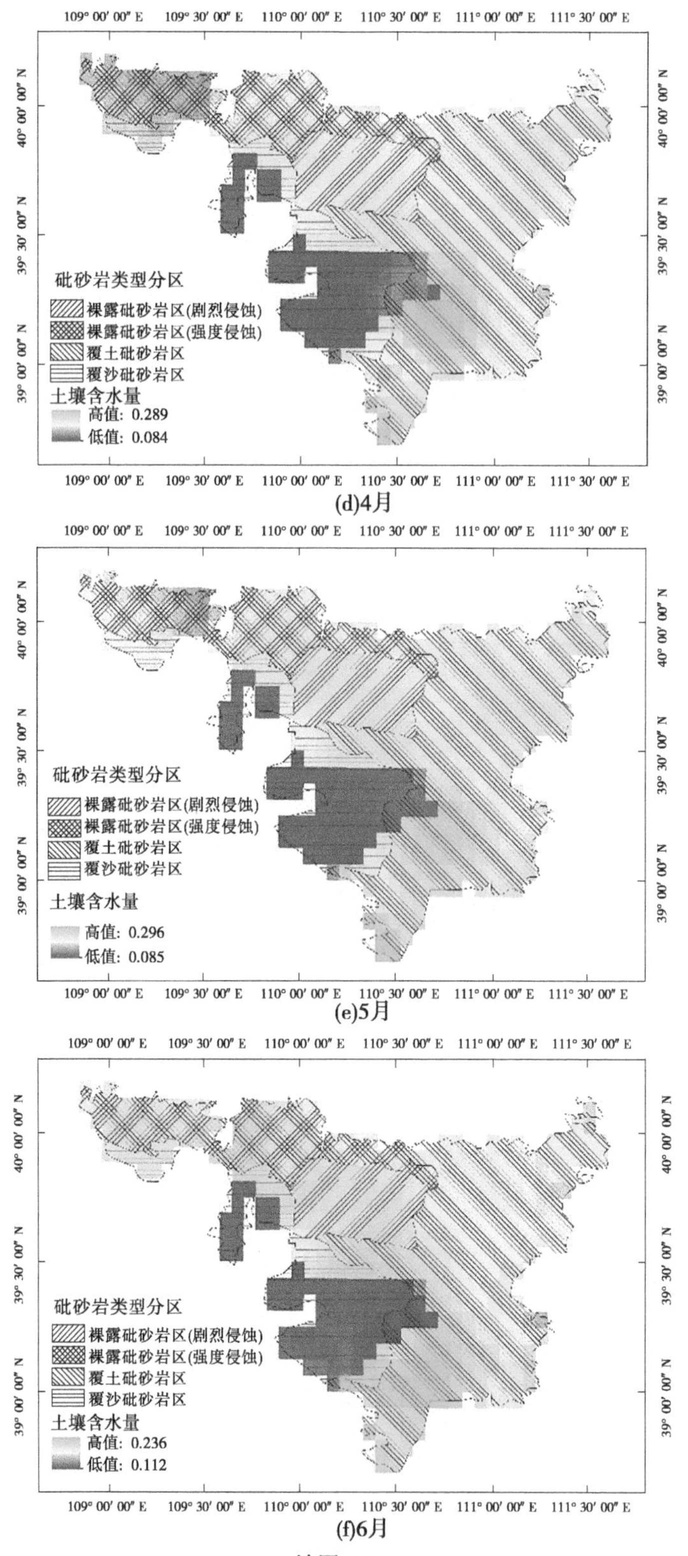

(d)4月

(e)5月

(f)6月

续图 2-29

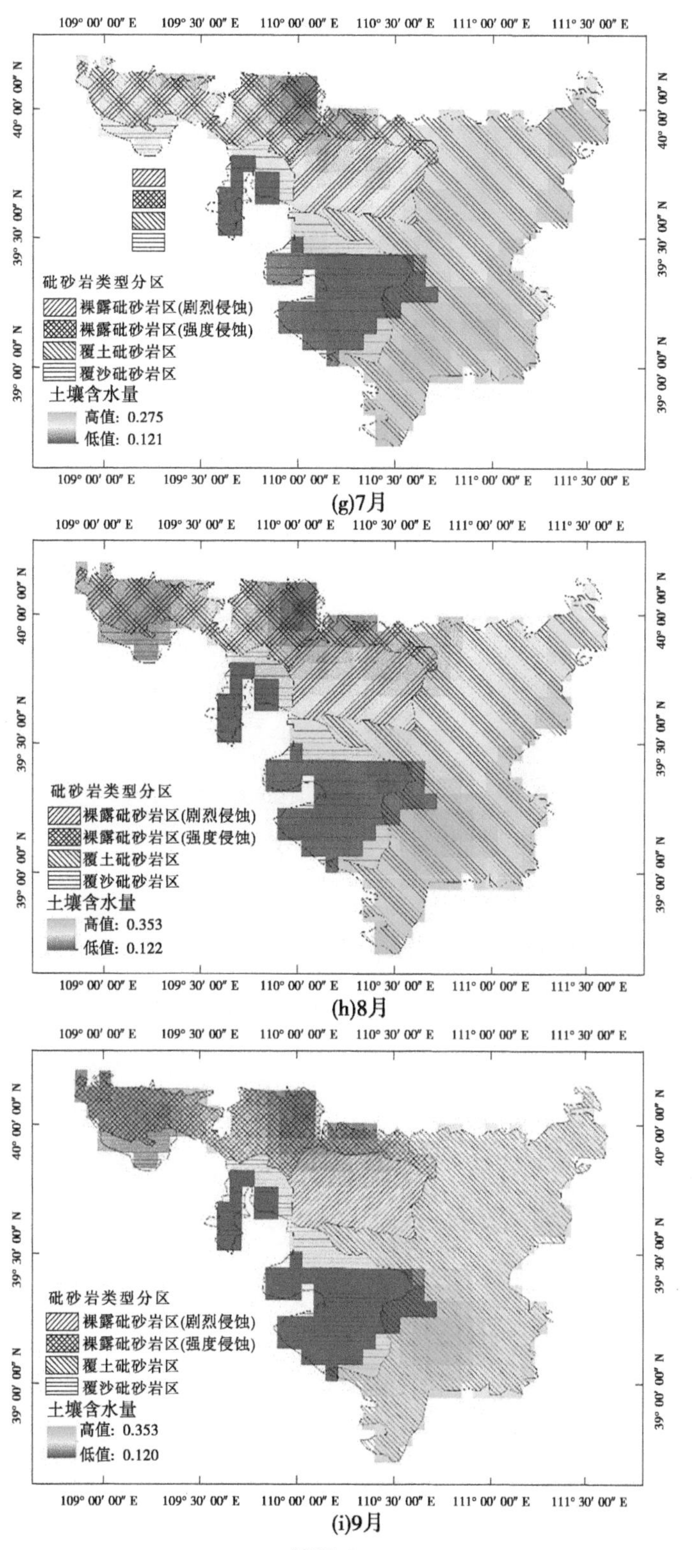
砒砂岩类型分区
裸露砒砂岩区(剧烈侵蚀)
裸露砒砂岩区(强度侵蚀)
覆土砒砂岩区
覆沙砒砂岩区
土壤含水量
高值: 0.275
低值: 0.121
(g)7月
砒砂岩类型分区
裸露砒砂岩区(剧烈侵蚀)
裸露砒砂岩区(强度侵蚀)
覆土砒砂岩区
覆沙砒砂岩区
土壤含水量
高值: 0.353
低值: 0.122
(h)8月
砒砂岩类型分区
裸露砒砂岩区(剧烈侵蚀)
裸露砒砂岩区(强度侵蚀)
覆土砒砂岩区
覆沙砒砂岩区
土壤含水量
高值: 0.353
低值: 0.120
(i)9月

续图 2-29

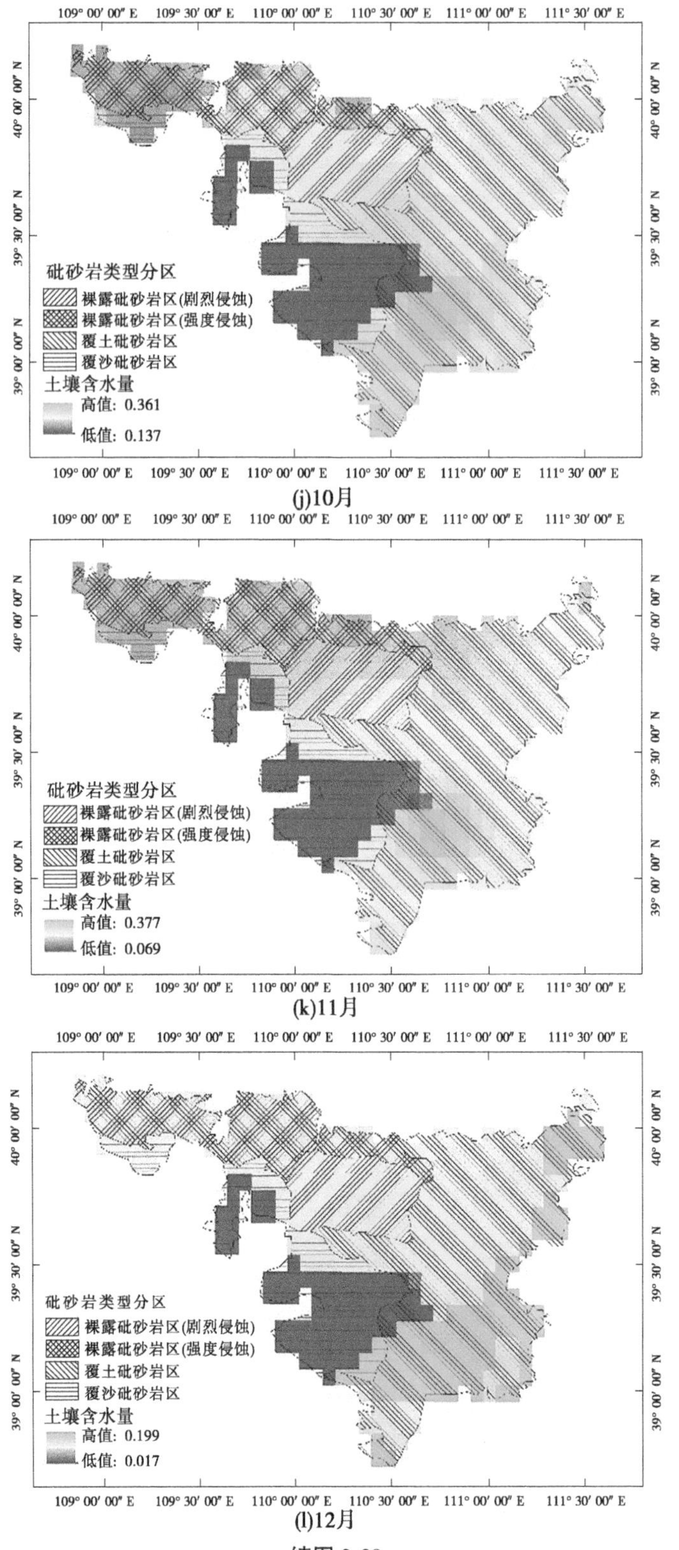

109° 00′ 00″ E
109° 30′ 00″ E
110° 00′ 00″ E
110° 30′ 00″ E
111° 00′ 00″ E
111° 30′ 00″ E
40° 00′ 00″ N
39° 30′ 00″ N
39° 00′ 00″ N
砒砂岩类型分区
裸露砒砂岩区(剧烈侵蚀)
裸露砒砂岩区(强度侵蚀)
覆土砒砂岩区
覆沙砒砂岩区
土壤含水量
高值：0.361
低值：0.137
(j)10月
高值：0.377
低值：0.069
(k)11月
高值：0.199
低值：0.017
(l)12月

续图 2-29

表 2-11　不同砒砂岩区月间土壤平均含水量变化　(%)

月间	覆土砒砂岩区	覆沙砒砂岩区	裸露砒砂岩区(强度侵蚀)	裸露砒砂岩区(剧烈侵蚀)
1~2	3.0	2.1	2.3	3.6
2~3	3.6	4.7	6.2	6.6
3~4	1.6	1.6	-1.2	-0.4
4~5	-2.7	-1.2	-1.1	-1.9
5~6	0.7	2.9	3.4	1.6
6~7	4.3	0.7	-1.3	-0.7
7~8	3.4	1.4	0.8	2.8
8~9	-0.8	-0.2	0.2	0.7
9~10	1.9	0.8	2.4	3.6
10~11	-5.9	-6.2	-5.5	-7.4
11~12	-7.4	-5.3	-4.6	-6.5

研究时段内各砒砂岩区不同月份土壤平均含水量变异系数(见表 2-12),覆沙砒砂岩区>覆土砒砂岩区>裸露砒砂岩区(强度侵蚀)>裸露砒砂岩区(剧烈侵蚀)。其中覆沙砒砂岩区各月变异程度均属于中等程度变异,1 月变异程度最高,高达 0.976%,以 7 月为分界点,7 月之前各月变异程度呈下降趋势,7 月之后则相反。同覆沙砒砂岩区一致,覆土砒砂岩区各月均属于中等程度变异,但变异程度较覆沙砒砂岩区低,各月变异程度差异并不

表 2-12　不同砒砂岩区月尺度时间变化统计性描述

月份	覆土砒砂岩区			覆沙砒砂岩区		
	平均值	标准差	变异系数	平均值	标准差	变异系数
1	0.13	0.036	0.278 1	0.048	0.047	0.976 1
2	0.16	0.034	0.210 6	0.069	0.052	0.747 6
3	0.196	0.032	0.160 8	0.116	0.055	0.477 0
4	0.212	0.028	0.134 2	0.132	0.045	0.337 4
5	0.185	0.022	0.118 2	0.12	0.038	0.311 8
6	0.192	0.022	0.113 3	0.15	0.039	0.261 3
7	0.235	0.024	0.103 3	0.157	0.038	0.243 8
8	0.269	0.038	0.142 0	0.171	0.046	0.268 7
9	0.262	0.034	0.131 0	0.169	0.046	0.275 2
10	0.281	0.036	0.129 1	0.177	0.056	0.313 9
11	0.222	0.044	0.199 0	0.115	0.053	0.458 2
12	0.148	0.037	0.247 7	0.062	0.049	0.799 1

续表 2-12

月份	裸露砒砂岩区(强度侵蚀)			裸露砒砂岩区(剧烈侵蚀)		
	平均值	标准差	变异系数	平均值	标准差	变异系数
1	0.103	0.002	0.014 6	0.108	0.002	0.019 8
2	0.127	0.005	0.040 1	0.144	0.006	0.038 3
3	0.189	0.018	0.095 7	0.209	0.009	0.043 9
4	0.177	0.02	0.112 2	0.205	0.008	0.041 1
5	0.166	0.018	0.106 5	0.186	0.004	0.022 7
6	0.2	0.008	0.039 8	0.202	0.004	0.022 1
7	0.186	0.016	0.087 7	0.195	0.013	0 064 2
8	0.194	0.021	0.106 5	0.223	0.016	0.071 4
9	0.196	0.018	0.094 1	0.231	0.013	0.056 1
10	0.22	0.02	0.090 2	0.266	0.015	0.055 2
11	0.165	0.009	0.051 7	0.192	0.011	0.056 7
12	0.118	0.003	0.027 1	0.128	0.004	0.029 3

大。裸露砒砂岩区(强度侵蚀)4月、5月、8月属于中等程度变异,其余各月属于弱变异,其中1月变异程度最低,仅为1.98%,以6月为分界点,6月之前,变异程度为一个上升下降阶段,6月之后,为另外一个上升下降阶段。裸露砒砂岩区(剧烈侵蚀)各月均属于弱变异。

2.6 砒砂岩区土壤侵蚀类型

2.6.1 砒砂岩区水力侵蚀评价

基于降雨侵蚀力因子、土壤可蚀性因子、坡长因子、坡度因子和植被盖度以及生物措施因子、工程措施因子、耕作措施因子进行图层像元值相乘,得到砒砂岩区水力侵蚀空间分布,利用黄河中上游水土保持重点防治工程普查获得砒砂岩区淤地坝各项信息,包括坝名、建成时间、控制面积、已淤库容、位置等信息对所计算的砒砂岩区侵蚀模数均值进行验证。

将已淤库容与流域平均密度相乘得到总淤积泥沙量,再将总淤积泥沙量根据各淤地坝坝控面积进行划分,得到各淤地坝的拦沙模数。最后将得到的淤地坝拦沙模数按四个分区划分,其中覆土区侵蚀模数均值为34.35 t/(hm^2 · a),是该区淤地坝拦沙模数均值的87%。覆沙区侵蚀模数均值为15.55 t/(hm^2 · a),是该区淤地坝拦沙模数均值的71%。裸露(强度侵蚀)区侵蚀模数均值为22.93 t/(hm^2 · a),是该区淤地坝拦沙模数均值的87%。裸露(剧烈侵蚀)区侵蚀模数均值为24.16 t/(hm^2 · a),是该区淤地坝拦沙模数均值的87%。

砒砂岩各分区淤地坝拦沙模数箱形图(见图 2-30)显示覆土区淤地坝拦沙模数均值为 39.28 t/(hm² · a),覆沙区淤地坝拦沙模数均值为 21.86 t/(hm² · a),裸露(强度侵蚀)区淤地坝拦沙模数均值为 22.93 t/(hm² · a),裸露(剧烈侵蚀)区淤地坝拦沙模数均值为 24.16 t/(hm² · a)。

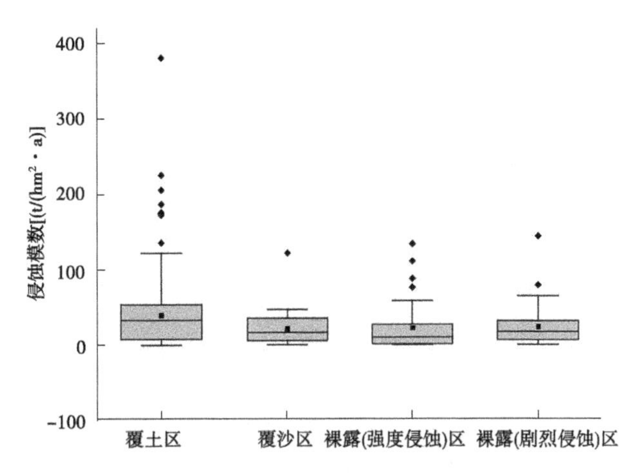

图 2-30　砒砂岩各分区淤地坝拦沙模数箱形图

根据黄河中上游水土保持重点防治工程普查获得的砒砂岩区淤地坝各项信息,对砒砂岩区进行划分并在每个分区选取 5 个典型淤地坝提取坝控流域,并计算每个淤地坝的拦沙模数,最后再利用典型淤地坝实测的拦沙模数验证 CSLE 计算的侵蚀模数。

在砒砂岩覆土区选取 5 个典型淤地坝并提取了对应坝控流域的侵蚀模数值,根据提取值与实测值进行判断对侵蚀模数进行验证,结果表明,侵蚀模数与实测淤地坝拦沙模数值在量级上是一致的。其中马鞍山 CSLE 计算值和淤地坝实测值相差最大,侵蚀模数是实测拦沙模数的 2.4 倍。五吉太 CSLE 计算值与淤地坝实测值相差最小,侵蚀模数与实测拦沙模数近似相等(见表 2-13)。

表 2-13　覆土区 CSLE 模型效验　[单位:t/(hm² · a)]

淤地坝	CSLE 计算值	淤地坝实测值
	侵蚀模数	拦沙模数
圪针崖	58.49	72.73
后不拉治沟	73.79	62.36
马鞍山	69.9	28.75
沙坡渠	40.27	26.14
五吉太	63.18	58.55

在砒砂岩覆沙区选取 5 个典型淤地坝并提取了对应坝控流域的侵蚀模数值,根据提取值与实测值进行判断对侵蚀模数进行验证,结果表明,侵蚀模数与实测淤地坝拦沙模数

值在量级上是一致的。其中,宋家沟 CSLE 计算值和淤地坝实测值相差最大,实测拦沙模数是侵蚀模数的 3.17 倍。其次是麻家沟,实测拦沙模数是侵蚀模数的 2.37 倍。高五渠与西昌汉活 CSLE 计算值与淤地坝实测值均相差最小,实测拦沙模数均是淤地坝拦沙模数的 1.5 倍(见表 2-14)。

表 2-14 覆沙区 CSLE 模型效验 [单位:t/(hm^2·a)]

淤地坝	CSLE 计算值	淤地坝实测值
	侵蚀模数	拦沙模数
苏家渠	17.76	35.8
麻家沟	39.23	16.5
高五渠	49.82	75.27
西昌汉活	51.78	77.67
宋家沟	14.98	47.42

在砒砂岩裸露(强度侵蚀)区选取 5 个典型淤地坝并提取了对应坝控流域的侵蚀模数值,根据提取值与实测值进行判断对侵蚀模数进行验证,结果表明,侵蚀模数与实测淤地坝拦沙模数值在量级上是一致的。其中,朱大沟 CSLE 计算值和淤地坝实测值相差最大,实测拦沙模数是侵蚀模数的 2.6 倍。其次小万盛龙实测拦沙模数是侵蚀模数的 2.5 倍。德和功沟和石家沟侵蚀模数均是实测拦沙模数的 1.5 倍左右(见表 2-15)。

表 2-15 裸露(强度侵蚀)区 CSLE 模型效验 [单位:t/(hm^2·a)]

淤地坝	CSLE 计算量	淤地坝实测量
	侵蚀模数	拦沙模数
德和功沟	84.71	50.4
石家沟	62.7	83.65
小万盛龙	52.82	134.44
老陈沟	30.95	58.51
朱大沟	19.15	50.32

在砒砂岩裸露(剧烈侵蚀)区选取 5 个典型淤地坝并提取了对应坝控流域的侵蚀模数值,根据提取值与实测值进行判断对侵蚀模数进行验证,结果表明,侵蚀模数与实测淤地坝拦沙模数值在量级上是一致的。其中,孙家沟 CSLE 计算值和淤地坝实测值相差最大,实测拦沙模数是侵蚀模数的 4.20 倍。王家渠与速机沟 CSLE 计算值与淤地坝实测值均相差最小,实测拦沙模数和淤地坝拦沙模数相差 1.5 倍(见表 2-16)。

表 2-16　裸露(剧烈侵蚀)区 CSLE 模型效验　[单位:t/(hm^2 · a)]

淤地坝	CSLE 计算值	淤地坝实测值
	侵蚀模数	拦沙模数
王家渠	12.2	18.55
速机沟	31.8	20.89
孙家沟	7.6	31.68
黄天棉图	31.0	17.74
窑则沟	22.8	78.89

砒砂岩区各月水力侵蚀模数均值(见图 2-31)显示砒砂岩区水力侵蚀集中分布在 6~9 月,占全年总水力侵蚀的 88.85%。其中,7 月水力侵蚀模数均值为全年各月中最大,为 5.42 t/(hm^2 · a),占全年总水力侵蚀的 33.5%。8 月水力侵蚀模数均值次之,为 4.98 t/(hm^2 · a),占全年总水力侵蚀的 30.8%。

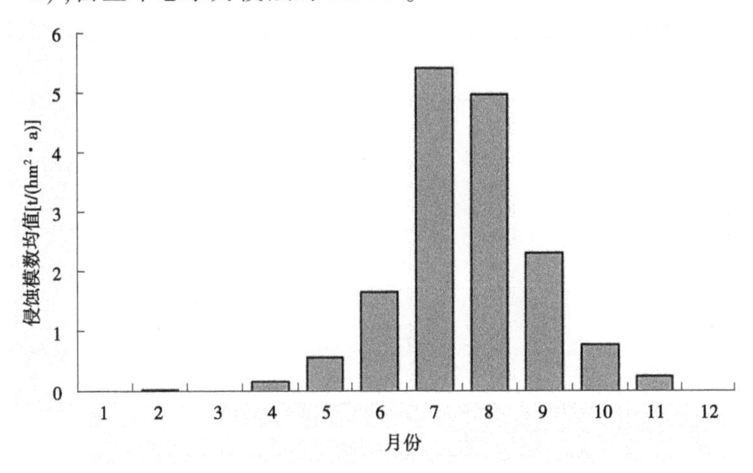

图 2-31　砒砂岩区每月水力侵蚀模数均值

砒砂岩覆土区月尺度水力侵蚀模数均值空间分布图(见图 2-32)显示覆土区水力侵蚀集中在 6~9 月,占全年水力侵蚀模数均值的 88.07%。其中,7 月水力侵蚀模数均值最大,为 7.98 t/(hm^2 · a),占全年水力侵蚀模数均值的 33.2%。8 月水力侵蚀模数均值次之,为 7.33 t/(hm^2 · a),占全年水力侵蚀模数均值的 30.5%。

砒砂岩覆沙区月尺度水力侵蚀模数均值空间分布图(见图 2-33)显示覆沙区水力侵蚀集中在 6~9 月,占覆沙区全年水力侵蚀模数均值的 90.4%。其中,7 月水力侵蚀模数均值最大,为 3.23 t/(hm^2 · a),占覆沙区全年水力侵蚀模数均值的 34.1%。8 月水力侵蚀模数均值次之,为 2.93 t/(hm^2 · a),占覆沙区全年水力侵蚀模数均值的 30.9%。

砒砂岩裸露(强度侵蚀)区月尺度水力侵蚀模数均值空间分布图(见图 2-34)显示裸露(强度侵蚀)区水力侵蚀集中在 6~9 月,占裸露(强度侵蚀)区全年水力侵蚀模数均值的 93.4%。其中,7 月水力侵蚀模数均值最大,为 1.79 t/(hm^2 · a),占裸露(强度侵蚀)区全年水力侵蚀模数均值的35.6%。8月水力侵蚀模数均值次之，为1.67 t/(hm²·a)，占裸露(强度侵蚀)区全年水力侵蚀模数均值的33.1%。

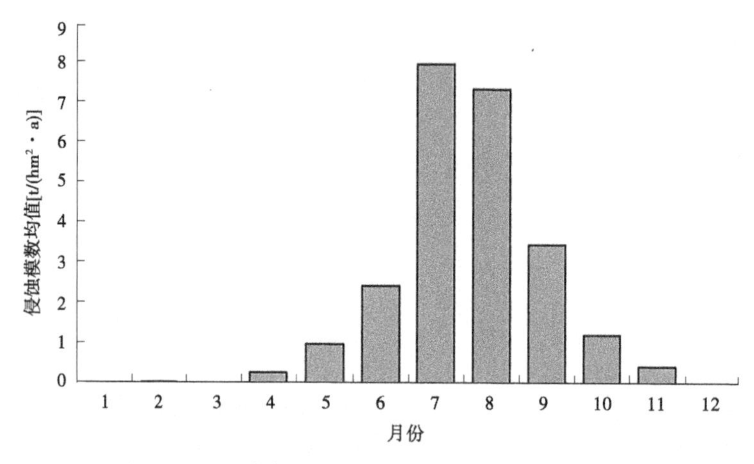

图2-32　砒砂岩覆土区每月水力侵蚀模数均值分布

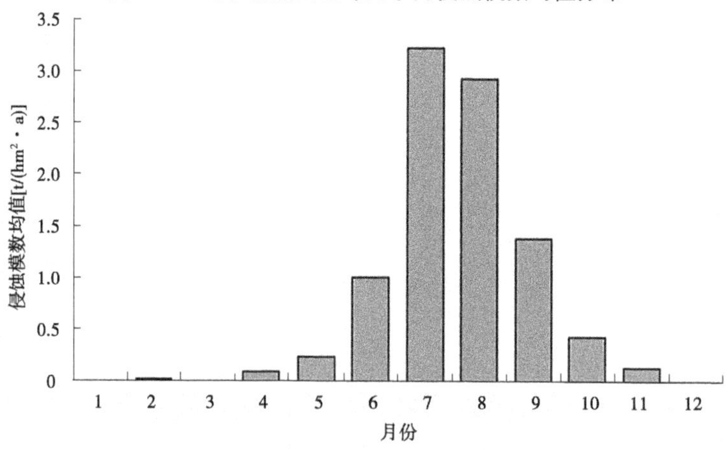

图2-33　砒砂岩覆沙区每月水力侵蚀模数均值分布

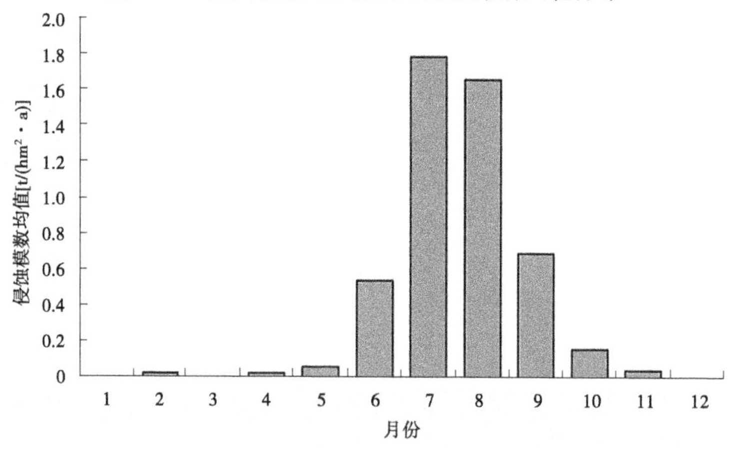

图2-34　砒砂岩裸露(强度侵蚀)区每月水力侵蚀模数均值分布

砒砂岩裸露(剧烈侵蚀)区月尺度水力侵蚀模数均值空间分布图(见图 2-35)显示裸露(剧烈侵蚀)区水力侵蚀集中在 6~9 月,占裸露(剧烈侵蚀)区全年水力侵蚀模数均值的 91.19%。其中,7 月水力侵蚀模数均值最大,为 3.39 t/(hm^2 · a),占裸露(剧烈侵蚀)区全年水力侵蚀模数均值的 33.57%。8 月水力侵蚀模数均值次之,为 3.17 t/(hm^2 · a),占裸露(剧烈侵蚀)区全年水力侵蚀模数均值的 31.4%。

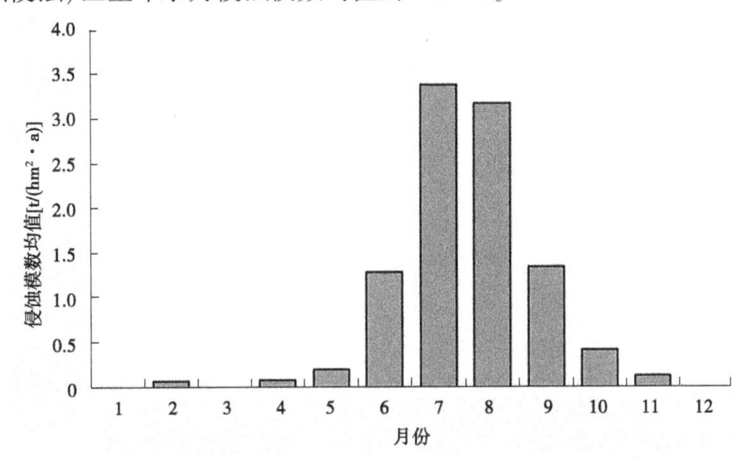

图 2-35　砒砂岩裸露(剧烈侵蚀)区每月水力侵蚀模数均值分布

四个分区水力侵蚀都集中在夏季(6~9 月),冬季几乎无水力侵蚀。各区 7 月水力侵蚀模数均值最大。其中,覆土区 7 月水力侵蚀模数均值最大,为 7.98 t/(hm^2 · a)。裸露(剧烈侵蚀)区次之,为 3.39 t/(hm^2 · a)。裸露(强度侵蚀)区 7 月水力侵蚀模数均值最小,为 1.79 t/(hm^2 · a)。覆土区 7 月水力侵蚀模数均值是覆沙区、裸露(强度侵蚀)区、裸露(剧烈侵蚀)区 7 月水力侵蚀模数均值的 2.47 倍、4.46 倍、2.35 倍。覆土区 6~9 月水力侵蚀模数均值最大,为 21.16 t/(hm^2 · a)。裸露(剧烈侵蚀)区次之,为 9.12 t/(hm^2 · a)。裸露(强度侵蚀)区 6~9 月水力侵蚀模数均值最小,为 4.71 t/(hm^2 · a)。覆土区 6~9 月水力侵蚀模数均值是覆沙区、裸露(强度侵蚀)区、裸露(剧烈侵蚀)区 6~9 月水力侵蚀模数均值的 2.47 倍、4.50 倍、2.3 倍。

在此基础上构建了砒砂岩区水力侵蚀的四季空间分布场(见图 2-36),对该分布场进行特征值统计(见表 2-17),分析结果显示,砒砂岩区水力侵蚀主要分布在夏季,该季侵蚀模数均值为 12.08 t/(hm^2 · a),秋季次之,冬季最小,其中夏、冬两季的侵蚀模数均值之差为 12.05 t/(hm^2 · a)。

参考水利部《土壤侵蚀分类分级标准》(SL 190—2007)中对水力侵蚀强度的分级标准确定土壤侵蚀分级指标(见表 2-18),统计了砒砂岩区水力侵蚀分级情况(见表 2-19 及图 2-37)。据统计砒砂岩区水力侵蚀发生面积为 15 506.3 km^2,占区域面积的 92.9%;砒砂岩区四季的水力侵蚀分级面积统计结果显示,区域水力侵蚀以微度侵蚀为主,各像元的水力侵蚀强度在四季发生转移,除冬季无强度以上侵蚀等级,其余四季各侵蚀强度等级同时存在,但所占面积存在差异,微度侵蚀在冬季面积占比最大,达 98.2%,轻度侵蚀在秋季占比最大,占 5.5%,中度、强度、极强度、侵蚀在夏季占比最大,分别占 4.2%、3.0%、3.3%。

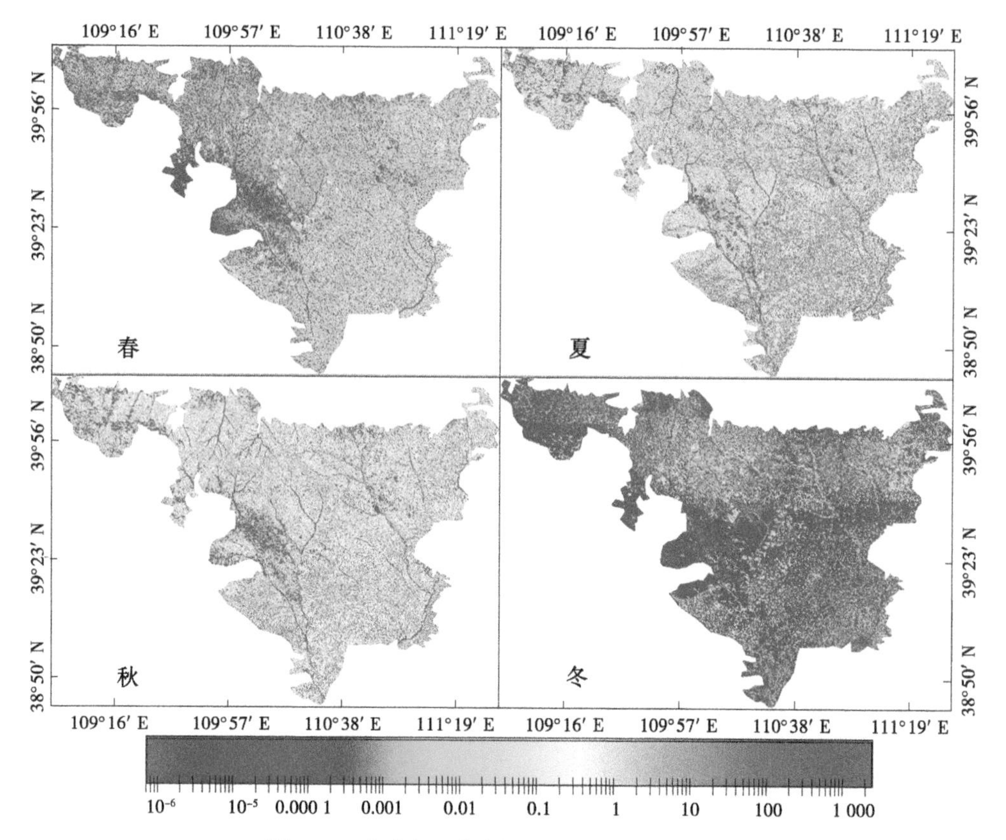

图 2-36　砒砂岩区水力侵蚀的四季空间分布场

表 2-17　砒砂岩区水力侵蚀模数特征值统计

四季	累计百分比[t/(hm² · a)]			平均值[t/(hm² · a)]	标准差[t/(hm² · a)]
	70%	90%	99%		
春	0.04	1.93	12.49	0.74	2.56
夏	2.42	31.88	185.11	12.08	37.82
秋	0.60	8.69	53.18	3.36	10.85
冬	0	0.06	0.65	0.03	0.14

表 2-18　水利部《土壤侵蚀分类分级标准》(SL 190—2007)

级别	侵蚀模数[t/(hm² · a)]
微度	<1 000
轻度	1 000~2 500
中度	2 500~5 000
强度	5 000~8 000
极强度	8 000~15 000
剧烈	>15 000

表 2-19　砒砂岩区水力侵蚀分级情况

级别(侵蚀模数)[t/(hm² · a)]	春季		夏季		秋季		冬季	
	面积(km²)	占比(%)	面积(km²)	占比(%)	面积(km²)	占比(%)	面积(km²)	占比(%)
微度(<1 000)	15 231.3	98.2	12 786.3	82.5	13 988.1	90.2	15 506.3	100
轻度(1 000~2 500)	255.1	1.6	818.0	5.3	845.5	5.5	0	0
中度(2 500~5 000)	18.4	0.1	653.4	4.2	479.6	3.1	0	0
强度(5 000~8 000)	1.4	0	469.6	3.0	140.8	0.9	0	0
极强度(8 000~15 000)	0.16	0	506.8	3.3	46.9	0.3	—	—
剧烈(>15 000)	0	0	272.2	1.8	5.5	4.8	—	—
合计	15 506.3	100	15 506.3	100	15 506.3	100	15 506.3	100

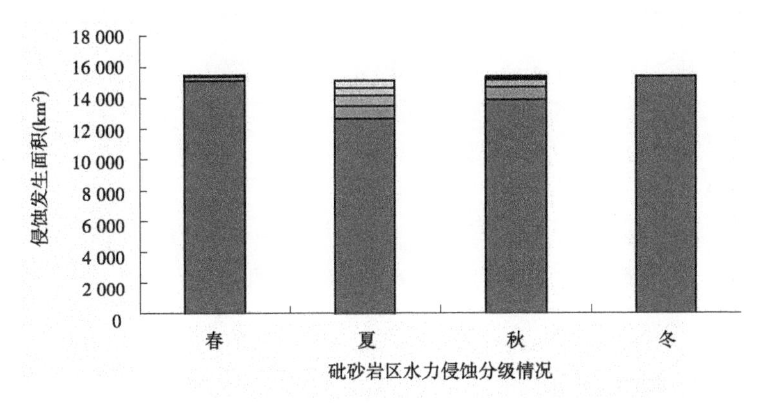

图 2-37　砒砂岩区水力侵蚀分级图

砒砂岩覆土区水力侵蚀发生面积为 8 194.7 km²,砒砂岩覆土区四季的水力侵蚀分级面积统计结果显示(见表 2-20),各侵蚀强度等级所占面积存在差异,区域水力侵蚀以微度侵蚀为主。微度侵蚀面积在冬季占比最大,冬季几乎全为微度侵蚀,无其他侵蚀等级存在。轻度侵蚀和中度侵蚀面积在秋季占比最大,占比分别为 21.3%和 16.4%。强度侵蚀和极强度侵蚀面积在夏季占比最大,占比分别为 11.7%和 15.4%。剧烈侵蚀面积在夏季占比最大,占比为 28.8%。

表 2-20　砒砂岩覆土区水力侵蚀分级情况

级别(侵蚀模数)[t/(hm² · a)]	春季		夏季		秋季		冬季	
	面积(km²)	占比(%)	面积(km²)	占比(%)	面积(km²)	占比(%)	面积(km²)	占比(%)
微度(<1 000)	7 938.121	70.7	6 324.241	20.3	7 019.101	37.7	8 194.7	100
轻度(1 000~2 500)	237.169	16.8	458.797 5	10	610.876 8	21.3	0	0
中度(2 500~5 000)	17.828 1	8	441.311 4	13.8	394.063 2	16.4	0	0
强度(5 000~8 000)	1.395	2.9	338.976 9	11.7	123.046 2	8.6	0	0
极强度(8 000~15 000)	0.155 7	1.4	398.871	15.4	42.380 1	8.2	0	0
剧烈(>15 000)	0	0.2	232.47	28.8	5.200 2	7.9	0	0
合计	8 194.7	100	8 194.7	100	8 194.7	100	8 194.7	100

砒砂岩覆沙区水力侵蚀发生面积为 3 113.0 km²,砒砂岩覆沙区四季的水力侵蚀分级面积统计结果(见表 2-21)显示,各侵蚀强度等级所占面积存在差异,区域水力侵蚀以微度侵蚀为主。春季微度侵蚀占水力侵蚀发生面积的 99.5%。轻度侵蚀仅占 0.5%,无强度、极强度、剧烈侵蚀。剧烈侵蚀在夏季面积最大,占侵蚀面积的 0.9%。秋季微度侵蚀占比最大,占比 94.1%,为 2 928.1 km²。冬季只有微度侵蚀发生,无其他侵蚀等级存在。

表 2-21　砒砂岩覆沙区水力侵蚀分级情况

级别(侵蚀模数)[t/(hm² · a)]	春季		夏季		秋季		冬季	
	面积(km²)	占比(%)	面积(km²)	占比(%)	面积(km²)	占比(%)	面积(km²)	占比(%)
微度(<1 000)	3 096.9	99.5	2 715.4	87.2	2 928.1	94.1	3 113.0	100
轻度(1 000~2 500)	15.539 4	0.5	135.404 1	4.3	114.486 3	3.7	0.000 9	0
中度(2 500~5 000)	0.549 9	0	117.590 4	3.8	51.549 3	1.7	0	0
强度(5 000~8 000)	0.009	0	58.988 7	1.9	14.276 7	0.5	0	0

续表 2-21

级别(侵蚀模数)[t/(hm²·a)]	春季		夏季		秋季		冬季	
	面积(km²)	占比(%)	面积(km²)	占比(%)	面积(km²)	占比(%)	面积(km²)	占比(%)
极强度(8 000~15 000)	0	0	57.051	1.8	4.266	0.1	0	0
剧烈(>15 000)	0	0	28.582 2	0.9	0.259 2	0	0	0
合计	3 113.0	100	3 113.0	100	3 113.0	100	3 113.0	100

砒砂岩裸露(强度侵蚀)区水力侵蚀发生面积为 2 506.0 km²,砒砂岩裸露(强度侵蚀)区四季的水力侵蚀分级面积统计结果(见表 2-22)显示,各侵蚀强度等级所占面积存在差异,区域水力侵蚀以微度侵蚀为主。微度侵蚀在春季和冬季占比最大,春季和冬季全为微度侵蚀,无其他侵蚀等级存在。轻度侵蚀在秋季占比最大,占区域水力侵蚀面积的 2.0%。剧烈侵蚀在夏季占比最大,侵蚀发生面积为 3.2 km²。

表 2-22　砒砂岩裸露(强度侵蚀)区水力侵蚀分级情况

级别(侵蚀模数)[t/(hm²·a)]	春季		夏季		秋季		冬季	
	面积(km²)	占比(%)	面积(km²)	占比(%)	面积(km²)	占比(%)	面积(km²)	占比(%)
微度(<1 000)	2 505.4	100	2 312.8	92.3	2 443.3	97.5	2 506.0	100
轻度(1 000~2 500)	0.6	0	101.9	4.1	49.9	2.0	0	0
中度(2 500~5 000)	0	0	39.8	1.6	11.9	0.5	0	0
强度(5 000~8 000)	0	0	29.9	1.2	0.8	0	0	0
极强度(8 000~15 000)	0	0	18.4	0.7	0	0	0	0
剧烈(>15 000)	0	0	3.2	0.1	0	0	0	0
合计	2 506.0	100	2 506.0	100	2 506.0	100	2 506.0	100

砒砂岩裸露(剧烈侵蚀)区水力侵蚀发生面积为 1 692.5 hm^2,砒砂岩裸露(强度侵蚀)区四季的水力侵蚀分级面积统计结果(见表 2-23)显示,各侵蚀强度等级所占面积存在差异,区域水力侵蚀以微度侵蚀为主。微度侵蚀在春季和冬季面积占比最大,春季和冬季全为微度侵蚀。轻度侵蚀在夏季面积占比最大,占比为 7.2%。春季和冬季无极强度侵蚀及剧烈侵蚀,极强度侵蚀及剧烈侵蚀在夏季面积占比最大,分别占比为 1.9%和 0.5%。中度侵蚀和强度侵蚀在夏季面积占比最大,占比分别为 3.2%和 2.5%。

表 2-23 砒砂岩裸露(剧烈侵蚀)区水力侵蚀分级情况

级别(侵蚀模数)[t/(hm^2·a)]	春季		夏季		秋季		冬季	
	面积(km^2)	占比(%)	面积(km^2)	占比(%)	面积(km^2)	占比(%)	面积(km^2)	占比(%)
微度(<1 000)	1 690.7	99.9	1 433.1	84.7	1 597	94.4	1 692.5	100
轻度(1 000~2 500)	1.8	0.1	122.1	7.2	70.3	4.2	0	0
中度(2 500~5 000)	0	0	54.8	3.2	22.2	1.3	0	0
强度(5 000~8 000)	0	0	41.8	2.5	2.6	0.2	0	0
极强度(8 000~15 000)	0	0	32.6	1.9	0.3	0	0	0
剧烈(>15 000)	0	0	8.1	0.5	0	0	0	0
合计	1 692.5	100	1 692.5	100	1 692.5	100	1 692.5	100

砒砂岩各分区的年平均水力侵蚀模数存在空间分布差异(见图 2-38)。覆土区的水力侵蚀模数均值最大,为 34.4 t/(hm^2·a);裸露(剧烈侵蚀)区的水力侵蚀模数均值为 21.0 t/(hm^2·a);裸露(强度侵蚀)区的水力侵蚀模数均值为 19.9 t/(hm^2·a);覆沙区的水力侵蚀模数均值最小,为 15.5 t/(hm^2·a),覆土区的水力侵蚀模数均值分别是覆沙区、裸露(强度侵蚀)区、裸露(剧烈侵蚀)区该值的 2.21 倍、1.73 倍、1.64 倍。

分析了砒砂岩各分区的土地利用分布(见表 2-24),结果显示,各分区的主要土地利用类型为草地,其中覆沙、覆土、裸露(强度侵蚀)、裸露(剧烈侵蚀)的草地占比分别为 60.1%、60.5%、73%、63.1%。砒砂岩各分区的第二土地利用类型为耕地,其中覆沙、覆土、裸露(强度侵蚀)、裸露(剧烈侵蚀)的耕地占比分别为 14.9%、24.9%、9.8%、17.6%。

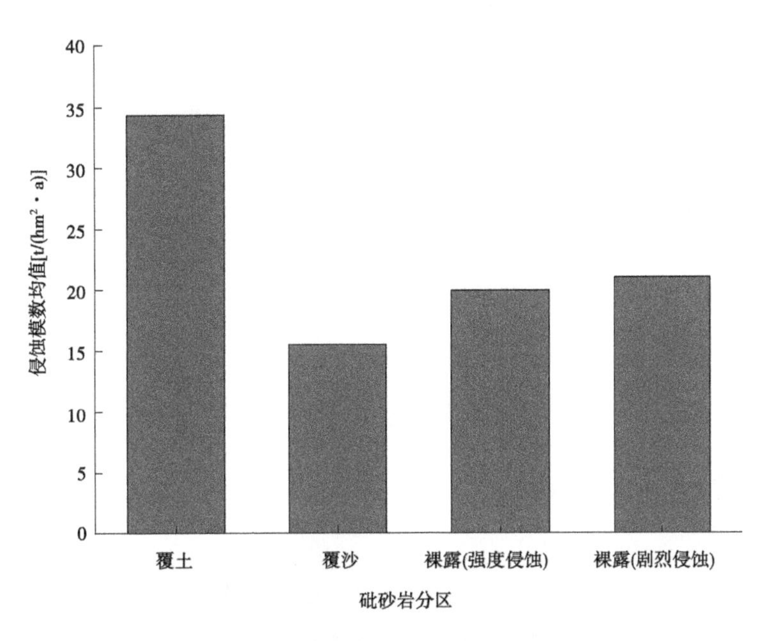

图 2-38　砂岩各分区水力侵蚀模数均值

表 2-24　砒砂岩各分区土地利用分布　（单位：km²）

土地利用类型	覆沙面积	覆土面积	裸露(强度侵蚀)面积	裸露(剧烈侵蚀)面积
耕地	525.9	2 126.3	281.2	310.9
林地	189.2	488.2	37.6	81.7
草地	2 117.6	5 159.1	2 097.3	1 115.4
水域	115.9	181.2	116.1	58.7
城乡、工矿、居民用地	268.5	396.1	90.5	181.0
未利用地	307.0	177.8	251.2	20.5
合计	3 524.1	8 528.8	2 873.9	1 768.2

对各分区的侵蚀因子均值(见表 2-25)进行统计，结果显示，各侵蚀因子在不同分区存在差异，其中降雨侵蚀力均值的最大值位于覆沙砒砂岩区、土壤可蚀性均值的最大值位于裸露砒砂岩区(剧烈侵蚀)、坡长坡度均值的最大值位于覆土砒砂岩区、植被覆盖与生物措施因子均值的最大值位于覆土砒砂岩区。

表 2-25　砒砂岩各分区水力侵蚀因子均值

侵蚀分区	降雨侵蚀力 [MJ · mm/(hm^2 · h · a)]	土壤可蚀性 [t · hm^2 · h/(hm^2 · MJ · mm)]	坡度坡长	植被覆盖与生物措施因子
覆土砒砂岩区	1 487.730	0.027	4.947	0.310
覆沙砒砂岩区	1 506.568	0.026	2.493	0.220
裸露砒砂岩区(强度侵蚀)	1 358.540	0.032	2.634	0.226
裸露砒砂岩区(剧烈侵蚀)	1 268.936	0.034	3.239	0.259

2.6.2　砒砂岩区风力侵蚀评价

基于风力因子、表土湿度因子、地表粗糙度和植被盖度通过风力侵蚀模型计算砒砂岩区月尺度风力侵蚀模数空间分布图(见图 2-39)显示砒砂岩区风力侵蚀集中在春季(3~5月),占全年风力侵蚀模数均值的 41%,其中 5 月风力侵蚀模数均值最大,为 2.8 t/(hm^2 · a),占全年风力侵蚀模数均值的 15.5%。4 月风力侵蚀模数均值次之,为 2.6 t/(hm^2 · a),占全年风力侵蚀模数均值的 14.6%。

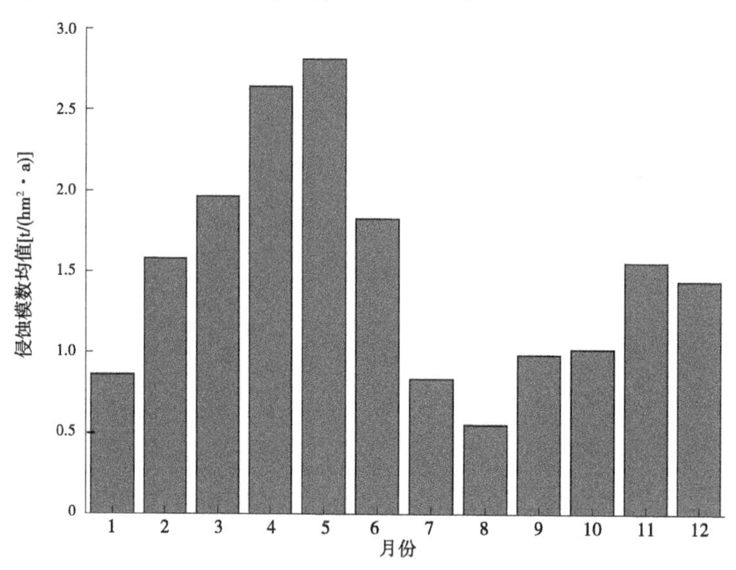

图 2-39　砒砂岩区每月风力侵蚀模数均值

砒砂岩区覆土区月尺度风力侵蚀模数均值空间分布(见图 2-40)显示覆土区风力侵蚀集中在春季(3~5 月),占覆土区全年风力侵蚀模数均值的 48.45%。其中 4 月风力侵蚀模数均值最大,为 1.32 t/(hm^2 · a),占覆土区全年风力侵蚀模数均值的 19%。5 月风力侵蚀模数均值次之,为 1.30 t/(hm^2 · a),占覆土区全年风力侵蚀模数均值的 18.6%。

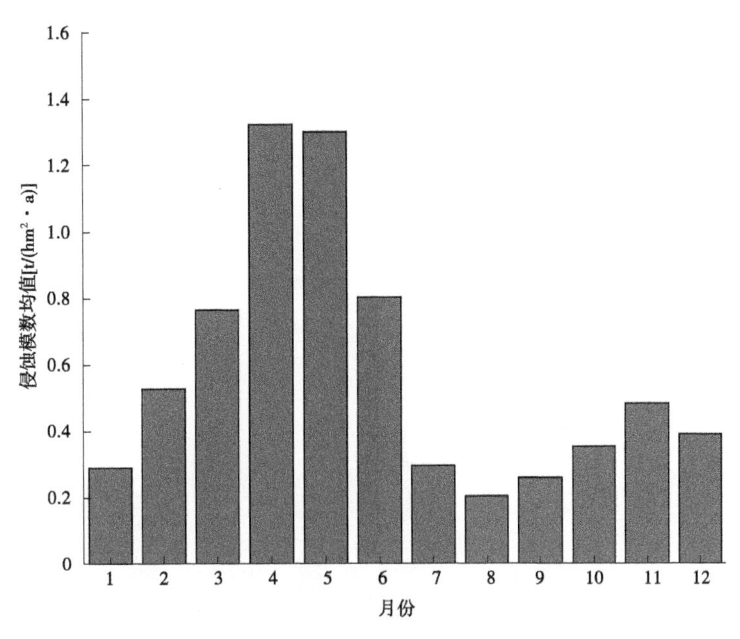

图 2-40　砒砂岩覆土区每月风力侵蚀模数均值

砒砂岩覆沙区月尺度风力侵蚀模数均值空间分布(见图 2-41)显示覆沙区风力侵蚀集中在 3~6 月,占覆沙区全年风力侵蚀模数均值的 50.9%。其中 5 月风力侵蚀模数均值最大,为 4.66 t/(hm^2·a),占覆沙区全年风力侵蚀模数均值的 15.8%。4 月的风力侵蚀模数均值次之,为 4.28 t/(hm^2·a),占覆沙区全年风力侵蚀模数均值的 14.5%。

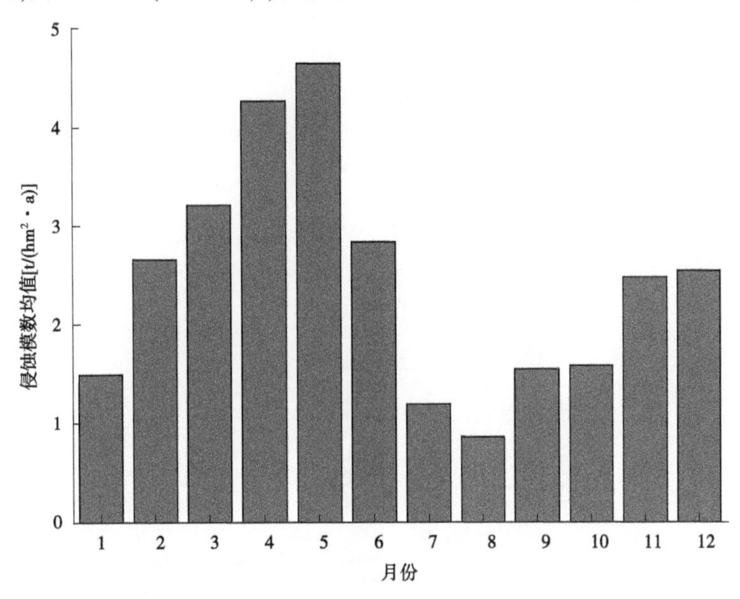

图 2-41　砒砂岩覆沙区月尺度风力侵蚀模数均值

砒砂岩裸露(强度侵蚀)区月尺度风力侵蚀模数均值空间分布(见图 2-42)显示裸露(强度侵蚀)区风力侵蚀集中在春季(3~5 月),占裸露(强度侵蚀)区全年风力侵蚀模数均值的 37.1%。其中,5 月风力侵蚀模数均值最大,为 6.32 t/(hm^2 · a),占裸露(强度侵蚀)区全年风力侵蚀模数均值的 13.8%。4 月风力侵蚀模数均值次之,为 5.76 t/(hm^2 · a),占裸露(强度侵蚀)区全年风力侵蚀模数均值的 12.6%。

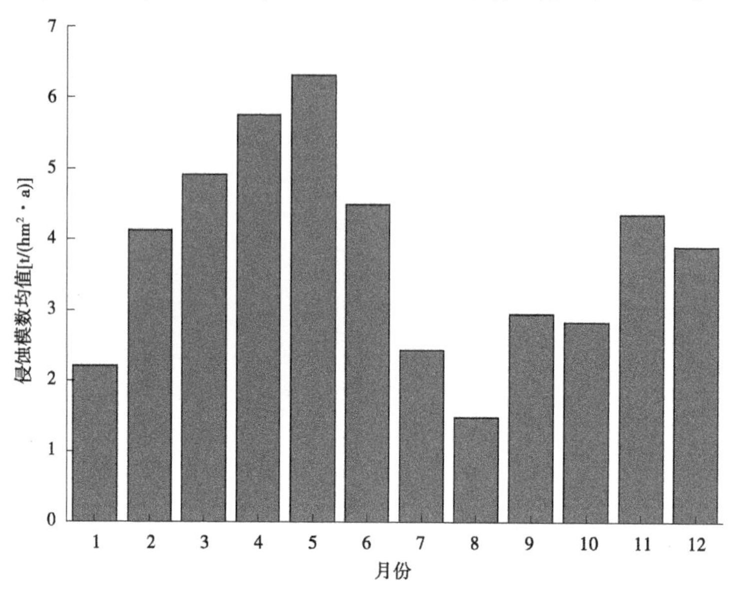

图 2-42　砒砂岩裸露(强度侵蚀)区月尺度风力侵蚀模数均值

砒砂岩裸露(剧烈侵蚀)区月尺度风力侵蚀模数均值空间分布(见图 2-43)显示裸露(剧烈侵蚀)区风力侵蚀集中在 3~5 月,占裸露(剧烈侵蚀)区全年风力侵蚀模数均值的 44.8%。其中 5 月风力侵蚀模数均值最大,为 0.95 t/(hm^2 · a),占裸露(剧烈侵蚀)区全年风力侵蚀模数均值的 17.3%。4 月风力侵蚀模数均值次之,为 0.90 t/(hm^2 · a),占裸露(剧烈侵蚀)区全年风力侵蚀模数均值的 16.5%。

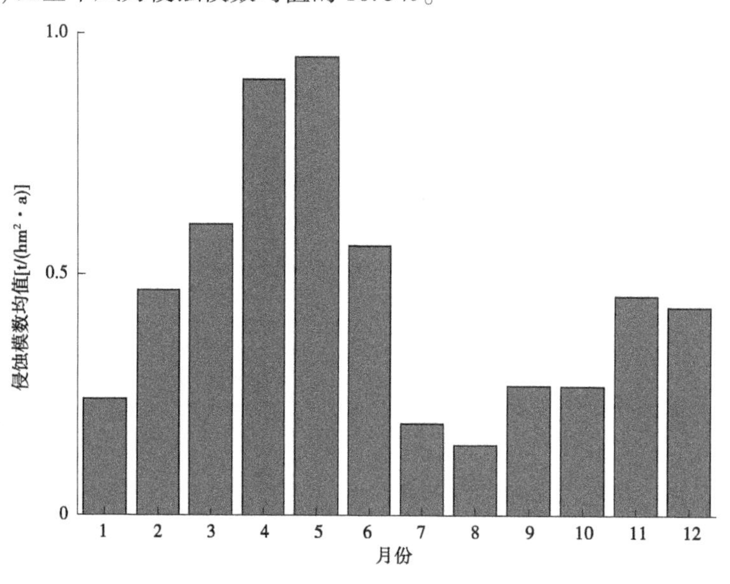

图 2-43　砒砂岩裸露(剧烈侵蚀)区月尺度风力侵蚀模数均值

在此基础上构建了砒砂岩区风力侵蚀的四季空间分布场(见图 2-44),对该分布场进行特征值统计(见表 2-26),分析结果显示,砒砂岩区风力侵蚀模数由西北向东南递减,河道周围风力侵蚀模数普遍偏低。砒砂岩区风力侵蚀主要分布在春季,该季风力侵蚀模数均值为 7.49 t/(hm^2·a),而其他季节侵蚀模数均值分别为 3.25 t/(hm^2·a),3.60 t/(hm^2·a)和 3.92 t/(hm^2·a)。

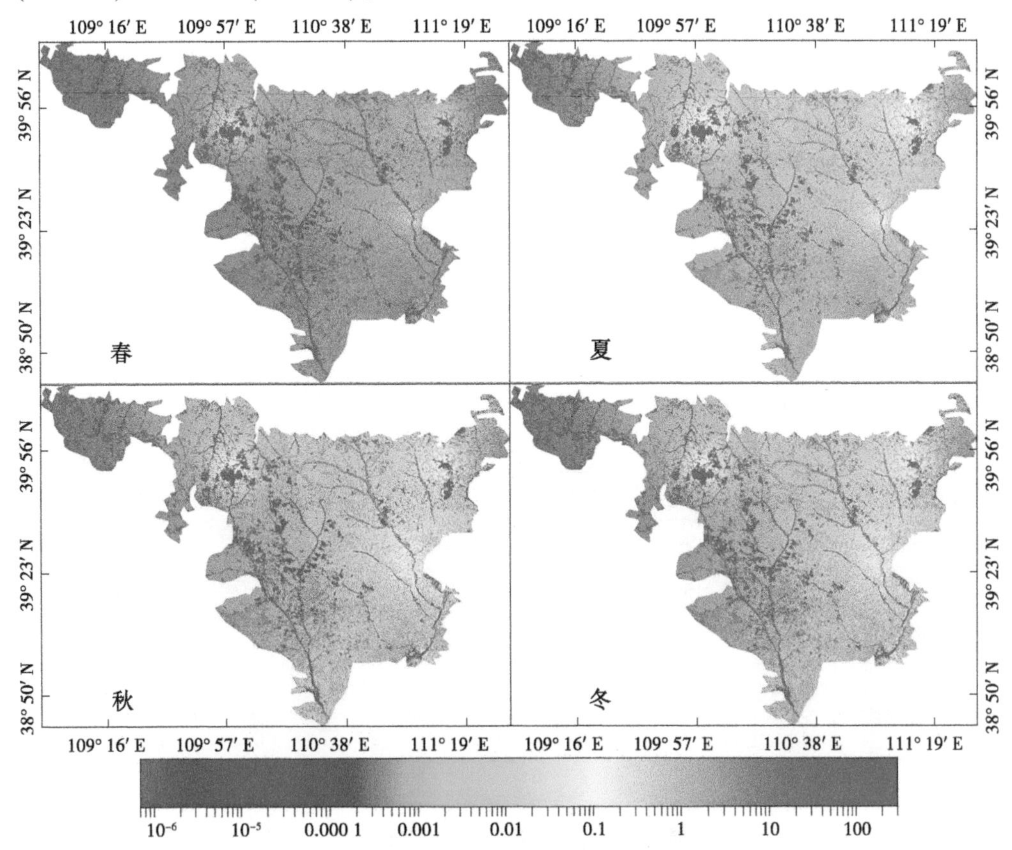

图 2-44　砒砂岩区风力侵蚀的四季空间分布场

表 2-26　砒砂岩区风力侵蚀模数特征值统计

四季	累计百分比[t/(hm^2·a)]			平均值	标准差
	70%	90%	99%	[t/(hm^2·a)]	[t/(hm^2·a)]
春	4.32	8.89	148.24	7.49	23.58
夏	1.60	3.78	69.73	3.25	11.76
秋	1.62	4.20	84.22	3.60	14.10
冬	1.81	4.75	91.81	3.92	14.57

参考水利部《土壤侵蚀分类分级标准》(SL 190—2007)中风力侵蚀强度等级(见表 2-27)确定风力侵蚀等级,生成研究区各季度风力侵蚀强度等级图,并统计砒砂岩区风力侵蚀分级情况(见表 2-28)。如图 2-45 所示砒砂岩区风力侵蚀主要以微度和轻度为主,占春季、夏季、秋季、冬季风力侵蚀面积的 95.4%、96.8%、96.8%、96.6%;微度、中

度侵蚀在夏季面积占比最大，分别占 74.9%、1.8%；轻度、强度、极强度、剧烈侵蚀在春季占比最大，分别占 58.6%、1.2%、1.2%、1.1%。

表 2-27　水利部《土壤侵蚀分类分级标准》风力侵蚀强度等级（SL 190—2007）

级别	床面形态（地表形态）	植被覆盖度（非流沙面积）（%）	风力侵蚀厚度（mm/a）	侵蚀模数 [t/(hm^2·a)]
微度	固定沙丘、沙地和滩地	>70	<2	<200
轻度	固定沙丘、半固定沙丘、沙地	50~70	2~10	200~2 500
中度	半固定沙丘、沙地	30~50	10~25	2 500~5 000
强度	半固定沙丘、流动沙丘、沙地	10~30	25~50	5 000~8 000
极强度	流动沙丘、沙地	<10	50~100	8 000~15 000
剧烈	大片流动沙丘	<10	>100	>15 000

表 2-28　砒砂岩区风力侵蚀分级情况

级别	春季		夏季		秋季		冬季	
	面积（km^2）	占比（%）	面积（km^2）	占比（%）	面积（km^2）	占比（%）	面积（km^2）	占比（%）
微度	5 604.6	36.8	11 415.1	74.9	11 308.5	74.2	10 695.0	70.2
轻度	8 930.4	58.6	3 326.1	21.8	3 436.5	22.6	4 018.5	26.4
中度	179.0	1.2	269.6	1.8	228.4	1.5	222.1	1.5
强度	177.2	1.2	87.7	0.6	80.8	0.5	91.6	0.6
极强度	178.6	1.2	131.5	0.9	143.8	0.9	179.9	1.2
剧烈	162.0	1.1	1.8	0	34.0	0.2	24.8	0.2

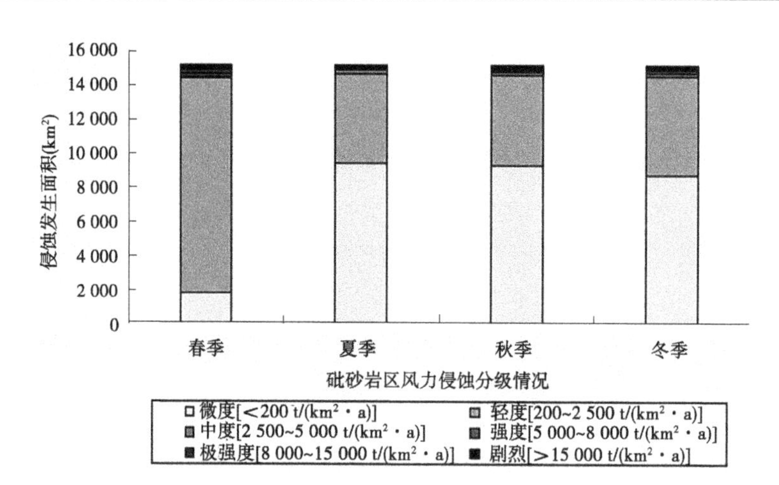

图 2-45　砒砂岩区风力侵蚀分级图

砒砂岩覆土区风力侵蚀分级情况显示覆土区风力侵蚀发生面积为 7 916.7 km^2，覆土区四季的风力侵蚀分级面积统计结果（见表 2-29）显示，区域风力侵蚀以微度侵蚀为主，各像元的风力侵蚀强度在四季发生转移,但所占面积存在差异,微度侵蚀在秋季面积占比最大,达 86. 9%;轻度、中度和强度侵蚀在春季占比最大,分别占 52. 7%、1. 5%、0. 3%。覆土区几乎无极强度侵蚀和剧烈侵蚀发生。

表 2-29　砒砂岩覆土区风力侵蚀分级情况

分区	级别	春季		夏季		秋季		冬季	
		面积 (km^2)	占比 (%)	面积 (km^2)	占比 (%)	面积 (km^2)	占比 (%)	面积 (km^2)	占比 (%)
覆土区	微度	3 650. 1	46. 1	6 536. 9	82. 6	6 880. 8	86. 9	6 698. 1	84. 6
	轻度	4 123. 9	52. 1	1 361. 3	17. 2	1 026. 5	13	1 199. 6	15. 2
	中度	119	1. 5	18. 5	0. 2	9. 3	0. 1	19	0. 2
	强度	19. 8	0. 3	0	0	0	0	0	0
	极强度	3. 9	0	0	0	0	0	0	0
	剧烈	0	0	0	0	0	0	0	0
	合计	7 916. 7	100	7 916. 7	100	7 916. 7	100	7 916. 7	100

砒砂岩覆沙区风力侵蚀分级情况显示覆沙区水力侵蚀发生面积为 3 126. 5 km^2,覆沙区四季的风力侵蚀分级面积统计结果(见表 2-30)显示,区域风力侵蚀以轻度侵蚀为主,微度侵蚀次之。各像元的风力侵蚀强度在四季所占面积差异较大,覆沙区四季均以轻度侵蚀为主,春季轻度侵蚀占比为 86. 6%,夏季轻度侵蚀占比为 31. 0%,秋季轻度侵蚀占比为 38. 2%,冬季轻度侵蚀占比为 46. 0%。覆沙区中度侵蚀在夏季占比最大,占比为 6. 9%。中度侵蚀夏季占比最大,为 6. 9%。强度、极强度、剧烈侵蚀在春季占比最大,分别为 4. 8%、3. 3%、1. 1%。

表 2-30　砒砂岩覆沙区风力侵蚀分级情况

分区	级别	春季		夏季		秋季		冬季	
		面积 (km^2)	占比 (%)	面积 (km^2)	占比 (%)	面积 (km^2)	占比 (%)	面积 (km^2)	占比 (%)
覆沙区	微度	127. 5	4. 1	1 887. 6	60. 4	1 661. 6	53. 1	1 409. 3	45. 1
	轻度	2 707	86. 6	968. 5	31. 0	1 195. 7	38. 2	1 437. 3	46. 0
	中度	6. 9	0. 2	215. 3	6. 9	201. 9	6. 5	184. 1	5. 9
	强度	148. 7	4. 8	40. 1	1. 3	34. 4	1. 1	38. 9	1. 2
	极强度	102. 5	3. 3	15	0. 5	27. 5	0. 9	53	1. 7
	剧烈	33. 9	1. 1	0	0	5. 4	0. 2	4	0. 1
	合计	3 126. 5	100	3 126. 5	100	3 126. 5	100	3 126. 6	100

砒砂岩裸露(强度侵蚀)区风力侵蚀分级情况显示覆沙区风力侵蚀发生面积为 2 644. 2

km²,覆沙区四季的风力侵蚀分级面积统计结果(见表2-31)显示,区域风力侵蚀以轻度为主。各像元的风力侵蚀强度所占面积存在差异,微度侵蚀在夏季面积占比最大,达59.2%。轻度、中度侵蚀和剧烈侵蚀在春季占比最大,分别为55.4%、1.6%和4.8%。强度和极强度侵蚀在冬季面积占比最大,分别为2%和4.8%。

表2-31 砒砂岩裸露(强度侵蚀)区风力侵蚀分级情况

分区	级别	春季		夏季		秋季		冬季	
		面积(km²)	占比(%)	面积(km²)	占比(%)	面积(km²)	占比(%)	面积(km²)	占比(%)
强度区	微度	940.6	35.3	1 577.6	59.2	1 435.6	53.9	1 352.3	50.8
	轻度	1 475.5	55.4	885.2	33.2	1 021.8	38.4	1 099.6	41.3
	中度	42.4	1.6	35.5	1.3	15.5	0.6	11.9	0.4
	强度	5.3	0.2	47.6	1.8	46.4	1.7	52.7	2
	极强度	72.2	2.7	116.5	4.4	116.3	4.4	126.9	4.8
	剧烈	128.2	4.8	1.8	0.1	28.6	1.1	20.8	0.8
	合计	2 664.2	100	2 664.2	100	2 664.2	100.1	2 664.2	100

砒砂岩裸露(剧烈侵蚀)区风力侵蚀分级情况显示覆沙区风力侵蚀发生面积为1 524.4 km²,覆沙区四季的风力侵蚀分级面积统计结果(见表2-32)显示,区域风力侵蚀以微度为主。各像元的风力侵蚀强度所占面积存在差异,轻度侵蚀在春季面积占比最大,占比为40.9%。微度侵蚀除春季占58.1%外,夏、秋、冬三季面积占比均达75%以上。四季几乎均无强度侵蚀、极强度侵蚀及剧烈侵蚀。中度侵蚀在春季面积占比最大,占比为0.7%。

表2-32 砒砂岩裸露(剧烈侵蚀)区风力侵蚀分级情况

分区	级别	春季		夏季		秋季		冬季	
		面积(km²)	占比(%)	面积(km²)	占比(%)	面积(km²)	占比(%)	面积(km²)	占比(%)
剧烈区	微度	886.4	58.1	1 413	92.7	1 330.4	87.3	1 235.3	81
	轻度	623.9	40.9	111.2	7.3	192.4	12.6	282	18.5
	中度	10.7	0.7	0.2	0	1.6	0.1	7.1	0.5
	强度	3.4	0.2	0	0	0	0	0	0
	极强度	0	0	0	0	0	0	0	0
	剧烈	0	0	0	0	0	0	0	0
	合计	1 524.4	99.9	1 524.4	100	1 524.4	100	1 524.4	100

砒砂岩各分区年平均风力侵蚀模数均值存在一定差异(见图2-46),其中裸露(强度

侵蚀)区风力侵蚀模数均值最大,为 45.8 t/(hm² · a),覆沙区次之,风力侵蚀模数均值为 29.5 t/(hm² · a),覆土区和裸露(剧烈侵蚀)区风力侵蚀模数均值较小,分别为 7.0 t/(hm² · a)和 5.5 t/(hm² · a),裸露(强度侵蚀)区的风力侵蚀模数均值分别是覆土区、覆沙区、裸露(剧烈侵蚀)区该值的 6.54 倍、1.55 倍、8.33 倍。

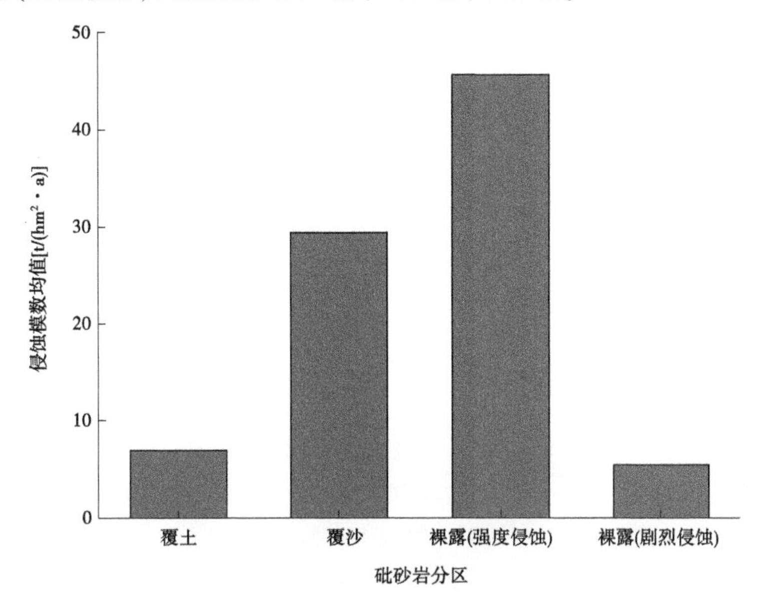

图 2-46　砒砂岩各分区风力侵蚀模数均值

对各分区的侵蚀因子均值进行统计(见表 2-33),结果显示,各侵蚀因子在不同分区存在差异,其中风速累积时间的最大值位于覆沙砒砂岩区,地表粗糙度、表土含水量和植被覆盖与生物措施因子均值的最大值均位于覆土砒砂岩区。

表 2-33　砒砂岩各分区风力侵蚀因子均值

侵蚀分区	风速累积时间(min)	地表粗糙度(cm)	表土含水量(%)	植被覆盖与生物措施因子
覆土砒砂岩区	35 611	0.197	19.7	0.310
覆沙砒砂岩区	79 105	0.143	13.1	0.220
裸露砒砂岩区(强度侵蚀)	57 239	0.163	16.3	0.226
裸露砒砂岩区(剧烈侵蚀)	32 463	0.184	18.4	0.259

2.6.3　砒砂岩区风力及水力复合侵蚀评价

砒砂岩区各月的年平均风力侵蚀及水力侵蚀模数均值百分比存在空间分布差异(见图 2-47)。水力侵蚀集中在夏季(6~9 月),风力侵蚀集中在春季(3~5 月)。7 月侵蚀模数均值最大,为 6.26 t/(hm² · a),7 月侵蚀模数均值占全年侵蚀模数均值的 18.2%。8 月侵蚀模数均值次之,为 5.54 t/(hm² · a),8 月侵蚀模数均值占全年侵蚀模数均值的

16.1%。冬季侵蚀模数均值最小，因为冬季几乎无水力侵蚀发生，只有风力侵蚀存在，其中 1 月侵蚀模数为 0.86 t/(hm² · a)，占全年侵蚀模数均值的 2.5%。

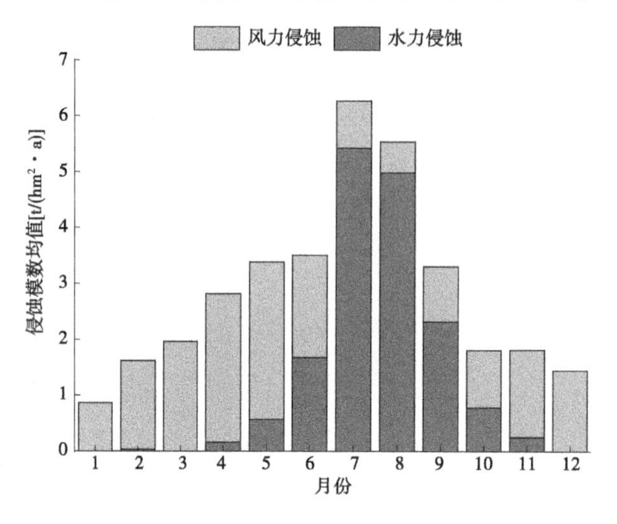

图 2-47　砒砂岩区各月水力侵蚀及风力侵蚀模数均值百分比图

砒砂岩覆土区各月平均水力侵蚀及风力侵蚀模数均值百分比存在空间差异（见图 2-48）。侵蚀集中发生在 6~9 月，7 月侵蚀模数最大，为 8.27 t/(hm² · a)，占覆土区年侵蚀模数均值的 26.7%。其中水力侵蚀模数均值为 7.98 t/(hm² · a)，占覆土区 7 月侵蚀模数均值的 96.4%；风力侵蚀模数均值为 0.30 t/(hm² · a)，占覆土区 7 月侵蚀模数均值的 3.6%。8 月侵蚀模数次之，为 7.53 t/(hm² · a)，占覆土区年侵蚀模数均值的 24.3%。其中水力侵蚀模数均值为 7.33 t/(hm² · a)，占覆土区 8 月侵蚀模数均值的 97.3%；风力侵蚀模数均值为 0.2 t/(hm² · a)，占覆土区 8 月侵蚀模数均值的 2.7%。

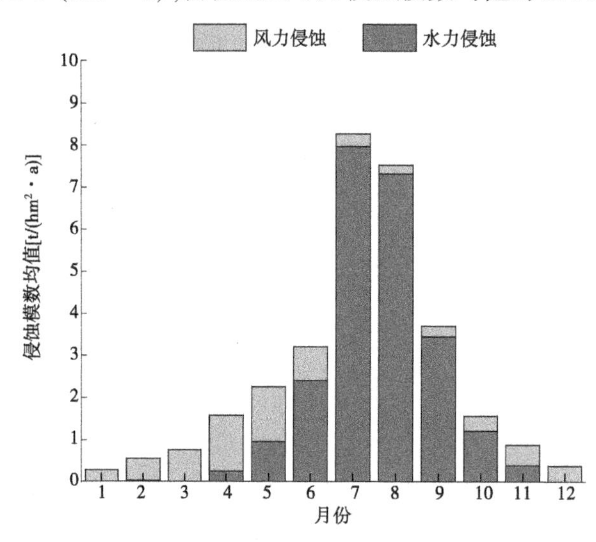

图 2-48　砒砂岩覆土区水力侵蚀及风力侵蚀模数均值百分比图

砒砂岩覆沙区各月水力侵蚀及风力侵蚀模数均值百分比（见图 2-49）显示侵蚀集中

在3~5月。5月侵蚀模数均值最大，为4.89 t/(hm^2·a)，占覆沙区年侵蚀模数均值的12.56%。其中水力侵蚀模数均值为0.23 t/(hm^2·a)，占覆沙区5月侵蚀模数均值的4.7%；风力侵蚀模数均值为4.66 t/(hm^2·a)，占覆沙区5月侵蚀模数均值的95.3%。7月侵蚀模数均值次之，为4.44 t/(hm^2·a)，占覆沙区年侵蚀模数均值的11.4%。其中水力侵蚀模数均值为3.23 t/(hm^2·a)，占覆沙区7月侵蚀模数均值的72.8%；风力侵蚀模数均值为1.2 t/(hm^2·a)，占覆沙区7月侵蚀模数均值的27.2%。

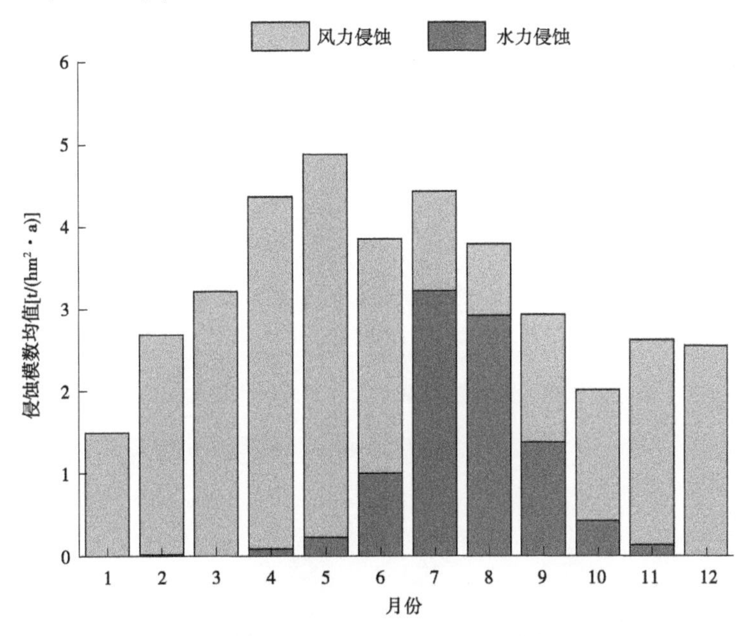

图2-49　砒砂岩覆沙区水力侵蚀及风力侵蚀模数均值百分比图

砒砂岩裸露(强度侵蚀)区各月水力侵蚀及风力侵蚀模数均值百分比(见图2-50)显示侵蚀集中在3~5月。5月侵蚀模数均值最大，为6.38 t/(hm^2·a)，占裸露(强度侵蚀)区年侵蚀模数均值的12.56%。其中水力侵蚀模数均值为0.06 t/(hm^2·a)，占裸露(强度侵蚀)区5月侵蚀模数均值的1%；风力侵蚀模数均值为6.32 t/(hm^2·a)，占裸露(强度侵蚀)区5月侵蚀模数均值的99.0%。4月侵蚀模数均值次之，为5.79 t/(hm^2·a)，占裸露(强度侵蚀)区年侵蚀模数均值的11.4%。其中水力侵蚀模数均值为0.05 t/(hm^2·a)，占裸露(强度侵蚀)区4月侵蚀模数均值的0.05%；风力侵蚀模数均值为5.76 t/(hm^2·a)，占裸露(强度侵蚀)区4月侵蚀模数均值的99.50%。

砒砂岩裸露(剧烈侵蚀)区各月水力侵蚀及风力侵蚀模数均值百分比(见图2-51)显示侵蚀集中在6~9月。7月侵蚀模数均值最大，为3.57 t/(hm^2·a)，占裸露(剧烈侵蚀)区年侵蚀模数均值的22.97%。其中水力侵蚀模数均值为3.39 t/(hm^2·a)，占裸露(剧烈侵蚀)区7月侵蚀模数均值的94.7%；风力侵蚀模数均值为0.19 t/(hm^2·a)，占裸露(剧烈侵蚀)区7月侵蚀模数均值的5.3%。8月侵蚀模数均值次之，为3.31 t/(hm^2·a)，占裸露(剧烈侵蚀)区年侵蚀模数均值的21.30%。其中水力侵蚀模数均值为3.17 t/(hm^2·a)，占裸露(剧烈侵蚀)区8月侵蚀模数均值的95.6%；风力侵蚀模数均值为0.15 t/(hm^2·a)，占裸露(剧烈侵蚀)区8月侵蚀模数均值的4.4%。

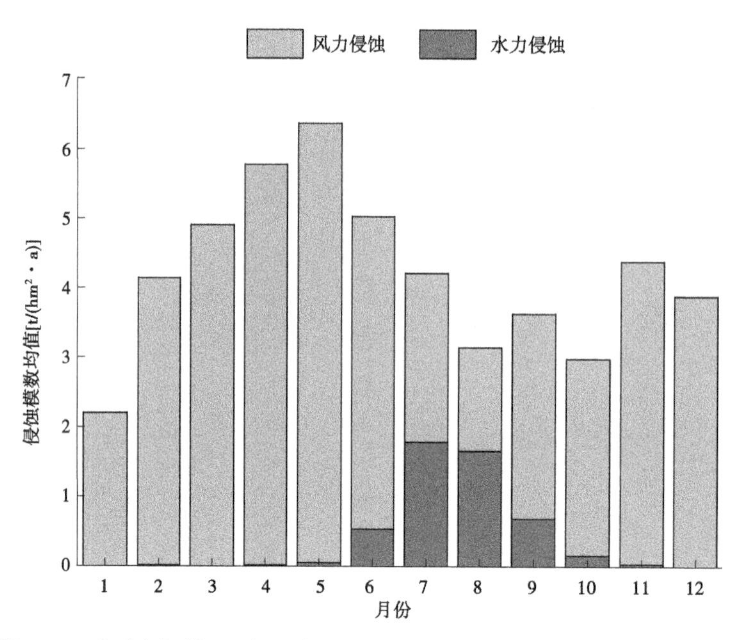

图 2-50　砒砂岩裸露(强度侵蚀)区水力侵蚀及风力侵蚀模数均值百分比图

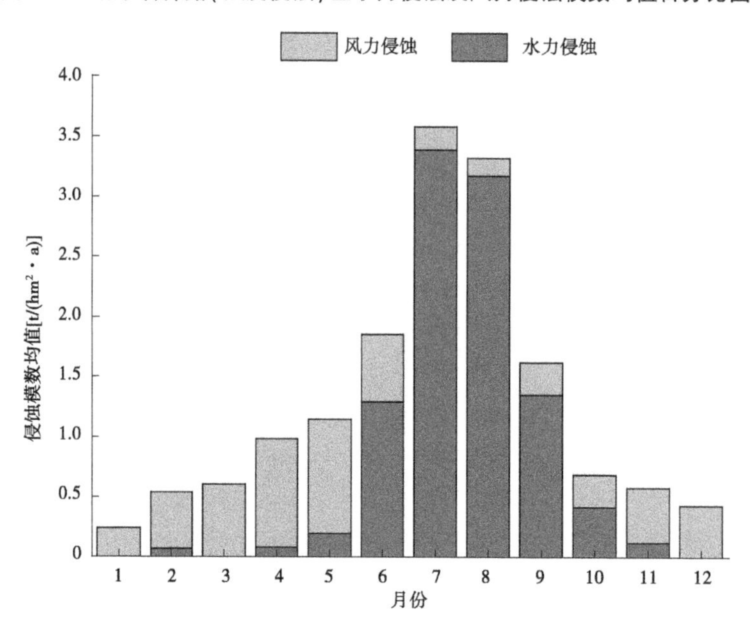

图 2-51　砒砂岩裸露(剧烈侵蚀)区水力侵蚀及风力侵蚀模数均值百分比图

砒砂岩各分区的年平均风力侵蚀及水力侵蚀模数均值百分比存在空间分布差异(见图 2-52)。覆土区水力侵蚀模数均值最大,为 34.35 t/(hm²·a),占覆土区年总侵蚀模数均值的 76.57%;风力侵蚀模数为 7.0 t/(hm²·a),占覆土区年总侵蚀模数均值的 16.95%。裸露(剧烈侵蚀)区风力侵蚀模数均值最小,为 5.5 t/(hm²·a),占裸露(剧烈侵蚀)区年总侵蚀模数均值的 20.76%。覆沙区水力侵蚀模数均值占覆沙区年总侵蚀模数均值的 26.21%,为 15.55 t/(hm²·a);风力侵蚀模数均值占覆沙区年总侵蚀模数均值的65.56%,为29.5 t/(hm² · a)。裸露(强度侵蚀)区水力侵蚀模数均值占裸露(强度侵蚀)区年总侵蚀模数均值的22.51%,为19.87 t/(hm² · a);风力侵蚀模数均值占比为69.71%,为45.8 t/(hm² · a)。裸露(强度侵蚀)区的侵蚀模数均值分别是覆土区、覆沙区、裸露(剧烈侵蚀)区该值的1.59倍、1.46倍、2.48倍。

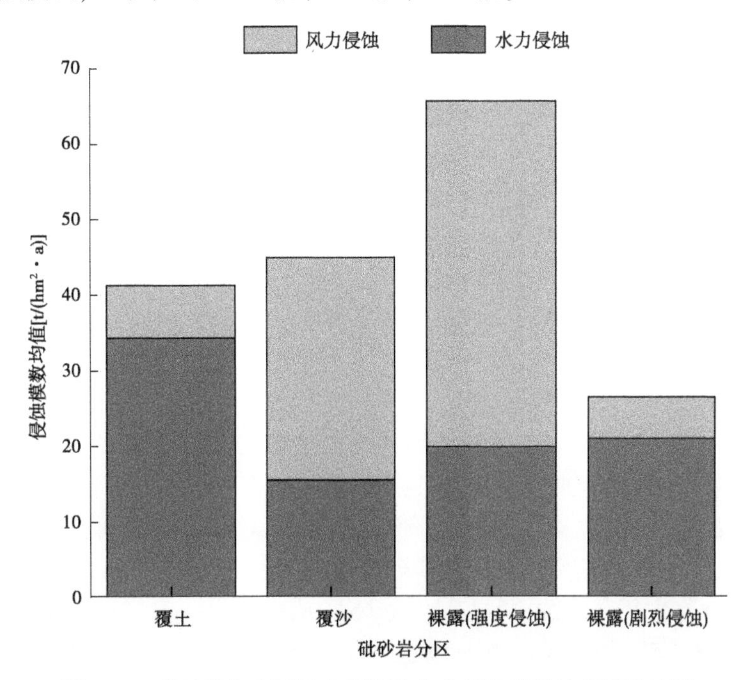

图2-52　砒砂岩各分区风力侵蚀及水力侵蚀模数均值百分比图

2.7　本章小结

(1)砒砂岩区多年平均降水量为390.9 mm,多年平均气温7.8 ℃,整体均呈现上升趋势,其中年平均气温上升趋势显著。空间上该区降水量(气温)呈现东南高、西北低的趋势。不同砒砂岩区年冻融循环天数差异较小,其中覆土区年冻融循环天数最少,随着年代更替,年冻融循环天数在不断减少。区域坡度从西北到东南逐渐递增,以斜坡为主,占总面积的57.06%,缓斜坡次之;各坡向所占比例均匀分布在25%左右,阳坡稍偏大,砒砂岩区的土壤类型一共有17种,以石灰性雏形土(CMc)和简育栗钙土(KSh)为主,分别占砒砂岩区土壤类型的21.31%和17.41%。

(2)通过反演的遥感数据可以得到,土壤平均含水量按季节排序总体表现为秋季>夏季>春季>冬季,在四个时间段内土壤平均含水量的空间分布基本一致,均为从西北到东南逐渐上升。月尺度上,年内土壤含水量最高的月份为10月,最低的月份为1月,一年12个月中仅有4个月土壤水分处于下降阶段,其余月份土壤含水量均在增加。土壤平均含水量按各区排序总体表现为覆土区>裸露区(剧烈侵蚀)>裸露区(强度侵蚀)>覆沙区。

治理小区与自然小区在0~10 cm处土壤含水量变化相差不大,但在10~20 cm处治理小区土壤含水量变化明显小于自然小区,在40~100 cm土层中,两种小区土壤含水量变化情况类似,但整体上自然小区土壤含水量高于治理小区。在不同雨型条件下两种小区降水入渗深度均有不同,在小雨与中雨条件下,多数降水事件下自然小区入渗深度明显高于治理小区,治理小区在大雨条件下入渗深度已经达到100 cm,自然小区在暴雨条件下入渗达到100 cm。

(3)通过对砒砂岩区水力侵蚀时空分异规律进行分析,结果表明研究区水力侵蚀发生面积占区域面积的92.9%,水力侵蚀模数均值为26.47 t/(hm^2·a)。砒砂岩区水力侵蚀模数空间上呈现东南大、西北小的趋势,各分区水力侵蚀强度发生面积呈相同趋势。研究区水力侵蚀以微度侵蚀和轻度侵蚀为主,占研究区水力侵蚀等级面积的69.6%。各分区水力侵蚀均集中分布在6~9月,占全年水力侵蚀模数的85%以上。研究区水力侵蚀的四季空间分布场分析结果显示,砒砂岩区水力侵蚀主要分布在夏季,秋季次之,冬季最小,各分区均呈相同趋势。研究区风力侵蚀发生面积为15 231.9 km^2,风力侵蚀空间上呈西北高、东南低的趋势,其中裸露(强度侵蚀)区风力侵蚀模数均值最大,为45.8 t/(hm^2·a)。各分区风力侵蚀集中分布在春季(3~5月),占全年风力侵蚀模数均值的41%。研究区风力侵蚀主要以微度侵蚀和轻度侵蚀为主,砒砂岩区风力侵蚀四季空间分布场分析结果显示,风力侵蚀主要分布在春季,冬季次之,夏季最小,各分区呈相同趋势。

(4)在研究区水力侵蚀及风力侵蚀评价的基础上,对砒砂岩区风力-水力复合侵蚀进行分析,结果表明研究区风水复合侵蚀模数在空间上呈西北高、东部低的趋势,裸露(强度侵蚀)区风力-水力复合侵蚀模数最大,为65.69 t/(hm^2·a)。砒砂岩区各月风力-水力复合侵蚀显示研究区各分区6~9月以水力侵蚀为主,3~5月以风力侵蚀为主。研究区风力-水力侵蚀模数存在差异,其中水力侵蚀占所侵蚀百分比为47.2%,风力侵蚀占所侵蚀百分比为52.8%。各分区中裸露(强度侵蚀)区差异最显著,水力侵蚀占所侵蚀百分比为9.9%,风力侵蚀占所侵蚀百分比为90.09%。筛选了砒砂岩区日最大温度大于0 ℃和日最小温度小于0 ℃的月平均发生天数以及该背景下的月温差累计,结果显示砒砂岩区冻融主要发生在春、冬两季,且春天的冻融强于冬天。各分区发生冻融循环天数的月温差累计表现为春季和冬季月温差累计最大,且春季温差累计显著大于冬季,其中裸露(强度侵蚀)区月温差累计最大。

第 3 章　砒砂岩多动力复合侵蚀模拟技术

3.1　复合侵蚀实体模型模拟技术

为解决复合侵蚀模拟的技术难题,自主研发并建成了一套复合侵蚀模拟试验系统,该系统由风力驱动装置、低温驱动装置、降雨系统、变坡移动土槽及配套设施组成,可以实现水力、风力冻融单一侵蚀过程模拟,也可以实现任意两种以上动力组合条件下的复合侵蚀过程模拟。复合侵蚀模拟试验系统见图 3-1。

图 3-1　复合侵蚀模拟试验系统示意图

3.1.1　风力驱动装置

风力驱动装置主要包括控制装置、风力驱动仓及风速仪(见图 3-1)。风力驱动仓内光滑顺直,可以形成流畅风力场,风力驱动仓末端安装 2 个大型可变角度叶扇;控制装置上显示开关和风机频率旋钮;风速仪可根据需要放置在风力驱动仓的任意位置。通过控制装置面板上的开关键启动或关停风机,风力大小通过调节风机频率以控制叶扇旋转速度,通过风速仪及外置可视面板可监测实时风速。通过测试,风力驱动装置模拟最大风速可达 18 m/s。

3.1.2　低温驱动装置

冷冻装置主要包括冷冻室、控制装置及压缩机(见图 3-1)。冷冻室内部封闭且外部有隔热层,可降低内部冷冻环境受外界干扰。冷冻装置通过压缩机抽取冷冻室内空气并降温,再将空气输入至冷冻室内来降低温度。控制系统可设置内部环境温度及温度变化范围,模拟野外气温减低至 0 ℃的过程,模拟并保持 0 ℃以下低温过程。通过设置可达成恒温环境,最低温度可达-30 ℃,环境温度可实时监测。

3.1.3 降雨系统

黄土高原水土流失试验厅降雨系统分区布设,通过计算机控制系统可以单独或者多区进行组合控制降雨范围,通过选择不同降雨喷头和管道压力实现雨强大小调节控制,通过设置降雨历时和间隔时间实现降雨过程控制。模拟降雨强度范围为 0.5~3 mm/min,可以模拟不同降雨过程。降雨系统操作简单,可以满足模拟砒砂岩区各类降雨需要。降雨系统见图 3-2。

图 3-2 降雨系统

3.1.4 变坡移动土槽

土槽尺寸大小为 5 m×1 m×0.6 m,坡度通过丝杠轮缓慢自由升降,不影响坡面填土的稳定性,坡度调节范围为 20°~45°,满足陡坡坡面侵蚀过程观测,通过地面轨道和牵引系统可以在风力驱动环境和低温驱动环境以及降雨范围内进行移动。土槽底部布设直径为 5 mm 的透水孔,保证土壤水自由入渗,试验用土取自内蒙古鄂尔多斯准格尔旗暖水乡的红色砒砂岩,砒砂岩土过 10 mm 筛并分层压实,以保证试验土槽内土壤的密实度接近自然状态。模拟土槽下端设置有集水槽,用于收集坡面径流泥沙。

3.2 复合侵蚀原位试验技术

在对砒砂岩区进行野外调查的基础上,选址在鄂尔多斯高原砒砂岩区二老虎沟流域典型坡面建设 4 个复合侵蚀原位观测小区,小区尺寸为长 12.5 m×宽 2.5 m。坡度约 37.5°。4 个复合侵蚀原位观测小区从左到右依次为水力+冻融复合侵蚀小区、全要素小区(水力+风力+冻融侵蚀小区)、全要素对照小区(水力+风力+冻融侵蚀小区)和冻融侵

蚀小区(见图3-3)。各小区动力控制技术为:

图3-3　砒砂岩复合侵蚀野外观测小区

水力+冻融复合侵蚀小区:通过采取白铁皮挡风,控制风力侵蚀因素,只保留降雨和冻融侵蚀因素。

全要素小区(水力+风力+冻融侵蚀小区):不控制任何动力条件,采取常规小区围挡模式建设。

全要素对照小区(水力+风力+冻融侵蚀小区):比较植被因素对复合侵蚀过程的影响。

冻融侵蚀小区:通过特殊材料,控制风力因素和降雨径流侵蚀影响,保证水分和气温交换不受影响,只保留冻融侵蚀因素。

3.3　复合侵蚀试验方案设计与观测方法

3.3.1　原位观测方案与观测方法

野外径流小区开展了气象观测、土壤温湿度观测、径流泥沙观测及侵蚀地形演变过程观测。其中,气象观测主要包括风速、风向和降雨过程;土壤温湿度主要测量全要素小区和冻融单要素小区表层0~10 cm、10~20 cm、20~30 cm、30~40 cm、40~50 cm各层的土壤温度和湿度变化;径流泥沙观测主要在雨后采集产流场次降雨的产流产沙量。侵蚀地形演变过程观测通过不同季节实施三维激光扫描仪和GIS系统叠加分析实现。

由于研究区缺乏长系列观测资料，因此根据其侵蚀环境条件，选择具有代表性的位置布设水文、气象、地温、土壤等监测站点，定期采集水力、风力、冻融、土壤水分等关键参数。布置的监测设备包括：气象因子采集系统一套（见图3-4），集成自计式雨量计、风速风向测定仪、气温湿度传感器等，实时获取降雨量、风速、风向、气温、湿度等基本环境参数，观测年限为2016年1月至2018年12月，每隔5 min采集一次风速风向；在典型阳坡坡面中部埋设EM50全自动地温、水分采集系统两套，配置5通道地温、水分传感器，根据该区域多年冻土平均厚度统计，测点沿土层纵向埋深分别为10 cm、20 cm、30 cm、40 cm、50 cm，以实时获取5个土层剖面土壤未冻结—冻结—解冻的连续温度变化过程，观测年限为2018年11月至2019年6月。基于以上数据分析，辨识年内水力、风力、冻融、土壤水分变化的时空分异规律。

图3-4　气象因子采集系统

3.3.2　复合侵蚀实体模型试验方案与观测方法

复合侵蚀实体模型试验采取单一降雨过程试验、风力+降雨过程试验、风力+冻融+降雨过程试验。试验过程中观测参数包括土壤温湿度、土壤含水量、风速、降雨强度、流速、流深、径流量、泥沙量及侵蚀地形演变过程。各参数观测方法如下。

土壤温湿度：土槽填土时每10 cm一层埋入土壤温湿度仪，可实时监测不同深度土壤在冻融侵蚀过程中的温湿度。

土壤含水量：前期土壤表层含水量通过便携式土壤水分仪进行人工测量，在不同断面测量，取平均值。降雨过程土壤含水量通过埋入的土壤温湿度仪来实时监测。

风速：通过风洞内设置的风速仪进行实时监测。

降雨强度：降雨试验前在指定型号喷头和压强条件下进行雨强率定，确定试验雨强，且在降雨试验过程中进行雨强测量，以此校正雨强大小。

流速：在降雨试验过程中，使用高锰酸钾溶液来标记水流，通过记录染色剂经过50 cm距离所需时间计算水流流速。流速测量在5个断面自下而上进行，避免上方的染色剂对下方的测量产生影响。整个降雨过程中对流速进行循环测量。

流深:在降雨试验过程中,使用薄钢尺在每个断面测量流深,选择典型位置的优势水流进行流深测量。整个降雨过程中进行循环测量。

径流量:降雨试验进行过程中,观察集水槽并在产流后每隔 2 min 在试验小区出水口用径流桶接取一个径流泥沙样。降雨试验结束后,使用电子秤对径流桶进行称量,减去桶本身质量后,可得到 2 min 径流量。

泥沙量:径流量测量完成后,对径流泥沙样进行处理。将泥沙静沉后慢慢倾倒桶中的上层清水,剩余的泥沙放至托盘内,将托盘放入烘箱内进行 48 h 烘干。烘干完成后,用电子秤称量托盘与泥沙质量,减去托盘质量后可得泥沙量。野外径流泥沙观测装置见图 3-5。

图 3-5　野外径流泥沙观测

侵蚀地形演变过程:分别与降雨试验前、降雨 20 min 后和之后每 10 min 进行一次侵蚀地形扫描,通过 GIS 叠加分析,获取不同时段的土壤侵蚀量(见图 3-6)。

图 3-6　三维激光扫描仪进行地形扫描

第 4 章　砒砂岩区水力-风力-冻融复合侵蚀规律

4.1　砒砂岩区侵蚀动力变化特征

黄河中游鄂尔多斯高原砒砂岩区水力侵蚀、风力侵蚀、冻融侵蚀交错发生,多类侵蚀过程共同构成了复杂的土壤侵蚀系统,属典型的多相侵蚀区。

砒砂岩是由砂岩、砂页岩和泥岩所构成的一种软弱基岩,其成岩程度低,抗蚀性极低。加之这一地区受水力-风力-冻融的交错驱动,侵蚀营力类型及组合季节周期性交错特征突出,冬春季冻融、风化严重,夏秋季暴雨洪水多发,导致高强度的侵蚀产沙过程,形成了砒砂岩区"遇水成泥、遇风成沙"的独特自然现象。

水力侵蚀-风力侵蚀-冻融侵蚀是自然界水、风、温度综合作用的结果,在时空分布、能量供给、物质来源等方面相互耦合,形成了与单一的水力侵蚀或风力侵蚀发生机制完全不同的泥沙侵蚀、搬运、沉积过程。砒砂岩区的土壤侵蚀是以水力侵蚀为主,风力侵蚀、冻融交错的多过程侵蚀模式,然而,以往受研究手段和观测方法的限制,忽视了其侵蚀系统的完整性,对该地区土壤侵蚀机制的研究多以单一水力侵蚀或风水两相侵蚀为主,对水力、风力、冻融三相叠加侵蚀的作用机制尚不清楚,而这正是有效治理砒砂岩区侵蚀的关键科学问题之一。

为此,本书将水力-风力-冻融作为一个交错循环系统,以时间序列为轴研究三种侵蚀动力的相互作用关系、时间交错过程和叠加效应,以期揭示多动力交错对砒砂岩区土壤侵蚀的作用机制,深化认识多动力交错作用下的复合土壤侵蚀过程。

4.1.1　研究区概况

以皇甫川支流纳林川右岸的二级支沟二老虎沟小流域为研究区。二老虎沟小流域位于鄂尔多斯市准格尔旗暖水乡境内,流域面积 3.23 km^2,地理坐标为东经 110°36′2.74″,北纬 39°47′38.79″(见图 4-1)。所在区域地貌形态呈黄土丘陵沟壑,上覆黄土或浮土,属典型的盖土砒砂岩区,坡顶覆土厚度多为 2 m 以上。沟壑密度达 7 km/km^2,植被覆盖度很低,基岩出露面积在 30%以上(见图 4-2)。研究区属典型的大陆性半干旱气候,年温差较大,年平均气温 7.3 ℃,封冻期为 11 月至翌年 3 月,冻土深度约 1.5 m。多年平均降水量约 350 mm,雨水集中在 7~9 月,且多为暴雨。大风天气较多,全年平均风速 2.2 m/s,最大风力可达 8 级,大风集中在 4~5 月和 10~11 月。

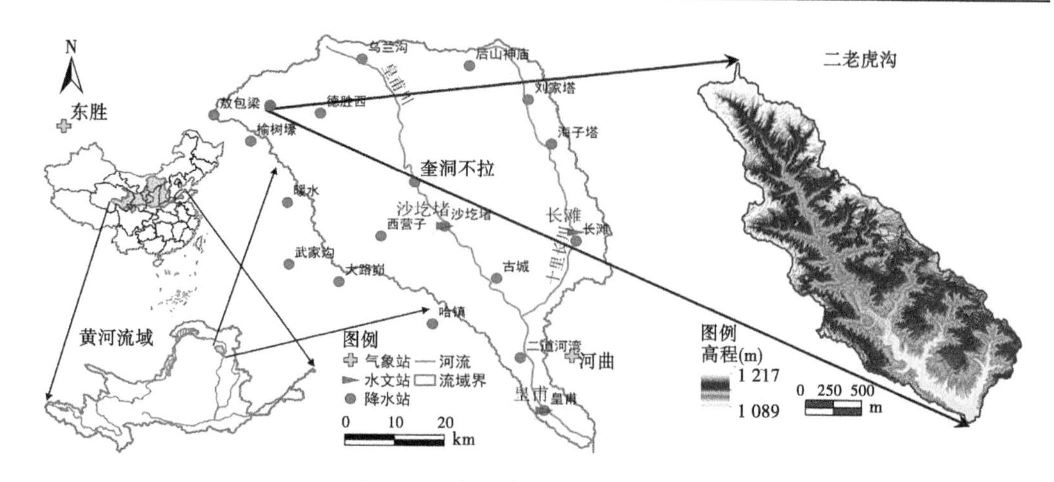

图 4-1　二老虎沟小流域位置示意图

图 4-2　二老虎沟小流域概览

4.1.2　砒砂岩区侵蚀动力年内变化规律

4.1.2.1　降水分布规律

选取 2016~2018 年的降水量资料，分析影响流域水力侵蚀的降水因子变化特征。从年际间的统计数据来看，年均降水量约为 449.6 mm。与鄂尔多斯地区皇甫川流域 1996~2015 年平均降水量 349.5 mm 相比，2016 年为典型的丰水年，年降水量 741.6 mm；2017 年为枯水年，年降水量 163.1 mm；2018 年为平水年，年降水量 443.7 mm，丰水年降水量是枯水年降水量的 4~5 倍。可见研究区域降水量年际之间变化剧烈，丰、平、枯水年交替频繁，差异明显。

从降水量分布的年内变化特征（见图 4-3）来看，研究区降水年内分布不均，峰值出现在 7~8 月，这两个月最大降水量可达 413.8 mm，平均降水量 153.6 mm，占全年总降水量的 64%；9 月之后降水明显减弱，冬季几乎没有降水，说明该地区水力侵蚀主要发生于 6~9 月。

4.1.2.2　风力分布规律

研究区风速的分布特征如图 4-4 所示。可以看出，全年平均风速 1.8 m/s，在不同季

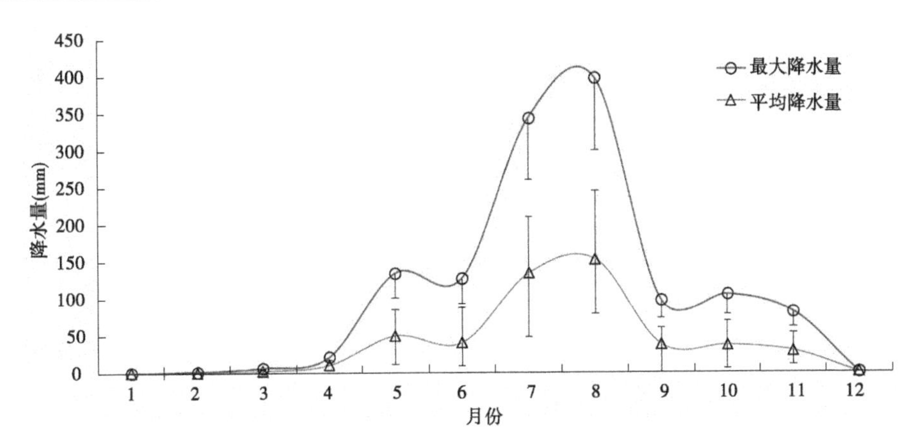

图4-3　二老虎沟小流域降水量年内分布

节,风力变化明显,每年的春季3~5月是平均风速较大的时期,其峰值出现在4月,平均风速2.4 m/s,最大风速可达15~16 m/s。此时随着春季气温逐渐回升,地表冻土开始融化,且降水稀少,植被尚未长成,是风力侵蚀的主要作用时段。5月之后风速逐渐降低,8月达到最小值1.34 m/s。同时在每年的11~12月,风速也有小幅上升,此时地表尚有枯萎植被覆盖,且土壤处于上冻期,风力侵蚀不占主导地位。

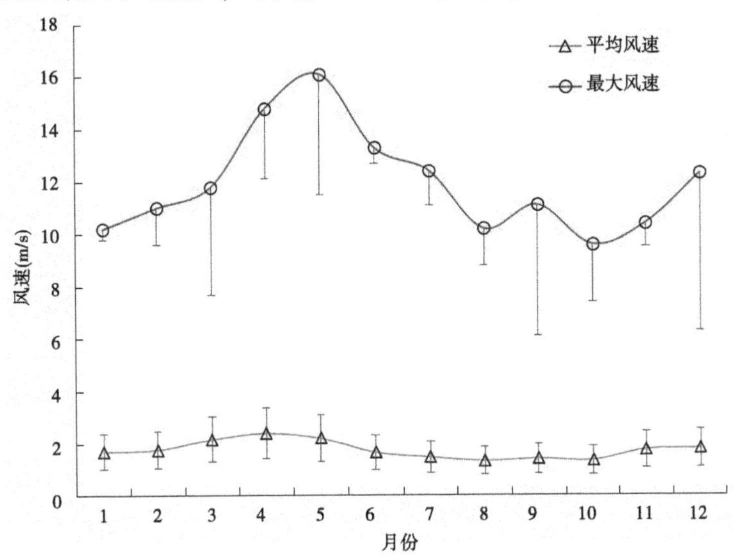

图4-4　二老虎沟小流域风速年内分布

由统计研究区16个风向在2016~2018年的出现频率(见图4-5)可以看出,研究区在各方向风力均有分布,主要盛行东风和东北风,其次是北风和南风。由于二老虎沟沟道为南北走向,且流域面积不大,风向和沟道走向基本上垂直(见图4-5),使得侵蚀物质易于堆积于侵蚀沟道中,为水流输沙提供了物质条件。由此可以看出,年内降水量分布与风速分布是不同步的,这就使得水力侵蚀、风力侵蚀交错发生,形成了砒砂岩区不同阶段的侵蚀高峰期。

4.1.2.3　冻融侵蚀力分布规律

冻融侵蚀是高寒地区由于温度变化,导致土体或岩石的水分发生由液态到固态的相

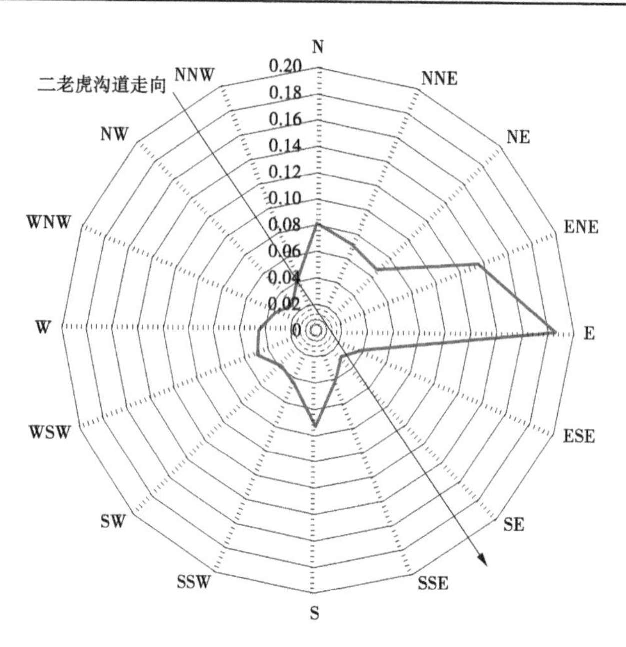

图 4-5　二老虎沟小流域风向分布图

变,从而引起体积的差异性膨胀, 造成土体或岩石机械破坏并在水力、重力等作用下被搬运、堆积的过程。冻融侵蚀发生的基本条件是温度和水分这两个因素,目前公认的影响参数是土壤温度、水分和冻融循环次数。

图 4-6 为二老虎沟小流域土壤剖面水分、地温变化过程,统计了从 2018 年 11 月至 2019 年 4 月的土壤未冻结—冻结—解冻的连续水分、地温变化过程。土壤的冻融期为 12 月初至翌年 3 月底,持续时间约为 4 个月。整个过程可以划分为三个阶段,即上冻期、封冻期、解冻期。上冻期从 12 月初持续至 12 月下旬,从不同土层的温度变化情况看,表层土体温度最低,从而最先冻结,土层越深温度相对越高,冻结时间相对越晚,地下 50 cm 处的深层土体较地下 10 cm 处的表层土体上冻时间滞后约 20 d;封冻期从 12 月下旬持续至翌年 3 月中旬,表层土体的平均温度为-5.0 ℃,最低温度为-7.2 ℃,深层土体的平均温度为-2.8 ℃,最低温度为-3.7 ℃;解冻期从 3 月中旬持续至 3 月底,解冻过程与上冻过程相反,表层土体最先解冻,深层土体最后解冻,深层土体较表层土体的解冻时间滞后约 15 d。

从与土体冻融过程相对应的土壤水分变化情况来看,上冻期和解冻期的土壤水分含量相对较高,表层土壤的体积含水量约为 0.19 m^3/m^3,深层土壤的体积含水量约为 0.31 m^3/m^3;封冻期的土壤水分含量较低,表层土壤的体积含水量约为 0.13 m^3/m^3,深层土壤的体积含水量约为 0.26 m^3/m^3。此期间的土壤水分含量处于全年中的较低水平。

除土壤温度、水分外,冻融循环次数对冻融过程中土体结构的破坏程度有着重要影响。图 4-7 为上冻期土壤剖面冻融循环次数,可以看出,冻融循环过程多发生于表层 10 cm 的土体,深层土体温度波动较小,基本不发生冻融循环。上冻期表层土体冻融循环次数约为 5 次,且完成一个冻融循环的持续时间差异较大,从 24 h 到 6 d 不等。图 4-8 为解冻期土壤剖面冻融循环次数,可以看出,春季解冻期,随着温度上升表层土体的冻融循环次数较上冻期频繁,约为 10 次,且完成一次冻融循环的持续时间相对均匀,基本维持在

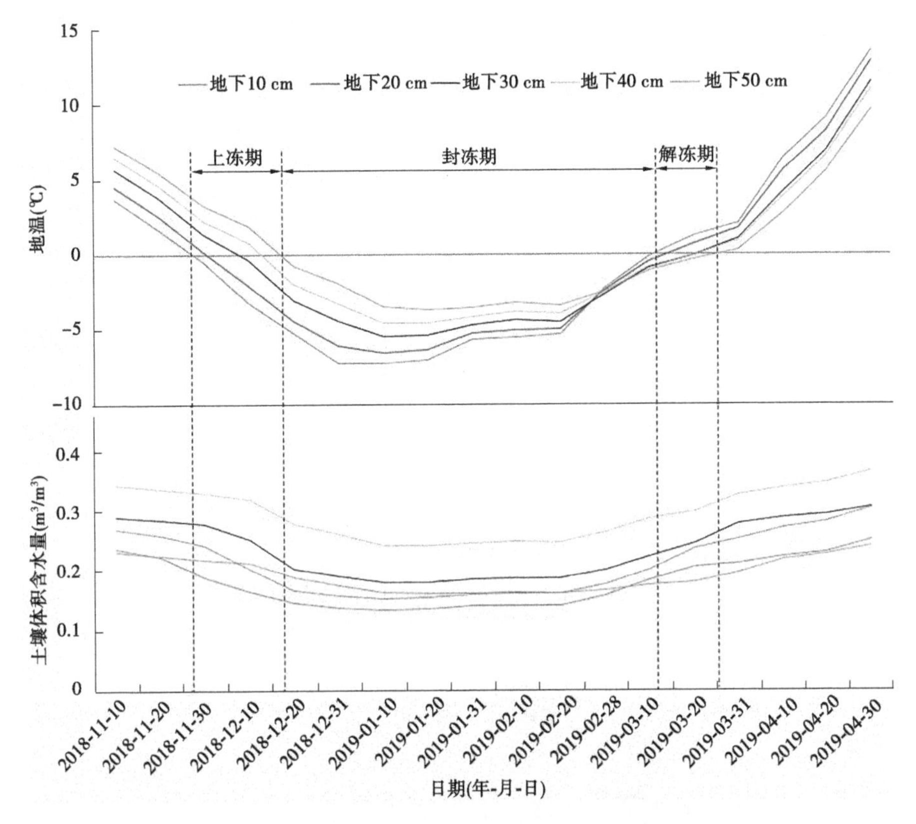

图4-6　二老虎沟小流域土壤剖面水分、地温变化

24 h左右。说明春季解冻期是冻融循环的多发期，加之这一时期的土壤水分含量相对较高，极易对土体结构形成冻融侵蚀破坏。

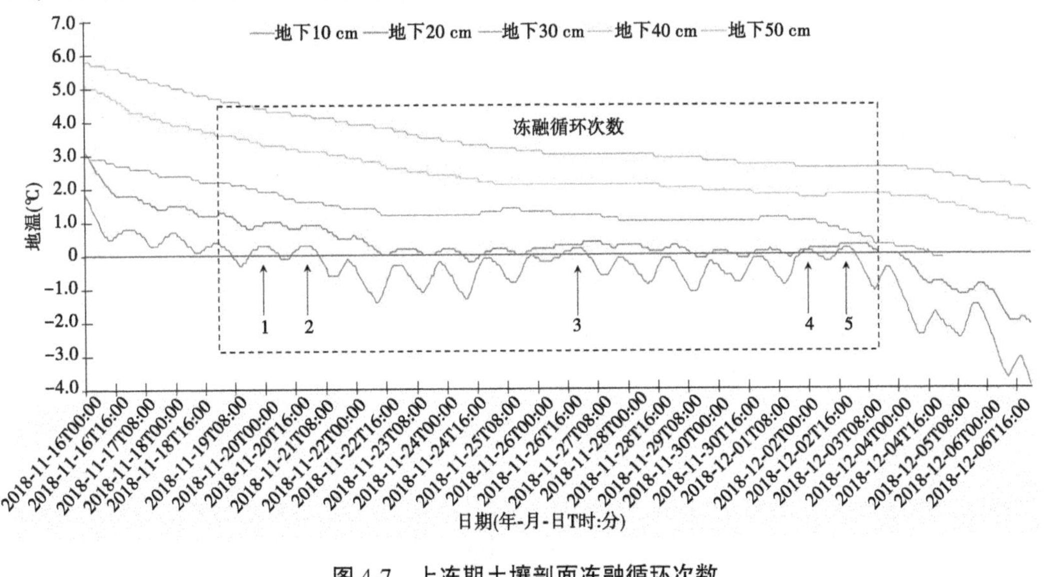

图4-7　上冻期土壤剖面冻融循环次数

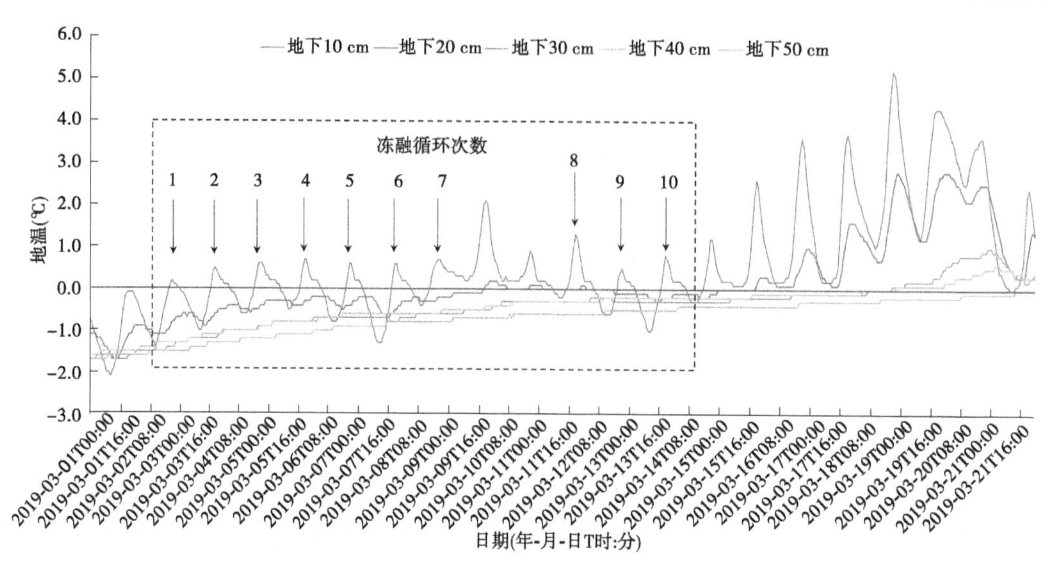

图 4-8　解冻期土壤剖面冻融循环次数

4.1.3　砒砂岩区复合侵蚀动力交错特征及叠加效应

根据以上对水力、风力、冻融作用因子年尺度变化过程的统计，对三种驱动力作用过程进行叠加，以辨识高侵蚀风险区的分布特征及动力交错模式。采用数据标准化后的层次分析法(AHP)，统计降雨量年内变化规律，得到水力作用过程曲线；统计风速年内变化规律，得到风力作用过程曲线；统计年内土壤温差(0 ℃上下)与土壤含水量的乘积，加上冻融循环次数，得到冻融作用过程曲线。

冻融作用由于影响因子较多，且目前尚无统一的冻融侵蚀计算方法及评价标准，计算较为困难，本书采用在第 3 次全国土壤侵蚀调查中对冻融侵蚀指标的赋值标准，将土温与水分乘积与冻融循环次数按照 1∶1的权重赋值。其中，冻融循环次数根据 3.3 节分析结果，上冻期(11 月)与解冻期(3 月)的赋值按 1∶2的比例分配，将土温与水分乘积与冻融循环次数叠加后得到冻融作用过程曲线[见图 4-9(a)]。

由于以上水力、风力、冻融作用因子的统计结果的量纲不同，因此要对数据进行归一化处理，归一化方法采用 x_{min}-x_{max} 标准化，转换函数如下：

$$x^{*} = \frac{x - x_{min}}{x_{max} - x_{min}} \tag{4-1}$$

式中，x_{max} 为样本数据的最大值；x_{min} 为样本数据的最小值。

在此基础上，对标准化后的三种动力值进行叠加，将叠加后的数值作为交错驱动效应表征参数，得到水力、风力、冻融交错后的作用过程曲线。取叠加后的平均值为基准值，该曲线位于基准值以上的部分即为高侵蚀风险期[见图 4-9(b)]。根据高侵蚀风险区作用时段及分布特征，发现高侵蚀风险区内的水力、风力、冻融作用过程具有三个峰期，且基本上是双类或多类侵蚀叠加耦合造成的，分别为风冻交错、风水交错和风水冻交错，据此可以认为砒砂岩区复合侵蚀存在着三个典型动力组合模式。其中，高侵蚀风险区Ⅰ发生在每年的 2 月上旬至 3 月中下旬，表现为风力侵蚀、冻融交错作用；高侵蚀风险区 Ⅱ 发生在每年的 6 月中上旬至 8 月中下旬，表现为以水力侵蚀为主的风水交错侵蚀作用；高侵蚀风险区 Ⅲ 发生在每年的 10 月中旬至 11 月中下旬，表现为水力侵蚀、风力侵蚀、冻融交错侵蚀作用。

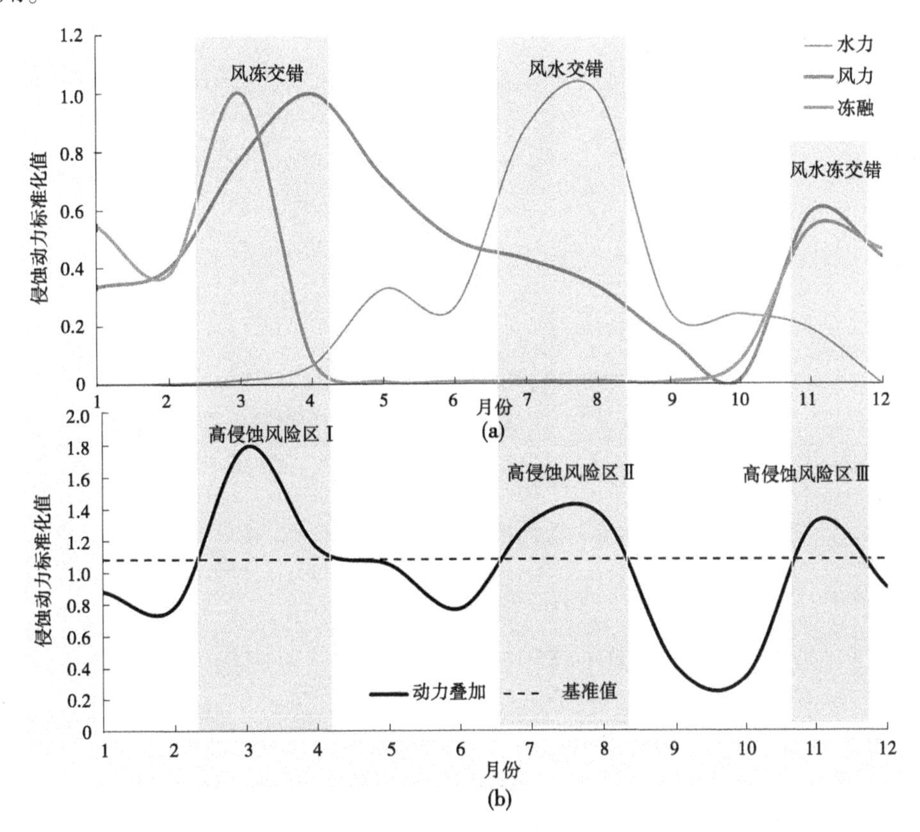

图 4-9　复合侵蚀动力年内交错特征及叠加效应

复合侵蚀动力作用关系复杂，目前对各侵蚀动力的作用比例和侵蚀效应研究较少。根据王随继的研究结果，砒砂岩区的冻融侵蚀量可以达到沟道产沙量的 1/2，最大可达流域侵蚀量的 1/3 左右。赵国际认为砒砂岩区的风力侵蚀主要发生在冬春季，年风化速度为 1.5~3.6 mm，提供的风化物质达 2 205~5 292 t/(hm^2 · a)。而本书是从侵蚀动力的角度对砒砂岩区动力作用模式和特征进行的分析，未结合不同侵蚀模式下的侵蚀量进行定量分析，因此尚无法判断各动力因子的作用比例。今后还有不少问题需要进一步探索，例如不同侵蚀动力过程的定量描述，不同侵蚀动力组合模式的作用机制，以及不同侵蚀动力耦合下的侵蚀效应及其模拟等。

4.2　砒砂岩区水力-风力-冻融复合侵蚀特征

融合野外原位观测、三维激光扫描仪技术和 GIS 等多种研究手段，基于 2018 年 3 月至 2019 年 4 月砒砂岩 3 个野外坡面小区(水力+冻融+风力复合侵蚀原状小区图 4-10 中

b、水力+冻融复合侵蚀小区图4-10中a、冻融侵蚀小区图4-10中d,尺寸均为12.5 m×2.5 m,坡面坡度介于37°~38°)的各4期地形点云数据、坡面实测侵蚀量以及研究区气候数据,分析了砒砂岩坡面水力侵蚀、冻融侵蚀、风力侵蚀的季节交互特征。以期为复合侵蚀综合治理技术、退化植被恢复重建、水土流失综合治理提供理论支撑和科学依据。

a—水力+冻融复合侵蚀小区；b—水力+冻融+风力复合侵蚀原状小区；
c—植被措施小区；d—冻融侵蚀小区

图4-10 砒砂岩坡面多动力复合侵蚀试验小区(2018年11月4日)

4.2.1 不同季节坡面侵蚀前后地形变化

基于3个坡面小区的各4期DEM,进行每个坡面前后2期DEM相减。DEM高程差变化即可反映各小区在不同季节侵蚀前后地形起伏变化(见图4-11)。

在2018年3~6月、7~10月和2018年11月至2019年4月3个时段,3个坡面小区呈现明显的侵蚀(高程差负值区)—堆积(高程差正值区)时空变化格局。2018年3~6月,侵蚀主要发生在坡面中、上部;水力+冻融复合侵蚀小区、冻融小区的侵蚀面积大于堆积面积,但水力+冻融+风力复合侵蚀原状小区的侵蚀面积略小于堆积面积[见图4-11(a)]。2018年7~10月,侵蚀主要发生在坡面中、下部,各小区的侵蚀面积均远大于堆积面积;其中,水力+冻融+风力复合侵蚀原状小区的侵蚀面积最大,而冻融小区因受温度、湿度变化特别是10月负温影响也存在着一定侵蚀[见图4-11(b)]。2018年11月至2019年4月,侵蚀主要发生在坡面中、下部,各小区的侵蚀面积均大于堆积面积;其中,水力+冻融+风力复合侵蚀原状小区的侵蚀面积最大,而冻融小区的侵蚀面积最小[见图4-11(c)]。

对比3个时间段,3个试验小区在2018年7~10月的侵蚀面积最大。在以水力侵蚀占主导作用,水力+冻融复合侵蚀小区、水力+冻融+风力复合侵蚀原状小区特别是后者出现较明显的细沟。在2018年11月至2019年4月,各小区的侵蚀面积比2018年7~10月的侵蚀面积有所减小;水力+冻融复合侵蚀小区、水力+冻融+风力复合侵蚀原状小区的底部又变成了堆积区。

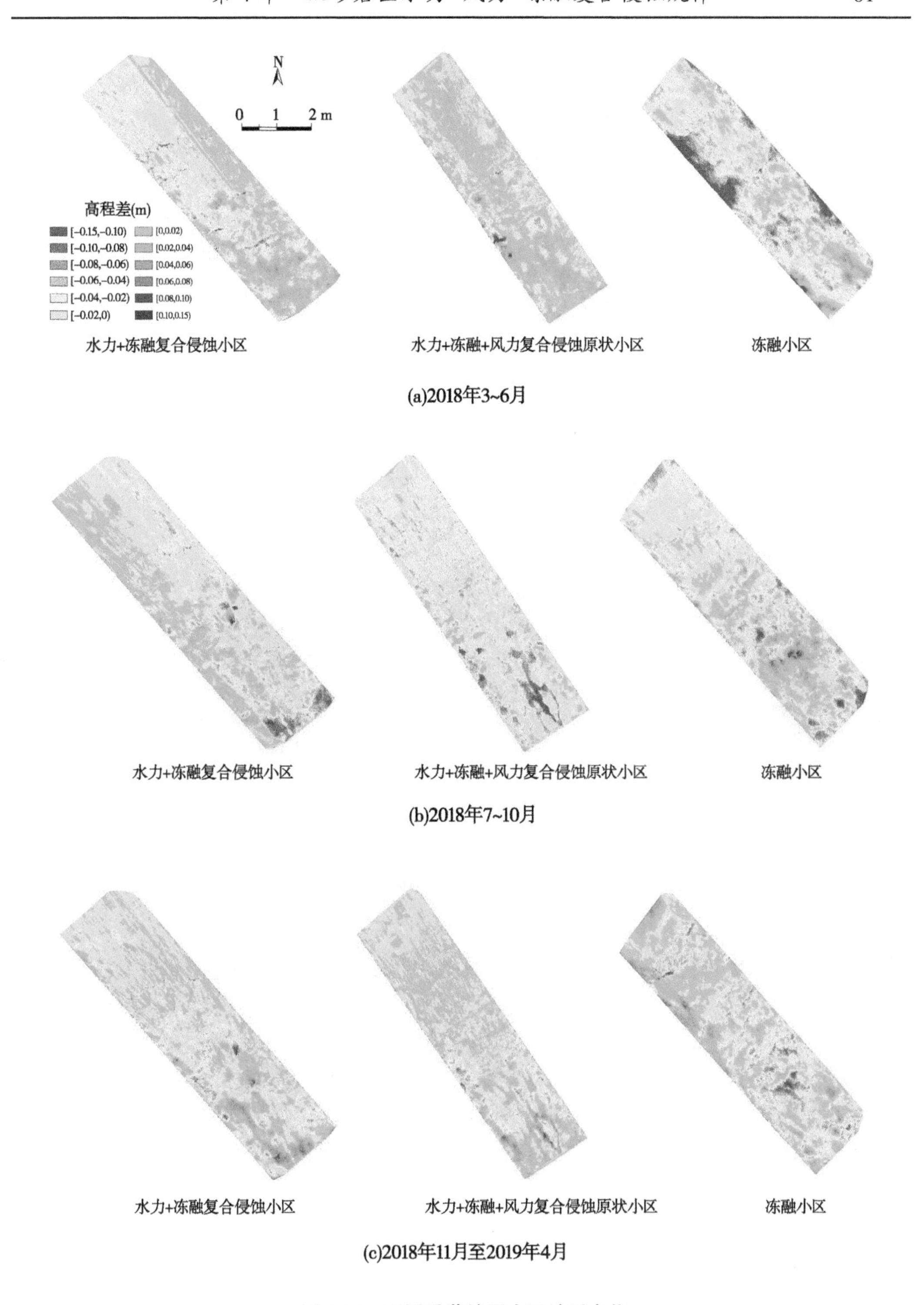

图4-11 不同季节坡面小区地形变化

4.2.2 不同季节坡面小区侵蚀量

利用 ArcGIS 中 3D 分析模块对 3 个坡面小区的各 4 期 DEM 进行填挖方处理,填挖方结果即为不同季节复合侵蚀前后坡面体积变化。通过体积×密度(1.3 g/cm^3)方法来计算 3 个坡面小区在 2018 年 3~6 月、2018 年 7~10 月和 2018 年 11 月至 2019 年 4 月的侵蚀量(见表 4-1)。

表 4-1 不同季节坡面小区侵蚀量

坡面小区	2018 年 3~6 月		2018 年 7~10 月		2018 年 11 至 2019 年 4 月		研究期侵蚀量(kg)
	侵蚀量(kg)	比例(%)	侵蚀量(kg)	比例(%)	侵蚀量(kg)	比例(%)	
冻融侵蚀小区	6.27	31.91	5.63	28.65	7.75	39.44	19.65
水力+冻融复合侵蚀小区	8.85	10.43	66.71	78.57	9.34	11.00	84.9
水力+冻融+风力复合侵蚀原状小区	11.81	10.58	85.52	76.61	14.3	12.81	111.63

2018 年 3 月至 2019 年 4 月,水力+冻融+风力复合侵蚀原状小区、水力+冻融复合侵蚀小区和冻融侵蚀小区的模拟总侵蚀量分别为 111.63 kg、84.9 kg 和 19.65 kg,即水力+冻融+风力复合侵蚀原状小区侵蚀最为强烈,其次为水力+冻融复合侵蚀小区,而冻融小区侵蚀量最小。可见,多动力复合侵蚀叠加效应明显。冻融风化、侵蚀使砒砂岩胀缩交替,岩体结构遭受破坏,孔隙率增大,容重、黏聚力降低,致使表层疏松破碎;其不仅为风力侵蚀、水力侵蚀提供了物质条件,又加速了砒砂岩遇风成砂、遇水溃散的过程。风通过对坡面松散颗粒的吹蚀,改变了松散物的粒度组成和地表粗糙度,使地表粗化;而挟沙风的撞击、磨蚀又进一步加剧了岩体表面结构的破坏,致使表层抗蚀力减弱,进而为水力侵蚀的发生提供了边界条件。砒砂岩遇水成泥的特性,加之雨滴的溅蚀、流水的片蚀和沟蚀作用,又加速了砒砂岩溃散过程;松散物质被水流搬运到坡底,又为风力侵蚀、冻融侵蚀提供了新的风化层,侵蚀将进一步向纵深发展。各侵蚀动力在季节上的交互、叠加作用致使复合侵蚀强度更大。

在 2018 年 3~6 月、2018 年 7~10 月、2018 年 11 月至 2019 年 4 月 3 个时段中,水力+冻融+风力复合侵蚀原状小区侵蚀量分别为 11.81 kg、85.52 kg 和 14.3 kg,分别占小区总侵蚀量的 10.58%、76.61% 和 12.81%;水力+冻融复合侵蚀小区侵蚀量分别为 8.85 kg、66.71 kg 和 9.34 kg,分别占小区总侵蚀量的 10.43%、78.57% 和 11.00%;冻融小区侵蚀量分别为 6. 27 kg、5. 63 kg 和 7. 75 kg，分别占小区总侵蚀量的 31. 91%、28. 65% 和 39. 44%。从各时段来看，水力+冻融+风力复合侵蚀原状小区、水力+冻融复合侵蚀小区均在 7~10 月侵蚀量最大，表明这 2 个小区以水力侵蚀占主导；冻融小区则在 11 月至翌年 4 月侵蚀量最大。另外，2018 年 11 月至 2019 年 4 月各小区侵蚀量略大于 2018 年 3~6 月的侵蚀量。

4.3　砒砂岩坡面复合侵蚀产沙特征

4.3.1　非重力坡面复合侵蚀产沙规律

(1)2018 年 3~6 月、11 月至 2019 年 4 月砒砂岩坡面侵蚀动力以冻融+风力为主，2018 年 7~10 月坡面侵蚀动力以水力为主。2018 年 3 月至 2019 年 4 月，砒砂岩坡面多动力复合侵蚀叠加效应明显，即水力+冻融+风力复合侵蚀量>水力+冻融复合侵蚀量>冻融侵蚀量。

(2)各试验小区的季节侵蚀量有明显差异，凸显了各小区的主导侵蚀动力及其侵蚀贡献。在 2018 年 3~6 月、2018 年 7~10 月、2018 年 11 月至 2019 年 4 月 3 个时段中，水力+冻融+风力复合侵蚀原状小区内侵蚀量比例分别为 10. 58%、76. 61% 和 12. 81%，水力+冻融复合侵蚀小区内侵蚀量比重分别为 10. 43%、78. 57% 和 11. 00%，冻融小区内侵蚀量比重分别为 31. 91%、28. 65% 和 39. 44%。水力+冻融+风力复合侵蚀原状小区、水力+冻融复合侵蚀小区在 2018 年 7~10 月侵蚀量最大，均以水力侵蚀占主导；而冻融小区在 2018 年 11 月至 2019 年 4 月侵蚀量最大。

(3)对原状坡面而言，在 2018 年 3~6 月、2018 年 7~10 月、2018 年 11 月至 2019 年 4 月 3 个时段中，水力侵蚀的贡献率分别为 21. 85%、71. 42% 和 11. 12%，冻融侵蚀的贡献率分别为 53. 09%、6. 58% 和 54. 20%，风力侵蚀的贡献率分别为 25. 06%、21. 99% 和 34. 69%。在 2018 年 3~6 月、2018 年 11 月至 2019 年 4 月，冻融侵蚀量>风力侵蚀量>水力侵蚀量；2018 年 7~10 月，水力侵蚀量>风力侵蚀量>冻融侵蚀量。在整个研究期，原状坡面侵蚀量中水力侵蚀占 58. 45%、冻融和风力侵蚀共占 41. 55%。2018 年各侵蚀动力对坡面的影响程度由大到小依次为：水力侵蚀、冻融侵蚀、风力侵蚀。

4.3.2　陡坡坡面复合侵蚀产沙规律

在砒砂岩陡坡或陡崖处，一年四季均可发生重力侵蚀。重力侵蚀主要包括泻溜和崩塌 2 种形式。已有研究表明：泻溜主要发生在坡度 35°~60°的坡面，崩塌主要发生在坡度 60°以上的坡面。

(1)年内重力侵蚀持续发生，并与其他外动力协同发生复合侵蚀。2018 年 4~6 月主要发生重力+风力复合侵蚀，2018 年 7~10 月主要发生重力+水力复合侵蚀，其余时段主要发生重力+冻融复合侵蚀。重力+风力复合侵蚀主要发生在坡度较陡的坡面上部及其边缘，重力+水力复合侵蚀、重力+冻融复合侵蚀可发生在全坡面。

(2)2018 年 1~3 月、2018 年 4~6 月、2018 年 7~10 月、2018 年 11 月至 2019 年 4 月的

侵蚀量分别占总侵蚀量的11%、8%、68%和13%,4个时段的侵蚀强度分别为:中度侵蚀、轻度侵蚀、剧烈侵蚀和中度侵蚀。2018年,重力+降雨复合侵蚀量 > 重力+冻融复合侵蚀量 > 重力+风力复合侵蚀量,在降雨集中的7~10月侵蚀量可以达到其他时段的5~9倍。可见,重力+降雨对陡坡侵蚀影响最剧烈,重力+冻融对陡坡侵蚀影响次之,重力+风力对陡坡侵蚀影响最小。

(3)通过三维激光扫描这一便捷高效的技术手段,本研究获得了砒砂岩陡坡不同季节因复合侵蚀引起的地形起伏变化以及侵蚀强度的空间分异特征,并得出砒砂岩陡坡具有以极强烈或剧烈侵蚀为主的季节侵蚀特征。说明砒砂岩陡坡易遭受侵蚀且侵蚀强度高,重力复合其他外动力侵蚀的季节叠加效应明显。

4.4 砒砂岩复合侵蚀空间分异特征

基于研究区1980~2017年日气象数据,1990年、1995年、2005年、2015年4期Landsat遥感影像和4期土地利用图,30 m分辨率DEM数据及土壤数据,采用RS和GIS等技术手段,在分析1980s、1990s、2000s、2010s研究区水力侵蚀、风力侵蚀、冻融侵蚀时空分异规律的基础上,阐明了研究区水力、风力、冻融复合侵蚀的空间交互特征及其时空分异规律。水力侵蚀模数采用RUSLE模型计算,风力侵蚀模数选用WEQ模型计算,冻融侵蚀强度采用全国第一次水利普查水土流失情况普查推荐的综合冻融侵蚀评价指数计算。

1980s,研究区水力、风力、冻融复合中度交互侵蚀的面积最大(见图4-12),占总面积的24.54%;水力、风力、冻融复合弱度交互侵蚀,冻融主导侵蚀以及水力、风力、冻融复合强烈交互侵蚀的面积也较大,分别占总面积的16.46%、14.69%和11.54%。1990s,研究区水力、风力、冻融复合中度交互侵蚀的面积最大,占总面积的29.77%;水力、风力、冻融复合弱度交互侵蚀,冻融主导侵蚀以及水力、冻融双主导侵蚀面积相接近,分别占总面积的22.05%、19.51%和18.00%。2010s,研究区以水力、风力、冻融复合中度和弱度交互侵蚀为主,两类侵蚀区面积相当,分别占总面积的29.02%和28.80%;其次为冻融主导侵蚀类型区,占总面积的21.69%。2010s,研究区以水力、风力、冻融复合中度交互侵蚀为主,占总面积的27.79%;其次是水力、风力、冻融复合弱度交互侵蚀及冻融主导侵蚀类型区,分别占总面积的22.93%和23.31%。可见研究区以水力、风力、冻融复合中度交互侵蚀,水力、风力、冻融复合弱度交互侵蚀,冻融主导侵蚀以及水力、冻融双主导侵蚀为主。

自1980s到2000s,水力、风力、冻融复合中度交互侵蚀一直是研究区面积占比最大侵蚀类型,自1980s到1990s其处于增长状态,但1990s以后,面积占比持续减小。水力、风力、冻融复合微度交互侵蚀面积占比一直处于增长状态,但在2010s略有减小。水力、风力、冻融复合强烈交互侵蚀面积占比自1990s以后显著低于1980s,但也从1990s后呈逐渐增大的趋势。冻融主导侵蚀,自1980s开始一直处于增长状态,但随着年代的递增,增长率逐渐降低。水力主导侵蚀,自1980s到1990s处于增长状态,2000s面积减小,再到2010s又有所增长,但总体变化不是很大。风力主导侵蚀,在1980s面积最大,而随着年代的递增,有逐渐减小到趋于无的趋势。水力、冻融双主导侵蚀,自1980s到1990s面积占比有所增长，至 2000s 面积占比减小，2010s 又有所增长，有继续增大的趋势。水力、风力双主导侵蚀和风力、冻融双主导侵蚀，在 1980s 面积都达到最大，但自 1990s 以后对研究区的影响都很小，到 2010s 稍微有所增大。

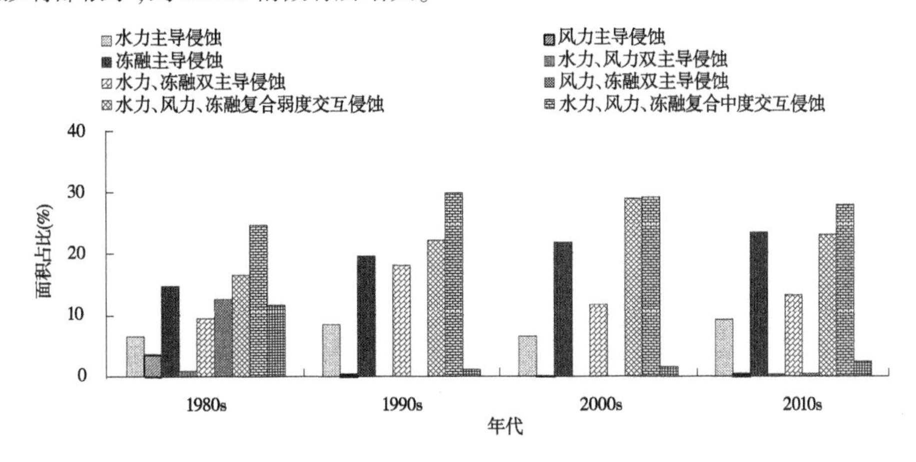

图 4-12　研究区多动力复合侵蚀面积

由图 4-13 可以看出，1980s，水力、风力、冻融复合中度和弱度交互侵蚀研究区全境均有分布，主要分布于研究区海拔较低的东南及河沟地区；水力、风力、冻融强烈交互侵蚀主要分布于研究区西北部、北部高海拔的裸露砒砂岩区；冻融主导侵蚀主要分布于研究区东北部、中部及西部地区；水力主导侵蚀主要分布于研究区东西部河沟地区及东南部、南部海拔较低地区；风力、冻融双主导侵蚀主要分布于西北部地区；其他侵蚀类型区不能清楚辨别。1990s，水力、风力、冻融复合中度和弱度交互侵蚀主要分布于研究区西部、东部、西北部及北部河沟区；冻融主导侵蚀分布于全境，主要分布于研究区东北部、中部及西北部地区；水力主导侵蚀主要分布于研究区东南部、南部海拔较低地区及水力、风力、冻融复合弱度和中度交互侵蚀区周围；其他侵蚀类型区不能清楚辨别。2000s，水力、风力、冻融复合中度和弱度交互侵蚀主要分布于研究区西部、东部、西北部及北部河沟区，较 1990s 有所增大；冻融主导侵蚀主要分布于研究区西北部及中部地区；水力主导侵蚀主要分布于研究区东南部、南部海拔较低地区及水力、风力、冻融复合弱度和中度交互侵蚀区周围，较 1990s 有所减小；水力、冻融双主导侵蚀主要分布于研究区极北部地区；其他侵蚀类型区不能清楚辨别。2010s，水力、风力、冻融复合中度和弱度交互侵蚀主要分布于研究区西部、东部、西北部及北部河沟区，但面积较 2000s 有所减小；冻融主导侵蚀主要分布于研究区西北部地区；水力主导侵蚀主要分布于研究区东南部、西南部、南部海拔较低地区；水力、冻融双主导侵蚀主要分布于西北部及北部地区；其他侵蚀类型区不能清楚辨别。

由表 4-2 可知，裸露砒砂岩区在 1980s，以风力、冻融双主导侵蚀及水力、风力、冻融复合强烈交互侵蚀为主，水力主导侵蚀类型区面积最小。但自 1990s 以后，风力、冻融双主导侵蚀及水力、风力、冻融复合强烈交互侵蚀区面积大幅度减小，该区转以冻融主导侵蚀为主，且风力主导侵蚀成为裸露砒砂岩区面积最小侵蚀类型，并一直处于减小趋势，风力主导侵蚀的变化同样引起水力、风力双主导侵蚀类型有相同的变化趋势。

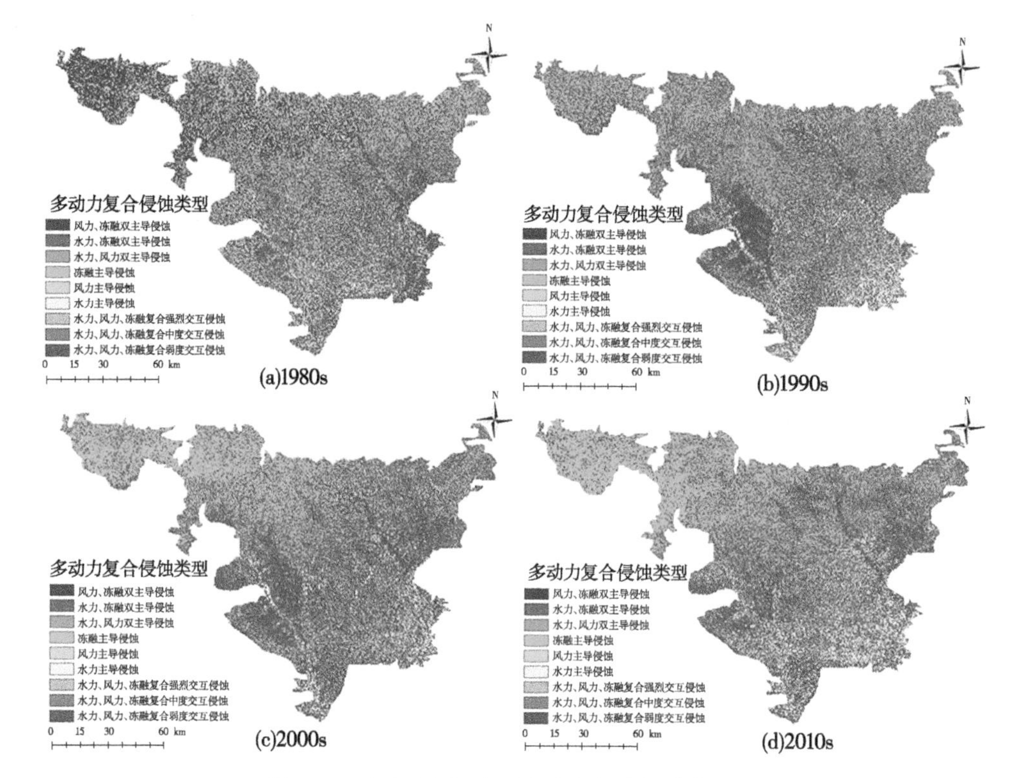

图 4-13　水力、风力、冻融复合侵蚀空间分布图

表 4-2　砒砂岩三大区多动力复合侵蚀

1980s	水力主导侵蚀（km²）	风力主导侵蚀（km²）	冻融主导侵蚀（km²）	水力、风力双主导侵蚀（km²）	水力、冻融双主导侵蚀（km²）	风力、冻融双主导侵蚀（km²）	三动力弱度侵蚀（km²）	三动力中度侵蚀（km²）	三动力强烈侵蚀（km²）
覆沙区	203. 67	163. 56	461. 15	46. 07	230. 96	471. 60	521. 24	1064. 9	332. 48
覆土区	838. 19	88. 29	1 423. 4	32. 47	1 134. 8	175. 88	2 072. 8	2 483. 2	282. 06
裸露区	35. 32	334. 43	561. 99	59. 54	204. 75	1 458. 7	164. 82	546. 01	1 315. 4

1990s	水力主导侵蚀（km²）	风力主导侵蚀（km²）	冻融主导侵蚀（km²）	水力、风力双主导侵蚀（km²）	水力、冻融双主导侵蚀（km²）	风力、冻融双主导侵蚀（km²）	三动力弱度侵蚀（km²）	三动力中度侵蚀（km²）	三动力强烈侵蚀（km²）
覆沙区	185. 47	8. 27	458. 53	0. 46	312. 05	2. 84	1 488. 8	979. 07	22. 93
覆土区	1 084. 50	31. 99	1 393. 8	21. 62	1 848. 6	0. 34	1 558. 4	2 485. 0	44. 11
裸露区	135. 79	1. 24	1 401. 5	1. 53	842. 00	14. 00	639. 53	1 511. 5	112. 10

续表 4-2

2000s	水力主导侵蚀（km²）	风力主导侵蚀（km²）	冻融主导侵蚀（km²）	水力、风力双主导侵蚀（km²）	水力、冻融双主导侵蚀（km²）	风力、冻融双主导侵蚀（km²）	三动力弱度侵蚀（km²）	三动力中度侵蚀（km²）	三动力强烈侵蚀（km²）
覆沙区	152.95	1.89	563.51	0.58	184.04	0.78	1 443.9	1 108.7	10.11
覆土区	877.41	11.53	841.87	29.97	791.88	0.28	3 046.6	2 848.3	54.33
裸露区	61.33	0.10	2 224.0	1.44	977.34	8.99	325.59	880.31	195.07
2010s	水力主导侵蚀（km²）	风力主导侵蚀（km²）	冻融主导侵蚀（km²）	水力、风力双主导侵蚀（km²）	水力、冻融双主导侵蚀（km²）	风力、冻融双主导侵蚀（km²）	三动力弱度侵蚀（km²）	三动力中度侵蚀（km²）	三动力强烈侵蚀（km²）
覆沙区	268.33	6.86	835.34	7.22	293.99	7.58	1 002.9	1 011.4	56.45
覆土区	1 217.75	44.82	866.07	35.08	919.53	1.01	2 499.4	2 813.3	110.22
裸露区	53.07	0.67	2 197.3	0.48	989.00	63.25	338.49	813.53	212.92

覆沙砒砂岩区在 1980s，以水力、风力、冻融复合中度交互侵蚀为主。自 1990s 到 2010s，该区以水力、风力、冻融复合弱度和中度交互侵蚀以及冻融主导侵蚀为主，风力主导侵蚀，水力、风力双主导侵蚀及风力、冻融双主导侵蚀区在该区内面积都很小。

覆土砒砂岩区在 1980s，以水力、风力、冻融复合中度和弱度交互侵蚀为主，其中水力、风力、冻融复合中度交互侵蚀类型区面积最大，其次为冻融主导侵蚀及水力、冻融双主导侵蚀类型，水力、风力双主导侵蚀类型区面积最小。1990s，水力、风力、冻融复合中度交互侵蚀为该区主要侵蚀类型，其次是水力、冻融双主导侵蚀和水力、风力、冻融复合弱度交互侵蚀，再是冻融主导侵蚀及水力主导侵蚀也有相当大的面积占比。自 2000s 到 2010s，该区以水力、风力、冻融复合弱度和中度交互侵蚀为主，其次是冻融主导及水力、冻融双主导侵蚀类型，其他侵蚀类型在该区内面积都较小。

综上所述，砒砂岩三大类型区中，裸露砒砂岩区受冻融主导侵蚀作用最为明显；覆沙、覆土砒砂岩区受水力、风力、冻融复合中度和弱度交互侵蚀作用最为明显，其次为冻融主导侵蚀及水力主导侵蚀。由此判断裸露砒砂岩区受多动力复合侵蚀影响最大。因此，对砒砂岩区进行水土保持治理时，应着重于对研究区冻融侵蚀及水力侵蚀的研究及预防，降低这两类侵蚀对砒砂岩区的治理造成的不利影响。

4.5 砒砂岩区多动力复合侵蚀交互作用特征

4.5.1 季节交互作用规律

2018 年 3~6 月、2018 年 11 月至 2019 年 4 月砒砂岩坡面侵蚀动力以冻融+风力为主,2018 年 7~10 月坡面侵蚀动力以水力为主。2018 年 3 月至 2019 年 4 月,砒砂岩坡面多动力复合侵蚀叠加效应明显,即水力+冻融+风力复合侵蚀量>水力+冻融复合侵蚀量>冻融侵蚀量。

各试验小区的季节侵蚀量有明显差异,凸显了各小区的主导侵蚀动力及其侵蚀贡献。在 2018 年 3~6 月、2018 年 7~10 月、2018 年 11 月至 2019 年 4 月 3 个时段中,水力+冻融+风力原状小区内侵蚀量比例分别为 10.58%、76.61%和 12.81%,水力+冻融复合侵蚀小区内侵蚀量比例分别为 10.43%、78.57%和 11.00%,冻融小区内侵蚀量比例分别为 31.91%、28.65%和 39.44%。水力+冻融+风力原状小区、水力+冻融复合侵蚀小区在 2018 年 7~10 月侵蚀量最大,均以水力侵蚀占主导;而冻融小区在 2018 年 11 月至 2019 年 4 月侵蚀量最大。

对原状坡面而言,在 2018 年 3~6 月、2018 年 7~10 月、2018 年 11 月至 2019 年 4 月 3 个时段中,水力侵蚀的贡献率分别为 21.85%、71.42%和 11.12%,冻融侵蚀的贡献率分别为 53.09%、6.58%和 54.20%,风力侵蚀的贡献率分别为 25.06%、21.99%和 34.69%。在 2018 年 3~6 月、2018 年 11 月至 2019 年 4 月,冻融侵蚀量>风力侵蚀量>水力侵蚀量;2018 年 7~10 月,水力侵蚀量>风力侵蚀量>冻融侵蚀量。在整个研究期,原状坡面侵蚀量中水力侵蚀占 58.45%、冻融和风力侵蚀共占 41.55%。2018 年各侵蚀动力对坡面的影响程度由大到小依次为:水力侵蚀、冻融侵蚀、风力侵蚀。

4.5.2 多动力空间交互作用规律

研究区以三动力中度及弱度交互侵蚀为主,其次受冻融主导及水力、冻融双主导侵蚀也较为严重,受其他复合侵蚀类型影响较小;从研究区整体上来看,受多动力复合侵蚀的影响较严重,但随着年代的递增侵蚀状况整体有所好转。砒砂岩三大类型区中,覆土砒砂岩区在 1980s 以三动力中度及弱度交互侵蚀为主,但 1990s 该区主要侵蚀类型为三动力中度交互侵蚀,2000s 以后又以三动力弱度及中度交互侵蚀为主;覆沙砒砂岩区在 1980s 以三动力中度交互侵蚀为主,1990s 以后以三动力弱度及中度交互侵蚀为主;裸露砒砂岩区在 1980s 以风力、冻融双主导侵蚀和三动力强烈交互侵蚀为主,1990s 以后以冻融主导侵蚀为主。

4.6 砒砂岩区复合侵蚀中各动力因子的贡献率

通过横向对比 4.2 节中表 4-1 中 3 个试验小区的侵蚀量,可分离不同季节侵蚀动力对原状坡面的侵蚀贡献(见表 4-3)。以冻融侵蚀小区为基准,水力+冻融复合侵蚀小区侵蚀量减去冻融侵蚀小区侵蚀量即剥离出水力单因子的侵蚀量,水力+冻融+风力复合侵蚀原状小区侵蚀量减去水力+冻融复合侵蚀小区侵蚀量即剥离出风力单因子的侵蚀量。

表 4-3　不同季节侵蚀动力对原状坡面的侵蚀贡献

侵蚀动力	2018-03～06		2018-07～10		2018-11～2019-04	
	侵蚀量（kg）	贡献率（%）	侵蚀量（kg）	贡献率（%）	侵蚀量（kg）	贡献率（%）
冻融	6.27	53.09	5.63	6.58	7.75	54.20
水力	2.58	21.85	61.08	71.42	1.59	11.12
风力	2.96	25.06	18.81	21.99	4.96	34.69
冻融+水力+风力	11.81	100	85.52	100	14.3	100

在 2018 年 3～6 月期间,3～4 月冻融交替日数达 20 d,冻融作用强烈;3～5 月强风也较多,风速超过 10 m/s 的风在 3～5 月共出现 29 d;4～6 月出现降水,共计 97.7 mm。因此,3～6 月原状坡面同时受到冻融侵蚀、风力侵蚀和水力侵蚀作用,冻融侵蚀、风力侵蚀、水力侵蚀对原状坡面侵蚀贡献率分别为 53.09%、25.06%和 21.85%,说明此段时间内础砂岩坡面以冻融侵蚀作用为主,冻融侵蚀贡献为风力侵蚀或水力侵蚀作用的 2 倍以上。

在 2018 年 7～10 月,降雨量达到 353.8 mm,其中 7 月、8 月分别降雨 161.6 mm 和 129 mm;9～10 月风速在 10 m/s 以上的风出现 14 d;10 月底最低温出现负值,冻融作用开始出现。7～10 月水力侵蚀、风力侵蚀、冻融侵蚀对原状坡面侵蚀贡献率分别为 71.42%、21.99%和 6.58%,即此段时间内础砂岩坡面以水力侵蚀为主,风力侵蚀次之(水力侵蚀贡献是风力侵蚀的 3 倍以上),且 10 月底存在少量冻融侵蚀。

从 11 月开始,础砂岩坡面进入上冻期,一直到 2019 年的 3 月、4 月才缓缓解冻。2019 年 3～4 月冻融交替日数达 31 d,冻融作用很强烈;风速超过 10 m/s 的强风在 3～4 月出现 16 d。2019 年 4 月出现 31.3 mm 的降雨。因此,2018 年 11 月至 2019 年 4 月原状坡面也同时受到冻融侵蚀、风力侵蚀和水力侵蚀作用,冻融侵蚀、风力侵蚀、水力侵蚀对原状坡面侵蚀贡献率分别为 54.20%、34.69%和 11.12%。可见,此时间段础砂岩坡面以冻融侵蚀和风力侵蚀为主,冻融侵蚀分别为风力侵蚀、水力侵蚀作用的 4.87 倍和 1.56 倍。由于冻融侵蚀、风力侵蚀的增大,导致了 2018 年 11 月至 2019 年 4 月的侵蚀量略大于 2018 年 3～6 月的侵蚀量。

对础砂岩原状坡面而言,2018 年 3～6 月、11 月至 2019 年 4 月,冻融侵蚀量>风力侵蚀量>水力侵蚀量;7～10 月,水力侵蚀量>风力侵蚀量>冻融侵蚀量。根据表 4-3 计算各动力总侵蚀量和坡面总侵蚀量得知,在 2018 年 3 月至 2019 年 4 月整个研究期,原状坡面侵蚀量中水力侵蚀占 58.45%、冻融和风力侵蚀共占 41.55%,水力侵蚀对坡面侵蚀影响最大。就2018年而言,水力侵蚀作用对坡面的影响最大,冻融侵蚀作用次之,风力侵蚀作用最小。

综合而言,对原状坡面而言,在2018年3~6月、2018年7~10月、2018年11月至2019年4月3个时段中,水力侵蚀的贡献率分别为21.85%、71.42%和11.12%,冻融侵蚀的贡献率分别为53.09%、6.58%和54.20%,风力侵蚀的贡献率分别为25.06%、21.99%和34.69%。在2018年3~6月、2018年11月至2019年4月,冻融侵蚀量>风力侵蚀量>水力侵蚀量;2018年7~10月,水力侵蚀量>风力侵蚀量>冻融侵蚀量。在整个研究期,原状坡面侵蚀量中水力侵蚀占58.45%、冻融和风力侵蚀共占41.55%。2018年各侵蚀动力对坡面的影响程度由大到小依次为:水力侵蚀、冻融侵蚀、风力侵蚀。

4.7 本章小结

(1)砒砂岩区土壤侵蚀营力在时间上存在着相互交错与叠加的复杂关系。水力侵蚀高峰期发生于2018年6~9月,风力侵蚀高峰期为2018年3~5月,冻融期为2018年12月初至2019年的3月底。其中冻融过程具有上冻期、封冻期和解冻期三个阶段,上冻期表层土体最先冻结;解冻期表层土体最先解冻;深层土体最后解冻;封冻期的土壤水分含量处于全年中的较低水平,春季解冻期是冻融循环的多发期,加之这一时期的土壤水分含量相对较高,极易对土体结构形成冻融侵蚀破坏。

(2)砒砂岩区复合侵蚀作用基本上是双类侵蚀叠加耦合造成的,分别为风冻交错、风水交错和风水冻交错三个典型动力组合模式。砒砂岩区年内存在三个高侵蚀风险期,即每年的2月上旬至3月中下旬为高侵蚀风险期Ⅰ,表现为风力侵蚀、冻融交错作用(风冻交错);每年的6月中上旬至8月中下旬为高侵蚀风险期Ⅱ,表现为以水力侵蚀为主的风水交错侵蚀作用(风水交错);每年的10月中旬至11月中下旬为高侵蚀风险期Ⅲ,表现为水力侵蚀、风力侵蚀、冻融交错侵蚀作用(风水冻交错)。

(3)单一的冻融、风力侵蚀作用并不会直接导致砒砂岩坡面产沙量明显增加,二者只有在水力、重力等驱动因子的共同作用下才能使坡面泥沙被搬运、堆积,砒砂岩区的复合侵蚀主要表现为以水力侵蚀过程为主导的水力、风力、冻融交互侵蚀作用。在砒砂岩坡面,风力产沙量甚微,其影响作用主要是使砒砂岩表层结构发生破坏,形成风化层,为水力侵蚀提供更为充足的物质来源,砒砂岩体表面风化层的存在是影响风力侵蚀产沙的一个重要因素。

(4)复合侵蚀不等于水力、风力、冻融单一动力侵蚀量的简单线性叠加,其复合侵蚀作用存在着叠加放大效应,水力、风力、冻融等两相或三相作用力的交互能使砒砂岩坡面的产沙量增加1倍以上,这种多动力的叠加尤其对坡面侵蚀形态发育活跃期的侵蚀产沙量影响显著。

第 5 章　砒砂岩区多动力复合侵蚀机制

5.1　砒砂岩区水力侵蚀、风力侵蚀及冻融发生发展过程

5.1.1　砒砂岩原位复合侵蚀的发生发展过程

砒砂岩的侵蚀在空间上与时间上通常是多种侵蚀交替或叠加发生，侵蚀发生发展过程基本和各动力侵蚀临界以上动力资源分布呈正相关，同时受地表覆盖影响。自然界复合侵蚀年内随各动力分布程序波动变化，其中风力侵蚀主要发生在春季 4~5 月和秋末 10~11 月，相比冬季砒砂岩区地表土壤处于冻结状态、夏季和秋季地表植被条件较好，春季植被覆盖尚未恢复，覆盖条件较差，因此同样风力条件下，春季更容易发生风力侵蚀，造成扬沙或沙尘暴天气。冻融则发生在气温 0 ℃交替变化时段（每年的 3 月和 11 月），但冻融侵蚀带来的剥落、泻溜等侵蚀现象在整个春季皆有发生，随着春季风力的作用，剥落泄溜现象严重。水力侵蚀主要发生在汛期降雨产流的季节，风力携带松散颗粒和冻融导致的剥落泻溜颗粒为水力侵蚀提供了物质来源。风力、降水及低温过程交替出现，整个年度内，复合侵蚀和各动力呈现复杂相应关系。

课题组第 1 专题在野外坡面采用 FARO（法如）三维立体激光扫描仪获得 4 个时期的 3 个坡面小区地形点云数据，并通过 ArcGIS 模块分析，生成栅格大小为 1 mm×1 mm 的 DEM 数据，并通过不同时期栅格叠加计算，获取不同时段的侵蚀量（见表 5-1 和表 5-2）。以此数据为基础，结合张攀等研究成果（见图 5-1），尝试根据侵蚀过程线与横坐标轴的包括面积进行若干份数划分并统计各类侵蚀的总份数和逐月份数（见图 5-2），根据各时段的风力侵蚀、水力侵蚀和冻融侵蚀量对应的份数推算单份侵蚀量，并据此统计出单一动力侵蚀及复合侵蚀逐月侵蚀量（见图 5-3）。

表 5-1　不同季节砒砂岩坡面侵蚀量分析

坡面小区	2018 年 3~6 月		2018 年 7~10 月		2018 年 11 月至 2019 年 4 月	
	侵蚀量（kg）	比例（%）	侵蚀量（kg）	比例（%）	侵蚀量（kg）	比例（%）
冻融侵蚀小区	6.27	31.91	5.63	28.65	7.75	39.44
水力+冻融复合侵蚀小区	8.85	10.43	66.71	78.57	9.34	11.00
水力+冻融+风力复合侵蚀小区	11.81	10.58	85.52	76.61	14.3	12.81

表 5-2　不同季节外营力对原状坡面的侵蚀贡献

侵蚀营力	2018 年 3~6 月		2018 年 7~10 月		2018 年 11 月至 2019 年 4 月	
	侵蚀量(kg)	贡献率(%)	侵蚀量(kg)	贡献率(%)	侵蚀量(kg)	贡献率(%)
冻融	6.27	53.09	5.63	6.58	7.75	54.20
水力	2.58	21.85	61.08	71.42	1.59	11.12
风力	2.96	25.06	18.81	21.99	4.96	34.69
冻融+水力+风力	11.81	100	85.52	100	14.3	100

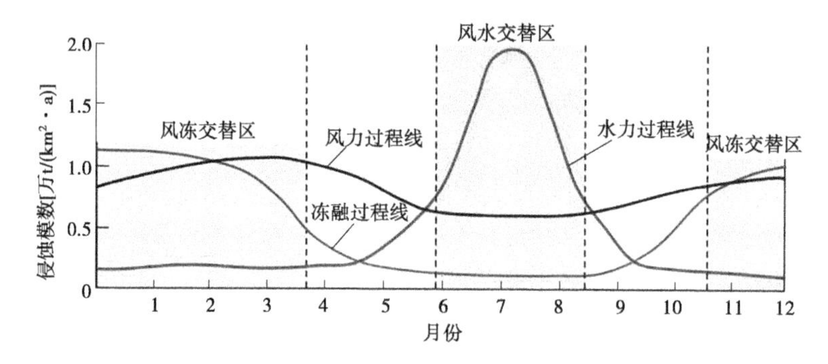

图 5-1　砒砂岩区年尺度多动力侵蚀交互关系(姚文艺等,2018)

按坡面小区年侵蚀量 111.63 kg、坡面小区面积 12.5 m×2.5 m 计,年度坡面侵蚀模数为 3 572 t/km^2。分割后坡面各动力侵蚀过程见图 5-2,各动力侵蚀年内交替叠加分布,春季、夏季和秋季出现三个峰值。

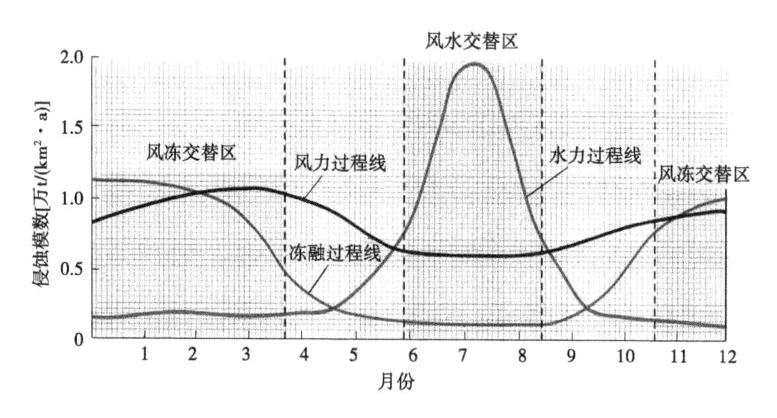

图 5-2　砒砂岩区复合侵蚀分类量化示意图

结合野外小区观测和图 5-3 复合侵蚀过程特征,风力侵蚀过程呈现两个峰值过程,分别发生在春季 4~5 月和秋冬季 11 月,月最大侵蚀量约为 2.6 kg,该时段外界风力大,地表覆盖薄弱。冻融侵蚀过程也呈现两个峰值过程,分别出现在 3 月和 11 月土壤温度 0 ℃交替波动时节,砒砂岩频繁冻结融沉,破坏土壤结构,导致砒砂岩裂缝、膨胀剥落,并伴随风力侵蚀过程,陡坡开裂剥落严重,促进水力侵蚀进程,并为水力侵蚀提供了物质。水力

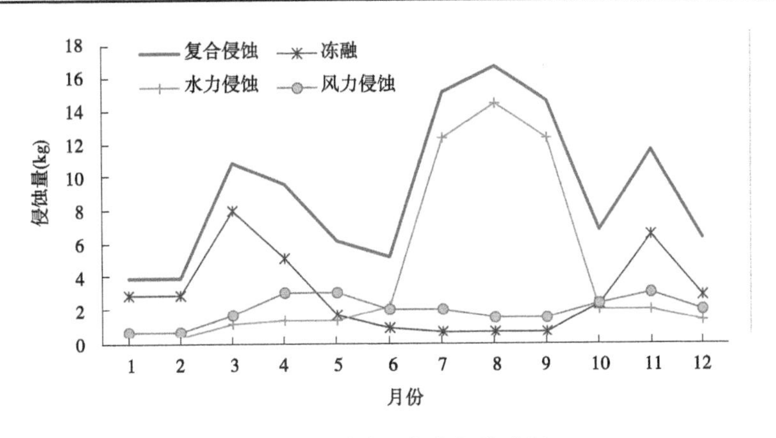

图 5-3　砒砂岩区复合侵蚀过程

侵蚀过程呈现汛期单峰过程,该时段降雨量大,径流集中,冲刷挟带能力强,冻融造成的裂隙更加重了水力侵蚀发生发展强度,风力侵蚀和冻融松散物质都均成为侵蚀对象。各动力交错叠加,表现出复合侵蚀过程有 3 个峰值过程,最大峰值为汛期的风水复合侵蚀,其次为春季和秋季的风冻复合侵蚀。

5.1.2　砒砂岩复合侵蚀模拟试验过程

单独剔出来水力侵蚀过程、风力侵蚀过程和冻融过程,因为存在坡面垮塌侵蚀,结合试验过程观测,绘制单一水力侵蚀、风力侵蚀和冻融侵蚀过程。三维激光扫描坡面地形演变差异不大。

水力侵蚀单一动力、冻融+水力侵蚀两种动力和冻融+风力侵蚀+水力侵蚀三种动力叠加模拟试验中,不同动力叠加对侵蚀产沙过程的影响较为剧烈(见图 5-4)。

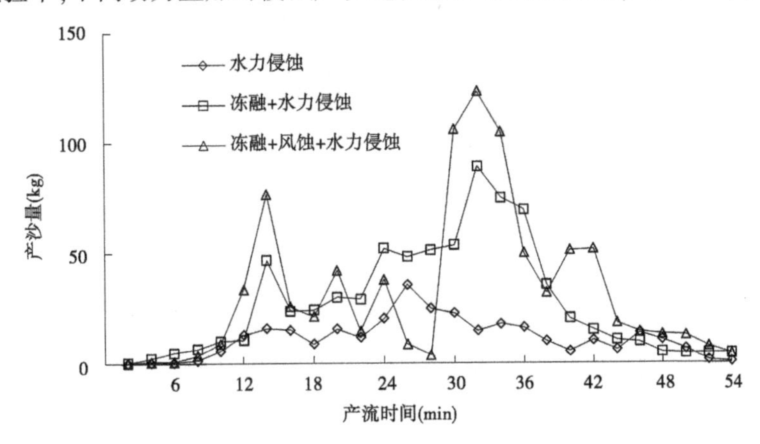

图 5-4　35°坡面不同动力叠加条件下侵蚀产沙过程

多动力叠加加剧了侵蚀产沙进程,并导致产沙峰值增加。单一水力侵蚀过程,产沙过程线呈单峰形式,最高达在降雨产流 26 min 时出现产沙过程峰值(35. 57 kg),之后产沙量波动减少,累计产沙 306. 37 kg。冻融+水力侵蚀过程则出现两个峰值,低峰出现在产流 14 min 时 46. 7 kg,高峰出现在产流 32 min 时,达 89. 18 kg,并在产流 24~38 min 时段维持高强度产沙过程，平均达 59. 31 kg。冻融+风力侵蚀+水力侵蚀三种动力复合侵蚀产沙过程也出现两个产沙过程峰值，并较两种动力叠加过程表现更明显，第一个峰值出现在产流 14 min 时，最大达 76. 8 kg。第二个峰值出现在产流 32 min 时，最大达 123. 05 kg。

多动力叠加增加了侵蚀强度。以单一水力侵蚀过程做参照，冻融+水力侵蚀过程增加了侵蚀产沙 431. 80 kg，增加比例为 140. 94%；冻融+风力侵蚀+水力侵蚀过程增加了侵蚀产沙 561. 46 kg，增加比例为 183. 26%，其中风力侵蚀增加侵蚀产沙 129. 66 kg，增加比例 42. 32%。冻融和风力侵蚀增加产沙过程见图 5-5。

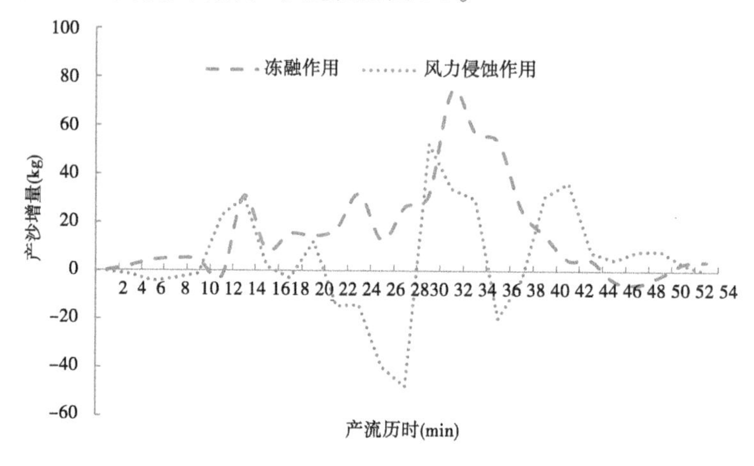

图 5-5 冻融和风力侵蚀增加产沙过程

其中，冻融增沙过程表现出 3 个时段，即产流初期 14 min 时、产流 24 min 和产流 32 min 前后，主要是产流 30 min 之后有个高增沙过程，结合坡面发育过程观测，增沙过程主要和在降雨产流 14 min、24 min 时段前后的细沟发育、沟岸扩张和降雨产流 30 min 之后的坡面滑塌现象有关。

风力侵蚀对产沙增量过程的影响比较复杂，表现为 4 个小峰和 3 个低谷过程。需要考虑单一风力侵蚀过程加降雨进行进一步分析研究。

5.2 砒砂岩动力侵蚀与下垫面的耦合特征

5.2.1 水力侵蚀与下垫面关系

降雨产流不仅与雨强雨量有关，还和土壤前期含水量有关，以某年(2014 年)降雨产流场次为例，产流降雨量分别为 16. 4 mm、35. 6 mm、22. 6 mm 和 42. 4 mm，产流降雨的平均雨量为 29. 25 mm，低于这个平均雨量的产流场次有 16. 4 mm 和 22. 6 mm，由图 5-6 可见，16. 4 mm 降雨前一天有雨量更大的降雨却没有产流，22. 6 mm 降雨之前有连续性降雨。

这说明水力侵蚀发生和发展受土壤含水量和降雨量共同影响。前期含水量越大，坡面越容易产流，进而随着降雨过程的继续，越容易引发严重土壤侵蚀。

降雨是否产流也受植被覆盖影响。研究表明，植被覆盖可以提高侵蚀性降雨标准，促进降雨入渗，延缓径流流速，具有明显产流产沙作用。

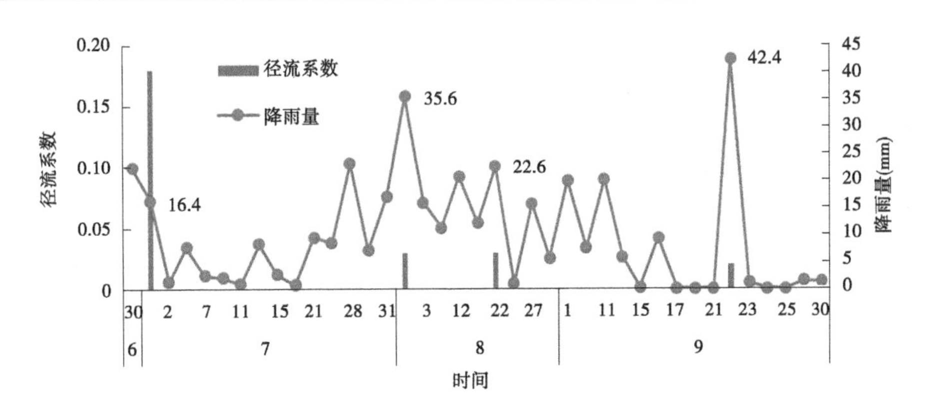

图5-6 野外降雨产流场次分布情况

依据砒砂岩区2019年8月监测数据有无植被对照小区监测结果，无论裸露砒砂岩或覆土砒砂岩区，坡面植被均具有明显的减蚀作用。减少径流40%以上，减少侵蚀产沙60%以上(见表5-3、表5-4)。

表5-3 覆土砒砂岩坡面试验区减水减沙效益监测评价

日期(年-月-日)	降雨量(mm)	小区类型	径流		泥沙	
			径流(m^3)	减水(%)	泥沙(kg)	减沙(%)
2019-08-08	82.8	裸露坡面	1.41	—	600.6	—
		植被坡面	0.84	40.43	119.9	80.04
2019-08-17	49.36	裸露坡面	3.51	—	1 001	—
		植被坡面	2.04	41.88	143	85.71
2019-08-23	53.5	裸露坡面	1.53	—	613.6	—
		植被坡面	0.8	47.71	122.2	80.08

表5-4 裸露砒砂岩坡面试验区减水减沙效益监测评价

日期(年-月-日)	降雨量(mm)	小区类型	径流		泥沙	
			径流(m^3)	减水(%)	泥沙(kg)	减沙(%)
2019-08-08	82.8	裸露坡面	3.11	—	2 680.6	—
		植被坡面	1.86	40.19	1 028.8	61.62
2019-08-17	49.36	裸露坡面	1.73	—	1 613	—
		植被坡面	0.34	80.35	221	86.30
2019-08-23	53.5	裸露坡面	3.37	—	2 735.2	—
		植被坡面	1.92	43.03	899.6	67.11

5.2.2 风力侵蚀与下垫面关系

风力侵蚀与风力年度分布及同时期下垫面土壤、植被覆盖条件有关。以2018年为例，全年风力资源分布如图5-7所示。

同一风速条件下，输沙率与植被高度和植被覆盖度呈负相关关系，因此防风固沙最根本的措施是保护和恢复植被。同一风速条件下，植被覆盖度越高、输沙率越低，防治荒漠化的有效措施是提高植被覆盖率。

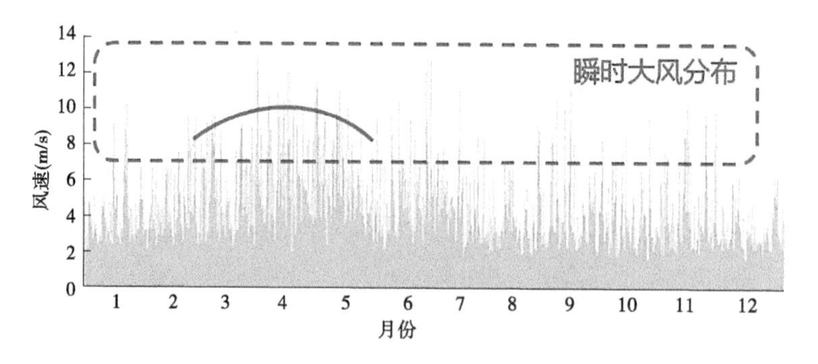

图 5-7　砒砂岩区瞬时风速分布(以 2018 年为例)

土壤颗粒的松散程度与风力侵蚀呈正相关,砒砂岩区土壤颗粒胶结程度低,土壤颗粒粒径在 0.062~2 mm,其中从土壤颗粒级配分析发现,砒砂岩颗粒粒径小于 0.50 mm 的颗粒占总体质量的 91.7% ~99.7%。因此,在大于 5 m/s 的风力条件下,松散的砒砂岩颗粒极易发生风力侵蚀。

5.2.3　冻融侵蚀与下垫面关系

冻融侵蚀受低温交替和表层土含水量影响。自然环境下年内土壤温度经历下降至低于 0 ℃时段和上升高于 0 ℃时段,分别出现在 11 月中下旬和翌年的 3 月中下旬,随着气温变化,冻结过程始于 11 月中下旬,温度在 0 ℃上下交替,表土层进入冻融交替过程至完全冻结(上冻期);12 月,表层及以下土层进入完全冻结状态;至翌年 3 月中下旬,表土层再次处于融冻交替状态,直至完全融化(解冻期)(见图 5-8)。在每年上冻和解冻期间,均经历数次冻结-解冻过程,而每次冻融都会加剧土壤膨胀和碎裂程度,随着冻融次数的增加,土壤结构破坏也会趋于严重。

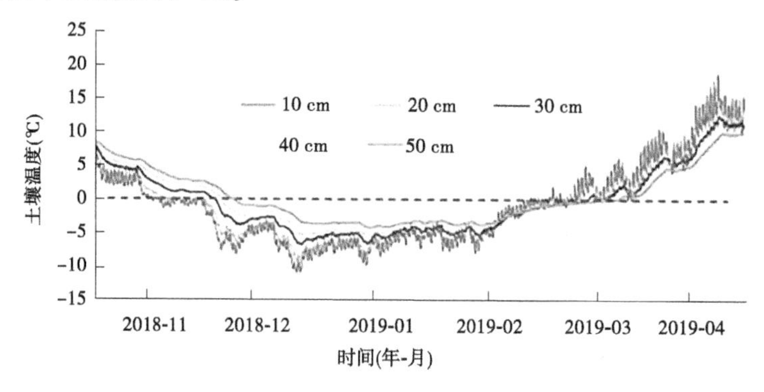

图 5-8　年度土壤温度变化过程

结合模拟试验环境中的土壤温湿度变化过程(见图 5-9),土壤水分随着土壤冻融循环也出现冻结和解冻变化,伴随重力作用,外部土壤颗粒出现碎落剥落现象,膨胀裂隙中的土壤出现融沉现象,进一步加深深层土壤的冻胀和裂缝发育,从而加剧土壤冻融侵蚀。

复合侵蚀与下垫面关系是以上各动力条件的年度交替叠加的综合反应,综合起来,植被覆盖、土壤含水量和土壤颗粒是影响复合侵蚀的重要下垫面因素。

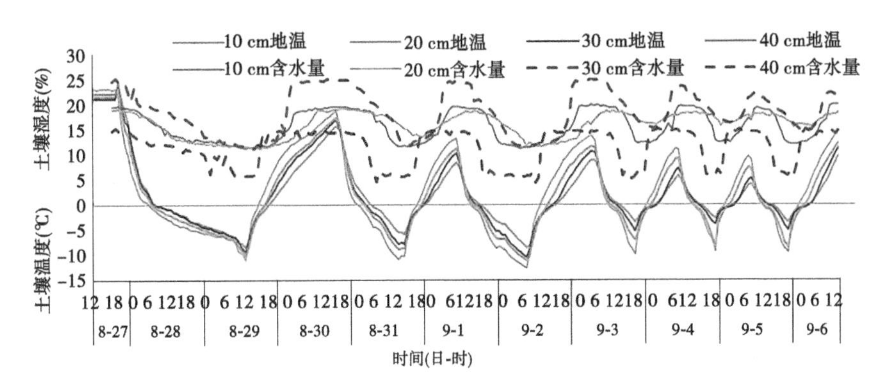

图 5-9　模拟土壤冻融循环下土壤温湿度变化过程

5.3　复合侵蚀与砒砂岩岩性关系

5.3.1　复合侵蚀与砒砂岩矿物成分的关系

砒砂岩复合侵蚀和砒砂岩构成岩性成分及其特征有直接关系。根据已有研究成果，砒砂岩中的主要矿物是石英、长石(钾长石和斜长石)、蒙脱石和方解石，见表 5-5。其中长石易风化，蒙脱石遇水易膨胀、脱水收缩；方解石在含有 CO_2 的水溶液中易溶解。砒砂岩中的岩性成分导致其抗蚀能力弱，遇水、遇风和温度交替易引发水力侵蚀、风力侵蚀和冻融复合侵蚀。

表 5-5　砒砂岩中易引发侵蚀的矿物成分及含量　(%)

类型	长石含量			方解石含量	蒙脱石含量	合计
	钾长石	斜长石	平均			
紫色砒砂岩	16	18	17	10	18	45
白色砒砂岩	19	16	17.5	7	8	32.5
粉色砒砂岩	23	19	21	16	17	54
灰色砒砂岩	19	16	17.5	2	23	42.5
平均	19.25	17.25	18.25	8.25	16.5	43.5

从易引发侵蚀矿物成分含量分析，长石、方解石和蒙脱石含量占砒砂岩矿物成分的 43.5%，可见砒砂岩易引发侵蚀物质含量较高。

其中，易引发风力侵蚀的长石含量平均占 18.25%，其中粉色砒砂岩长石含量占 21%，最易风化；紫色砒砂岩、白色砒砂岩和灰色砒砂岩长石含量相当，平均为 17%、17.5%和 17.5%。方解石的存在易引发水力侵蚀，不同颜色的砒砂岩中，紫色砒砂岩和粉色砒砂岩方解石含量分别为 10%和 16%，白色砒砂岩和灰色砒砂岩中方解石含量较低，分别为 7%和 2%。蒙脱石的存在对冻融侵蚀和风化剥落有促进作用，不同类型的砒砂岩中,灰色砒砂岩蒙脱石含量最高,达 23%,其次为紫色砒砂岩和粉色砒砂岩,分别为 18% 和 17%,白色砒砂岩蒙脱石含量最低,为 8%。各色砒砂岩中的长石、方解石和蒙脱石成分含量及其岩性特征,是导致砒砂岩根本原因。

5. 3. 2 复合侵蚀与砒砂岩力学性能的关系

砒砂岩在雨水、雪水的作用下,产生不均匀渗透,使得岩体产生裂隙,在重力、风力等外载荷作用下,岩土体产生剥落及滑移,砒砂岩的运动滑移都与其力学性能密切相关。抗剪强度是表征土壤力学性质的一个主要指标,其大小直接反映了砒砂岩在外力作用下发生破坏的难易程度。

对于红、白两种颜色的砒砂岩来说,黏聚力随含水量的变化规律是完全不同的。红色砒砂岩的黏聚力随着含水量变化的曲线呈现为上凸型,总体变化趋势为随含水量增大先增大后减小,而白色砒砂岩抗剪强度则和含水量存在负相关关系,摩擦力和咬合力对其抗剪强度产生明显影响。

5. 3. 3 复合侵蚀与砒砂岩级配的关系

由于砒砂岩岩性成分不同,砒砂岩致密程度不同,致密程度与砒砂岩颗粒级配有关,红色砒砂岩和白色砒砂岩均级配良好,不过其粒径变化大,白色砒砂岩大部分为粗砂,颗粒存在很显著的棱角,颗粒间的摩擦力和咬合力达到较高水平;红色砒砂岩细砂比例高,且絮状结构很致密,滑动时抗剪强度主要受到黏聚力影响,不存在明显咬合摩擦效果。

5. 4 砒砂岩区复合侵蚀的动力临界

5. 4. 1 水力侵蚀临界特征

根据野外降雨和室内模拟降雨两种模式相结合探求水力侵蚀临界。根据模拟降雨过程,在连续降雨下,当降雨模拟的侵蚀力不足以打破抗蚀力平衡时,坡面产流保持相对稳定;随着表层土壤随降雨分散径流带走,随降雨过程持续,坡面产沙呈减小趋势。增加降雨强度,产流过程随降雨强度增加而呈较高水平的波动稳定趋势;相应的产沙过程经历两次突破侵蚀临界现象,分别是侵蚀力陡增初期的强剥蚀阶段和持续降雨作用下的冲淘平衡被打破阶段;结合坡面侵蚀地形演变过程,两次临界分别为坡面溅蚀-跌坎形成阶段和细沟侵蚀发育阶段(见图 5-10~图 5-12)。

无论是在单动力还是多动力作用下,水力侵蚀的发生前提是降雨产流和径流对泥沙颗粒的分散能力。结合观测,产流发生时土壤含水量在 40%左右,即达到饱和含水量即产流。而土壤前期含水量和土壤的入渗系数及入渗深度是影响一定降雨情景下坡面能否产流和产流强度的关键因素。

根据不同土层含水量及土壤水分储量计算公式初步估算,有限厚度(50 cm)的土层)角度预测,产流(侵蚀)的临界雨量条件为 34. 44 mm(见表 5-6)。

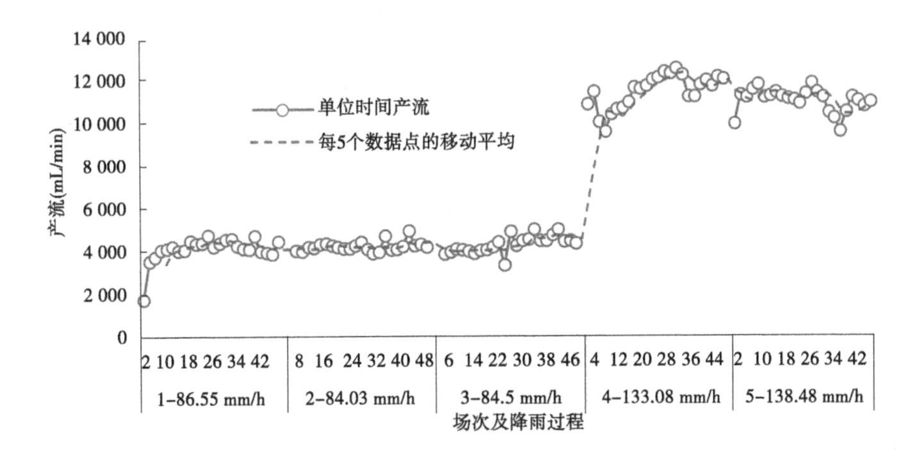

（注：1-86.55 mm/h 中，1 代表场次，86.55 代表雨强；2、10、18、26、34、42 代表时间，单位为 min。余同）

图 5-10　连续模拟降雨下坡面产流过程

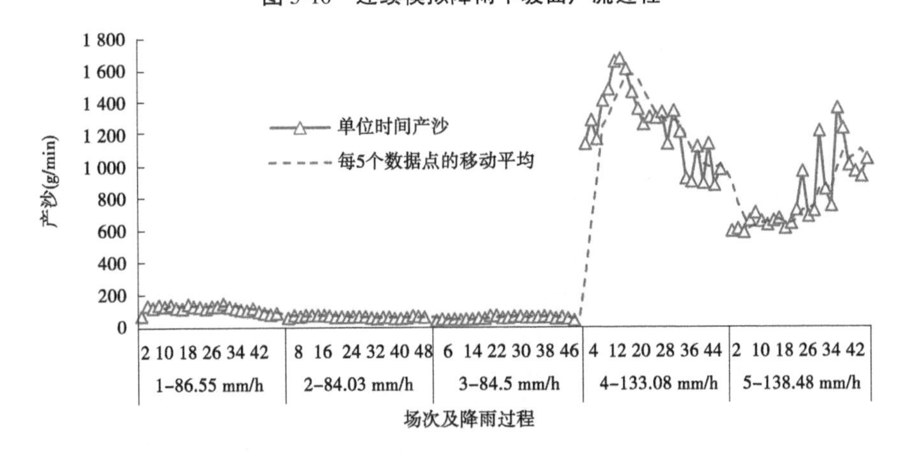

图 5-11　连续模拟降雨下坡面产沙过程

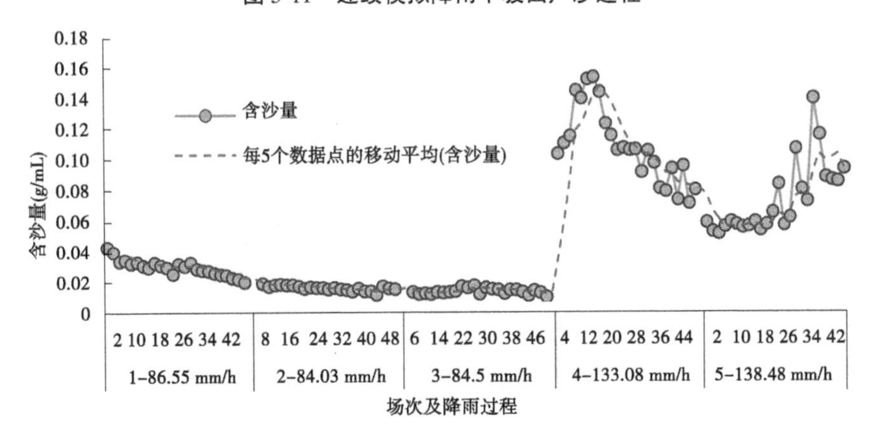

图 5-12　连续模拟降雨下坡面径流含沙量过程

表 5-6　一定含水量下土壤储水层分析

土层(cm)	前期含水量(%)	产流时含水量(%)	土壤干容重(g/cm^3)	土壤水储量(mm)
10	15.6	25	1.4	13.16
20	37.7	44.7	1.4	9.8
30	38.5	42.2	1.4	5.18
40	34.2	37.3	1.4	4.34
50	30.8	32.2	1.4	1.96
合计				34.44

根据野外原状坡面降雨产流时间降雨量、土壤含水量情况，表层土壤含水量达到40%以上时坡面开始产流，伴随产流即侵蚀的发生(从探讨机制角度出发，暂不考虑达到一定侵蚀模数如轻度以上认定为侵蚀)。结合本项目室内模拟试验和野外调查、砒砂岩区域不同类型土壤及入渗参数成果查阅(见表 5-7)，综合分析，从降雨强度分析，当降雨强度大于土壤入渗率时，坡面即开始产流，因此影响土壤入渗性能的参数也决定了降雨侵蚀临界现象的发生。

表 5-7　砒砂岩区域不同类型土壤及入渗参数成果

数据来源	试验采样地点	含水量(%)	容重(g/cm^3)	初始入渗率(mm/min)	渗透系数(cm/min)	备注
马文梅等，图表辨析	准格尔旗一带，表层土	4	1.40	4.2		原状土
		4.3	1.40	7.1		填装土
常平等，2018	准格尔旗的圪坨店沟	7.7~8.83	1.85~1.96	3.12	0.312	
刘挨刚等，1998	某工程土料室内土工试验	18	2.65		4.02×10^{-3}	红色砒砂岩风化料
		16	2.65		3.42×10^{-3}	白色砒砂岩风化料
本研究降雨模拟试验	准格尔旗	36.5~36.9	1.3	1.2~1.4	4.7×10^{-2} 4.3×10^{-2} 4.5×10^{-2}	红色砒砂岩填装土

从超渗产流角度预测，结合不同容重、不同含水量条件下土壤初渗率、稳渗率及土壤渗透系数等参数综合分析，产流临界降雨强度应大于当时土壤含水量条件下的入渗率。因此，雨强应达到 1.2~1.4 mm/min(高含水量条件)或 3.12~4.2 mm/min(低含水量条件)。

5.4.2 风力侵蚀临界特征

风力侵蚀发生的条件是风力大于起沙风速,起沙风速大小受沙粒直径、地表粗糙度和土壤湿度影响;结合已有研究成果总结,对于普通泥沙颗粒,存在以下普遍规律:

d<0.5 mm 起沙风速为 4.78 m/s;d<0.25 mm 起沙风速为 4.25 m/s;d<0.1 mm 起沙风速为 3.39 m/s;d<0.07 mm 起沙风速为 3.03 m/s。

由野外采样和泥沙颗粒分析(见表 5-8)可知,砒砂岩颗粒粒径小于 0.50 mm 的颗粒占总体质量的 91.7%~99.7%。因此,在区域风力资源全年均有分布的气象条件下,砒砂岩区域裸露及松散边坡风力侵蚀全年均有发生。

表 5-8　砒砂岩土壤颗粒特征

位置	d<0.5 mm 含量(%)	位置	d<0.5 mm 含量(%)
风化堆积土	90.69	支沟沟道	90.42
坡面表层土	90.83	坝前淤积土	97.89

5.4.3 冻融侵蚀临界特征

根据前述分析,自然环境下年内土壤温度经历下降至低于 0 ℃时段和上升至高于 0 ℃时段,分别出现在 11 月中下旬和翌年的 3 月中下旬。

随着气温变化,冻结过程始于 11 月中下旬,温度在 0 ℃上下交替,表土层进入冻融交替过程至完全冻结(上冻期);12 月,表层及以下土层进入完全冻结状态;至翌年 3 月中下旬,表土层再次处于溶冻交替状态,直至完全融化(解冻期);其他层冻结和融解过程交替变化不及表层明显(见图 5-13)。通过对上冻期和解冻期地温 0 ℃上下交替次数发现,年度内,土壤在上冻期和解冻期分别经历多次冻融过程(见图 5-14)。

冻融对于侵蚀的作用表现为冻融风化侵蚀,同时改变砒砂岩的孔隙率和入渗性能。影响冻融侵蚀作用的因素有含水量和冻融次数。冻融作用随含水量的增加而增强,冻胀率随冻融次数的增加而增大。

结合冻融观测和已有研究成果查阅,含水量小于 8.56%时冻胀量很小,当含水量大于 10.27%时,冻胀破坏明显。表层土孔隙率及渗透系数随冻融次数(3~5、10)的增加呈先减小,再增加,再到稳定状态。

砒砂岩区封冻期表层及浅层土含水量大于 12%、上冻期和融解期冻融次数大于 10 次。砒砂岩区存在较明显的冻融侵蚀。

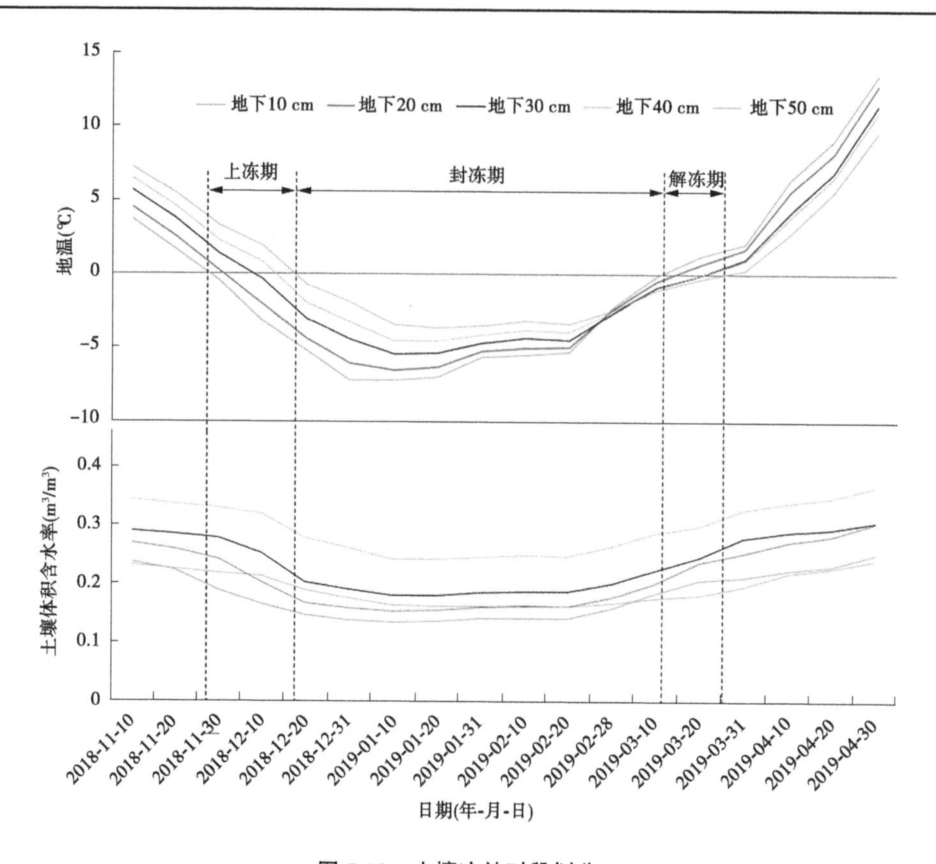

图 5-13　土壤冻结时段划分

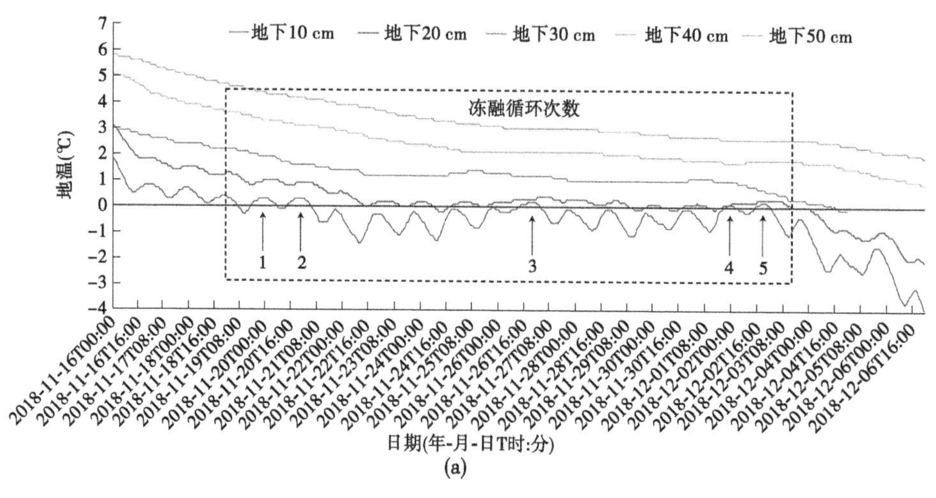

图 5-14　上冻期和解冻期土壤冻融次数

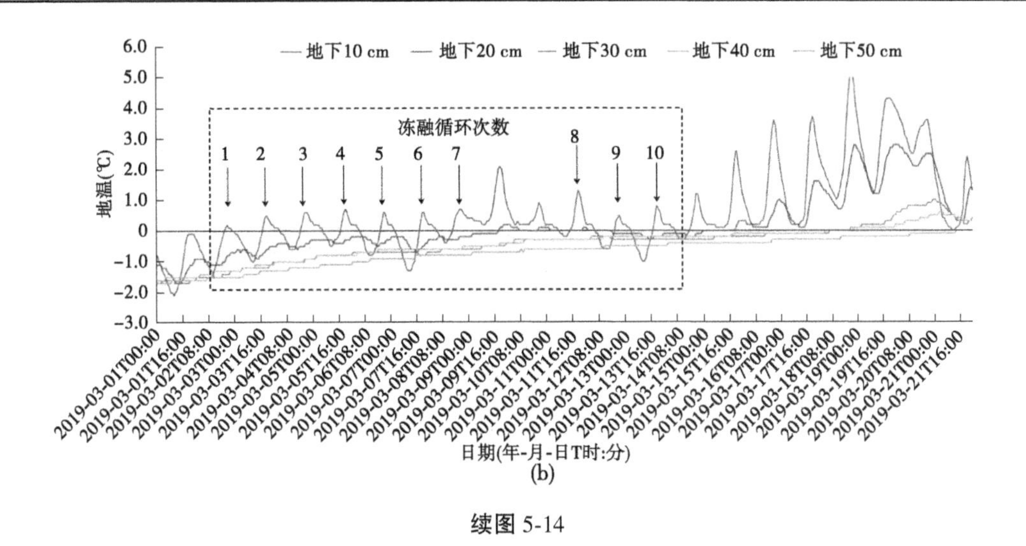

续图 5-14

5.5　本章小结

(1)多动力交错叠加加剧了复合侵蚀发生发展进程和侵蚀过程峰谷涨跌变化。砒砂岩区复合侵蚀表现为多种动力侵蚀时空上的交替或叠加,侵蚀发生发展过程与侵蚀发生临界以上动力条件持续时间和分布范围呈正相关。伴随年内单一动力侵蚀过程的错峰交替分布,复合侵蚀过程表现为春、夏、秋三个高峰过程,分别表现为春季风力-冻融复合侵蚀、夏季水力-风力复合侵蚀、秋季风力-冻融复合侵蚀过程。

结合裸露坡面开展的不同动力组合条件下侵蚀模拟试验并初步分析发现,多动力叠加增加了复合侵蚀强度,叠加冻融过程,可增加侵蚀强度 140.91%,叠加冻融和风力侵蚀过程,可增加侵蚀强度 183.26%。多动力叠加加剧了侵蚀发生发展进程和侵蚀过程峰谷涨跌落差。

(2)改善下垫面植被覆盖和土壤温湿度条件可调控复合侵蚀发生发展过程,复合侵蚀过程由单一动力过程,交错或叠加构成,分布范围和侵蚀强度不仅与动力条件有关,而且与下垫面植被覆盖和土壤温湿度关系紧密。水力、风力侵蚀强度与植被覆盖度呈负相关,风力侵蚀强度与土壤水分条件呈负相关,冻融与土壤水分条件呈正相关。增加地表覆盖可以提升风力侵蚀临界风速、水力侵蚀临界雨量,调节地表温度,降低冻融循环次数,提高春季土壤湿度和降低秋冬季土壤湿度可抑制风力侵蚀和冻融侵蚀强度。认识复合侵蚀与下垫面的耦合关系,对采取措施人为干预和调控复合侵蚀过程具有指导意义。

(3)砒砂岩复合侵蚀和砒砂岩构成岩性成分及其特征有直接关系。砒砂岩中的长石易风化,蒙脱石遇水易膨胀、脱水收缩,方解石在含有 CO_2 水溶液中易溶解;砒砂岩中的岩性成分导致其抗蚀能力弱,遇水、遇风和温度交替易引发水力侵蚀、风力侵蚀和冻融复合侵蚀。不同类型砒砂岩致密程度不同,其黏聚力和抗剪强度与含水量关系不同,复合侵蚀发生发展过程存在差异。

(4)砒砂岩区复合侵蚀临界受单一动力侵蚀临界的交错和叠加影响。多动力复合侵蚀年内呈交替叠加模式,复合侵蚀临界受单动力侵蚀临界影响。初步界定了水力侵蚀、风力侵蚀和冻融侵蚀的临界动力范围,揭示了多动力复合侵蚀过程动力临界条件。通过增加地表覆盖,降低风力、水力和气温交替变化影响,可以调控或提高砒砂岩区抵抗水力侵蚀、风力侵蚀和冻融侵蚀的能力。

第6章 砒砂岩区植被-复合侵蚀-粗泥沙产输效应

位于黄河中游鄂尔多斯高原的砒砂岩区地处中纬度西风带,属于多种自然要素相互交错的过渡区,该区域四季分明,不同季节具有不同的复合侵蚀交互模式和植被覆盖特征,形成了不同的侵蚀环境。与此同时,粗泥沙产输过程对不同的复合侵蚀模式和植被覆盖特征具有不同的响应关系,构成了砒砂岩区植被-复合侵蚀-粗泥沙产输之间的复杂耦合机制。因此,认识粒径分布是泥沙重要的物理属性,对研究泥沙的侵蚀、搬运、堆积规律以及河床的演变具有重要的意义。由于泥沙的粒径分布特征和沉积环境有密切的关联,为用泥沙粒径判别物质来源和侵蚀动力提供了理论基础。目前,国内外已有诸多学者对不同区域、不同地貌、不同土地利用方式下的泥沙粒径分布特征进行过研究,但研究中未将侵蚀动力作用与泥沙粒径分选过程建立联系,对不同动力特征下的侵蚀泥沙分选搬运过程缺乏研究。侵蚀过程中的泥沙分选输移过程取决于动力特征(雨强、风力、作用时间等)、土壤性质(质地、团聚体稳定性、容重、含水量等)及下垫面条件(坡度、植被盖度、微地形、结皮的类型和程度等)。动力特征决定了坡面的侵蚀力,而土壤性质和下垫面条件影响了土壤的可蚀性及可冲性,不同性质的土壤在不同的动力特征下其侵蚀泥沙的分选、搬运过程是完全不同的,研究侵蚀动力与泥沙颗粒分布特征的响应关系,对深入认识该区域侵蚀产沙规律具有重要意义。

因此,本章以砒砂岩区植被及水力、风力、冻融交互作用下粗泥沙的分选、沉积、搬运过程为主线,探讨不同季节复合侵蚀及植被作用下的沟道泥沙粒径特征,揭示坡面-沟道泥沙颗粒分布规律,为黄河中游复合侵蚀区的水土流失治理及减少入黄泥沙提供科学依据。

6.1 砒砂岩模拟试验下坡面泥沙颗粒分选搬运特征

6.1.1 侵蚀泥沙颗粒数据的获取与计算

按照《土工试验方法标准》(GB/T 50123—2019)及《河流泥沙颗粒分析规程》(SL 42—2010)的规定,采用粗筛、洗筛、细筛以及激光粒度仪法的颗粒组成联合分析法,对砒砂岩坡面模拟侵蚀过程中收集到的泥沙样进行测定。本研究按照中华人民共和国水利部发布实施的《土工试验方法标准》(GB/T 50123—2019)标准,根据已有研究成果,将侵蚀泥沙颗粒按照砂粒(2~0.075 mm)、粉粒(0.075~0.005 mm)和黏粒(<0.005 mm)划分为三个粒级。

泥沙颗粒特征研究选用富集率(*ER*)和土壤颗粒的平均重量直径(*MWD*)来表征。

为研究土壤养分流失过程,Massey 和 Jackson 提出了富集率(*ER*)的概念,被用于描述土壤侵蚀过程中的养分富集现象,同时可用以表述泥沙的颗粒分选及其严重程度。当

ER>1 时,表明某一特定粒径的颗粒高于其在原状土中的比例,在侵蚀过程中发生了富集,而 *ER*<1 时,则表明某一特定粒径的颗粒在侵蚀过程中发生了消耗。计算式为:

$$ER = \frac{P_i}{P_o} \tag{6-1}$$

式中:P_i 为某一粒径颗粒占总侵蚀泥沙颗粒的体积百分比(%);P_o 为该粒径颗粒团聚体占试供土壤的体积百分比(%)。

侵蚀泥沙颗粒大小的分布用平均重量直径表示,计算公式为:

$$MWD = \sum_{i=1}^{3} \frac{x_{i-1} + x_i}{2} \cdot \omega_i \tag{6-2}$$

式中:i 表示有 3 个粒级;x_i 为第 i 个粒级的平均重量直径,mm;$x_0 = x_1$;ω_i 为第 i 个粒级颗粒重量百分比。

6.1.2 砒砂岩坡面侵蚀泥沙平均重量直径特征

由图 6-1 可以看出,在模拟不同复合侵蚀动力的试验过程中,坡面侵蚀泥沙 *MWD* 表现为:冻融+风力侵蚀+水力侵蚀颗粒>冻融+水力侵蚀颗粒>单一水力侵蚀颗粒。

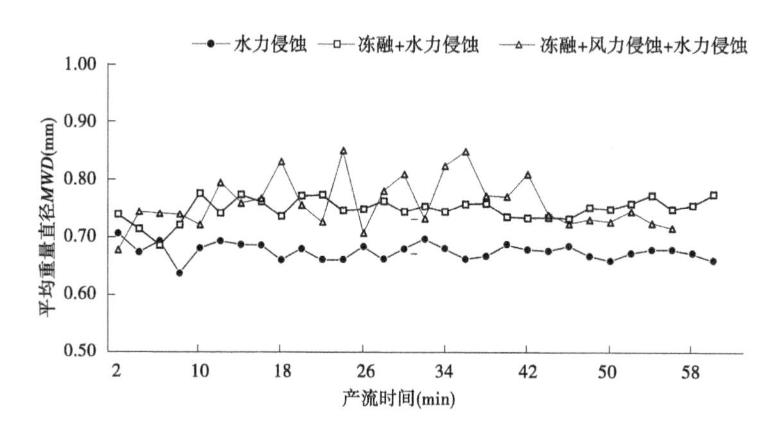

图 6-1 复合侵蚀作用下砒砂岩坡面侵蚀泥沙颗粒的平均重量直径

由泥沙平均重量直径(*MWD*)的统计结果(见表 6-1)可以看出,单一水力侵蚀试验的侵蚀泥沙颗粒 *MWD* 的变化范围是 0.64~0.71 mm,平均值为 0.68 mm;冻融+水力侵蚀试验侵蚀泥沙颗粒(*MWD*)的变化范围是 0.69~0.78 mm,平均值为 0.75 mm;冻融+风力侵蚀+水力侵蚀试验侵蚀泥沙颗粒(*MWD*)的变化范围是 0.68~0.85 mm,平均值为 0.76 mm。在不同动力组合的复合侵蚀作用下,泥沙颗粒平均重量直径(*MWD*)的变化不同。随着不同侵蚀动力复合种类的增多,侵蚀泥沙的平均重量直径呈增大趋势,但不同动力组合下的复合作用对泥沙平均重量直径的影响差别较小。单一水力侵蚀试验过程中,侵蚀泥沙的平均重量直径变化最为稳定;而复合侵蚀冻融+水力侵蚀试验中,平均重量直径在增大的同时波动幅度增大;与前两组试验相比,在冻融+风力侵蚀+水力侵蚀试验中,侵蚀泥沙的平均重量直径在侵蚀过程中起伏变化最为剧烈。表明冻融、风力叠加复合侵蚀可能影响侵蚀泥沙颗粒大小的分布,其中冻融的影响作用更加明显。

表 6-1　复合侵蚀作用下砒砂岩坡面侵蚀泥沙的平均重量直径

试验组次	*MWD* 取值范围(mm)	平均值(mm)
水力侵蚀	0.64~0.71	0.68
冻融+水力侵蚀	0.69~0.78	0.75
冻融+风力侵蚀+水力侵蚀	0.68~0.85	0.76

6.1.3　砒砂岩坡面侵蚀泥沙颗粒组成特征

对侵蚀过程中的泥沙颗粒分布规律进行研究能够帮助深入分析砒砂岩坡面侵蚀泥沙搬运机制。

表 6-2 表示不同动力组合的复合侵蚀作用下各粒级侵蚀泥沙颗粒的含量。由表 6-2 可见,在颗粒组成方面,不同复合侵蚀作用下侵蚀泥沙中砂粒、粉粒和黏粒的平均含量分别为 48.84%、42.93%和 8.23%,而供试土壤中的平均含量分别为 40.45%、48.12%和 11.43%,两者之间比例相比相差不大,表明复合侵蚀作用下的侵蚀泥沙具有与供试土壤颗粒相匹配的特征,这与 Asadi, H 和 Slattery, M. C. 等的研究结果相似。

表 6-2　复合侵蚀作用下砒砂岩坡面侵蚀泥沙颗粒的含量

侵蚀动力	砂粒含量(%)	粉粒含量(%)	黏粒含量(%)
供试土壤	40.45	48.12	11.43
单一水力侵蚀	42	46.22	11.78
冻融+水力侵蚀	51.39	41.95	6.66
冻融+水力侵蚀+风力侵蚀	53.14	40.61	6.25
平均值	48.84	42.93	8.23

单一水力侵蚀试验中,砂粒和黏粒含量分别增加了 2%~16.2%、1.2%~14.2%,而粉粒含量则降低了 1.7%~12.1%;冻融+水力侵蚀试验中,粉粒和黏粒含量分别降低了 3.1%~44.9%和 33.8%~62.7%,而砂粒含量增加了 8.7%~71.7%;在冻融+风力侵蚀+水力侵蚀试验中,粉粒和黏粒含量降低,分别降低了 1.5%~23.8%和 38.4%~50.6%,而砂粒含量增加了 11.7%~40.5%。总体趋势是砂粒、粉粒等粗颗粒含量随着复合侵蚀作用在试验过程中的增加,而黏粒占总体比例下降。表明复合侵蚀作用下,砒砂岩侵蚀过程对粗泥沙具有一定的筛选作用。

由图 6-2~图 6-4 可以发现,相比泥沙粗颗粒,黏粒含量在 3 组试验中随着降雨的持续产出占比皆为最低,且持续稳定,这与供试土壤本身的颗粒组成有关。而粒径较大的砂粒和粉粒在复合侵蚀试验中受影响变化明显。在单一水力侵蚀试验过程中,侵蚀泥沙颗粒含量在降雨过程中产出变化较为稳定,与供试土壤颗粒含量相比,砂粒含量提高而粉粒含量降低,但粉粒含量仍占多数。表明水力作用对砒砂岩侵蚀泥沙粗颗粒筛选具有一定的影响。而当水力叠加冻融发生复合侵蚀时,在降雨初期产流开始后,与单一水力侵蚀试验明显不同的是,黏粒含量明显减少,粉粒含量先增加后减少,砂粒含量先下降后逐渐上升

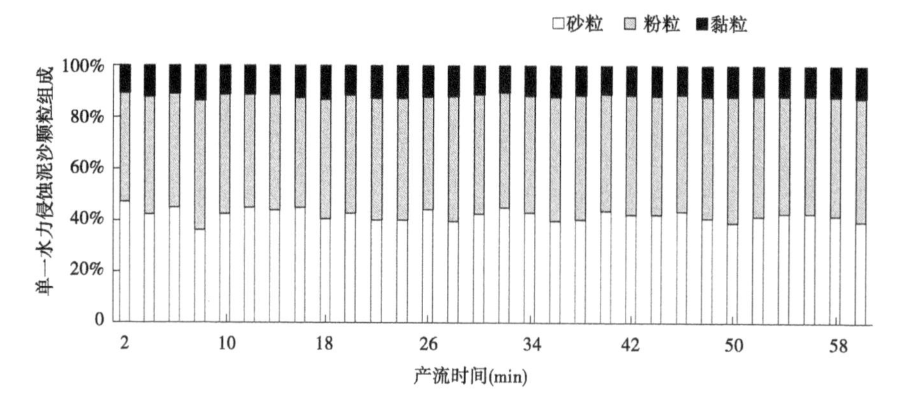

图 6-2　单一水力侵蚀下砒砂岩坡面侵蚀泥沙颗粒组成变化

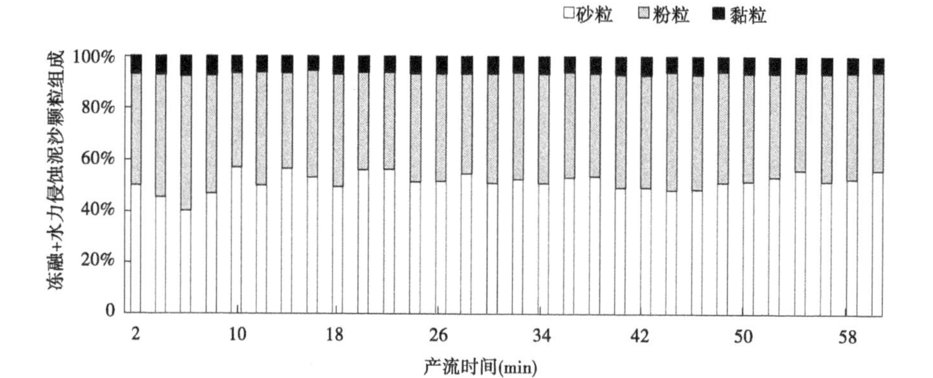

图 6-3　冻融+水力侵蚀下砒砂岩坡面侵蚀泥沙颗粒组成变化

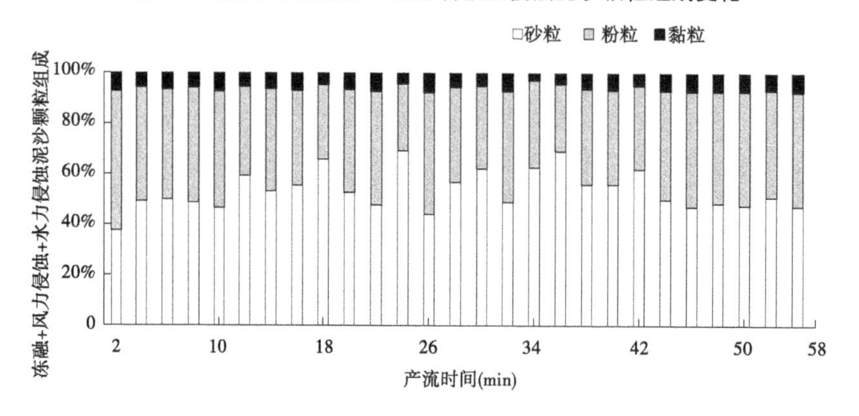

图 6-4　冻融+风力侵蚀+水力侵蚀下砒砂岩坡面侵蚀泥沙颗粒组成变化

并远超粉粒含量。当水力叠加冻融、风力侵蚀时,发现在降雨初期,侵蚀泥沙中砂粒与粉粒含量明显区别于前两组试验,粉粒含量高而砂粒含量低,表明风力作用能够影响砒砂岩泥沙颗粒含量发生变化;随着降雨继续进行,粉粒含量开始减少,砂粒含量开始增加并在较短时间内占据主要地位。相较于冻融+水力侵蚀复合侵蚀试验,粉粒和黏粒含量出现小幅下降,砂粒含量继续升高,同时,随着降雨进行,侵蚀颗粒含量起伏变化剧烈。表明复合侵蚀作用能够改变砒砂岩坡面侵蚀泥沙中各粒径的含量比例,并明显加剧砒砂岩侵蚀泥沙粗颗粒的产生。

6.1.4 砒砂岩坡面侵蚀泥沙富集率特征

表6-3表示不同动力组合的复合侵蚀作用下各粒级侵蚀泥沙颗粒的富集率变化特征。在富集率方面,由表6-3可以发现,单一水力侵蚀试验中砂粒和黏粒的富集率大于1,在试验过程中最高分别达到1.16和1.14;而冻融+水力侵蚀和冻融+水力侵蚀+风力侵蚀试验中粉粒和黏粒的富集率皆小于1,只有砂粒含量的富集率大于1,最高分别达到1.40和1.71。因此,可以进一步表明,在砒砂岩复合侵蚀泥沙搬运过程中优先搬运的是粒径较大的粗颗粒。

表6-3 复合侵蚀作用下砒砂岩坡面侵蚀泥沙颗粒富集率

侵蚀动力	砂粒		粉粒		黏粒	
	平均富集率	最大富集率	平均富集率	最大富集率	平均富集率	最大富集率
单一水力侵蚀	1.04	1.16	0.96	1.05	1.03	1.19
冻融+水力侵蚀	1.27	1.40	0.87	1.08	0.58	0.69
冻融+水力侵蚀+风力侵蚀	1.31	1.71	0.84	1.15	0.55	0.66

通过观察不同动力组合复合侵蚀作用下各粒径泥沙颗粒富集率的变化情况(见图6-5),也可以发现:在单一水力侵蚀试验的降雨中后期,侵蚀泥沙不同粒径颗粒的富集率趋近于1,表明侵蚀泥沙各粒径颗粒含量与供试土壤接近,一方面再次说明侵蚀泥沙颗粒与供试土壤颗粒相匹配;另一方面则说明水力侵蚀对砒砂岩坡面泥沙的搬运方式以整体侵蚀为主。冻融+水力侵蚀+风力侵蚀试验相较于冻融+水力侵蚀复合侵蚀试验,粉粒和黏粒富集率出现小幅下降,砂粒富集率提高,值得注意的是,随着降雨的进行,侵蚀泥沙颗粒富集率起伏变化剧烈,此时的砂粒富集现象明显,粉粒和黏粒的富集率普遍小于1,表明风力侵蚀作用对侵蚀泥沙粗颗粒搬运输移具有一定的影响。推测这可能与冻融、水力侵蚀和风力侵蚀叠加致使坡面多次发生崩塌有关。

6.1.5 复合侵蚀作用下的泥沙颗粒搬运机制

联系不同动力组合的复合侵蚀过程与砒砂岩坡面的泥沙颗粒组成特征发现,与供试土壤各粒级颗粒结构相比,单一水力侵蚀下的侵蚀泥沙颗粒含量表现出较高的匹配性,其中黏粒含量升高,推测原因可能是随着降雨的进行,雨滴击溅作用使得表土破碎,而此时的径流搬运能力有限,被雨滴击溅产生的土壤颗粒无法被全部搬运,较粗的颗粒将沉积在表土,侵蚀泥沙中细颗粒含量升高,随着降雨持续,上方水流汇入使侵蚀泥沙中的黏粒含量升高,但随着侵蚀动力的复合叠加,随着细沟的出现,此时的侵蚀力和搬运力大大增加,粉粒含量和黏粒含量下降,砂粒含量明显增加,说明侵蚀动力复合作用使得砒砂岩坡面侵蚀泥沙中的粗颗粒增多、颗粒粗化,对应随着侵蚀动力种类的增多发生复合作用使得砒砂岩坡面侵蚀泥沙的平均重量直径(*MWD*)出现增大趋势。

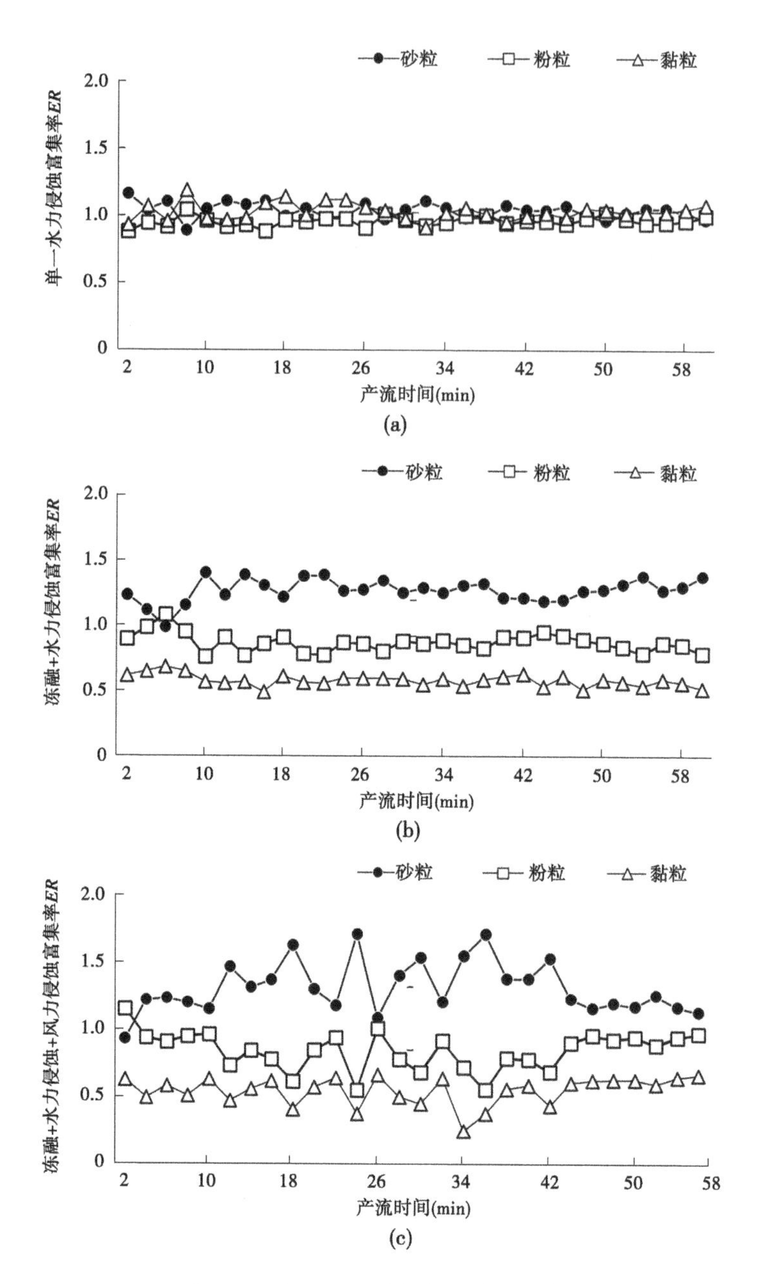

图 6-5　复合侵蚀作用下各粒级侵蚀泥沙颗粒富集率

对比单一水力侵蚀和冻融+水力侵蚀试验过程,复合侵蚀试验中细颗粒含量(黏粒)出现大幅度的减小趋势,粗颗粒(砂粒和黏粒)含量出现明显的提升,其中砂粒含量明显富集,富集率最高达 1.71,表明在复合侵蚀作用下粗泥沙颗粒会被优先搬运。这可能是由于冻融过程完成后,砒砂岩地区冻融周期短,白天气温上升,土壤表层土温大于 0 ℃,但此时冰晶并未完全融化,随着夜晚气温的降低再次冻结,因此仍会有大量冰晶存在,土槽中部分土体降雨开始时仍处于冻结状态,土壤颗粒之间结成固体冰晶,这时的雨滴击溅作用使土壤颗粒剥离、分散,为径流提供了大量的可搬运物质,土槽坡面大量粗颗粒开始流失;泥沙粗颗粒随着时间的推移开始堵塞土壤孔隙,此时坡面透水能力差,阻滞降水入渗,导致在短时间内坡面形成较大的径流,大大增加此时坡面的径流和侵蚀力,破坏了表层的土体结构;同时坡面加速解冻,因为冻融作用本身能够影响土壤孔隙度、土壤胶结、土壤容重等性质,使砒砂岩土壤在胀缩交替中结构被破坏,入渗能力出现加强趋势,再受到雨滴击打及降雨冲刷,也会增加径流紊动性,增强径流的分散和搬运能力,使得砒砂岩泥沙中的大量粗颗粒泥沙随着径流向集水槽口输移并富集,从而改变了侵蚀泥沙中各粒径的含量。在降雨过程中,砂粒和粉粒含量随降雨进行波动变化明显。推测主要原因是由于受到冻融作用,砒砂岩土壤结构被破坏,坡面土层产生缝隙,短时间内径流冲刷和雨滴击溅就容易使坡面发生细沟侵蚀,分散在坡面的径流在坡面细沟和缝隙中汇集并下渗,使坡面浅层易出现塌陷情况,造成粗泥沙颗粒流失,导致侵蚀泥沙中砂粒含量上升;同时细沟径流吸收雨滴的动能,降低了雨滴对坡面的作用力,减少搬运坡面的细颗粒泥沙。

冻融+风力侵蚀+水力侵蚀复合侵蚀试验中,降雨初期砂粒与粉粒含量变化异于前 2 组试验,粉粒含量高于砂粒含量,推测是由于风力侵蚀使土槽坡面表层砒砂岩中已解冻或尚未完全解冻的固体冰晶松动,致使砒砂岩表层中的细小颗粒剥离,导致在降雨开始初期内侵蚀泥沙中粉粒含量占多数。但由于风力侵蚀主要作用于土壤表层,随着降雨继续进行,粉粒含量开始减少,砂粒含量开始增加并于较短时间内占据主要地位。相较于冻融+水力侵蚀复合侵蚀试验,粉粒和黏粒含量出现小幅下降,砂粒含量继续升高,同时,随着降雨进行,侵蚀颗粒含量起伏变化剧烈。主要原因可能是土槽经历冻融和风力作用后,致使砒砂岩坡面土体在降雨过程中加速侵蚀,坡面在降雨开始后的较短时间内便出现较深细沟,加之降雨作用击打和下渗使得砒砂岩坡面多次大面积崩塌,造成大量粗颗粒流失。

侵蚀泥沙的粒级不同,作用在其上的泥沙搬运方式也不同,这也是造成泥沙颗粒分布差异的一种因素。按其受力形式的不同,可以将侵蚀泥沙的搬运方式分为两类:悬移/跃移和推移(滚动搬运),每种泥沙搬运方式都存在与之对应的特定的颗粒粒级范围。相对于大颗粒而言,侵蚀泥沙中的小粒级颗粒往往具有较小的重力和沉积速度,所以小粒径颗粒更容易被以悬移/跃移的形式搬运,与之相对的较大粒径颗粒则往往以推移(滚动搬运)形式搬运,所以当判断大于某一粒径的颗粒被推移搬运,就可以推断小于这一粒径的泥沙颗粒会以悬移/跃移的方式被搬运,基于此结论,可以推出悬移/跃移和推移(滚动搬运)两种搬运方式在每个侵蚀过程中的相对贡献率(见表 6-4)。

表 6-4　不同动力组合复合侵蚀作用下砒砂岩坡面泥沙悬移/跃移和推移机制在不同时段的相对贡献率

侵蚀组次	悬移/跃移搬运(%)				推移搬运(滚动搬运)(%)			
	0~4 min	16~20 min	32~36 min	48~52 min	0~4 min	16~20 min	32~36 min	48~52 min
单一水力侵蚀	55.44	58.58	56.20	59.89	44.56	41.43	43.81	40.12
冻融+水力侵蚀	55.07	47.45	48.27	47.63	44.93	52.55	51.74	52.37
冻融+水力侵蚀+风力侵蚀	56.58	40.72	34.17	50.89	43.43	59.28	65.84	49.12

从表 6-4 中可以看出不同动力组合的复合侵蚀作用下砒砂岩坡面侵蚀泥沙颗粒在时间推移下搬运机制的变化规律。单粒颗粒重量更大时,那么其在下坡方向重力就更大,当坡面坡度更大时表现更加明显,于是可以推断,侵蚀泥沙中粗颗粒含量越高,侵蚀过程中受推移机制进行搬运的相对贡献率就越大,所以再一次表明复合侵蚀作用加剧砒砂岩侵蚀过程中粗颗粒富集并流失,与上文中结论对应。单一水力侵蚀试验中,侵蚀泥沙各粒级颗粒含量与供试土壤接近,粗颗粒泥沙产输并无突出表现,泥沙呈悬移/跃移搬运机制的相对贡献率较大,但呈推移形式的搬运机制最高约占 45%,接近 1/2,表明砒砂岩在单一水力侵蚀作用下仍搬运了大量粗泥沙,两种搬运形式在侵蚀过程中的比例较为稳定;对比三组试验过程可以发现,随着降雨时间的推移,悬移/跃移搬运机制所占比例呈现下降趋势,推移搬运机制呈上升趋势,验证了砒砂岩自身较差的抗蚀性,并随着复合动力种类的增加,下降或上升的速率加快。初始状态下,砒砂岩坡面泥沙呈悬移/跃移搬运的相对贡献率更高,平均达 55.7%。冻融+水力侵蚀复合侵蚀作用下,推移搬运机制的相对贡献率出现上升趋势,与产流初期相比,侵蚀过程中推移搬运机制的相对贡献率增加 7.29%,比单一水力侵蚀下提高 8%,主要是因为冻融叠加水力发生复合侵蚀作用加剧了砒砂岩侵蚀活动,侵蚀过程中产生了大量粗泥沙并被推移搬运,此时试验中推移搬运机制所占比例已经高于悬移/跃移搬运机制,超出总量的 1/2。随着复合侵蚀动力种类的增多,冻融叠加风力侵蚀和水力侵蚀动力复合发生侵蚀,侵蚀过程中推移搬运机制的相对贡献率比产流初期增加 14.65%,比单一水力侵蚀下提高 12%,可以发现推移搬运机制的相对贡献率随着降雨时间先升高再降低,且比例出现较大幅度的提高,远高于悬移/跃移搬运机制,这与该试验过程中粗泥沙含量的先大幅增加后减少相对应,表明了随着复合侵蚀动力种类的增多,砒砂岩侵蚀过程趋向于以推移方式为主要搬运机制。

6.2　砒砂岩原位沟道泥沙颗粒分选搬运特征

6.2.1　侵蚀泥沙颗粒数据的获取与计算

6.2.1.1　样品采集

根据研究区沟道位置、沟床比降、沟道宽窄变化等自然环境条件,在二老虎沟小流域上游两条支沟沟道内自上而下布设采样断面(见图 6-6)。其中一条为自然沟道,植被覆盖度约为 30%,沟长约 720 m,面积约 0.31 km^2,沟口建有砒砂岩改性淤地坝一座,沿沟道均匀布设 14 处采样断面。另一条沟道为治理沟道,通过实施抗蚀促生措施,植被覆盖度约 65%,沟长约 380 m,面积约 0.1 km^2,沿沟道均匀布设 8 处采样断面。在治理沟道的沟掌处建有全坡面径流对比小区两个,其中一个为植被覆盖度约为 60%的抗蚀促生材料试验小区,另一个为植被覆盖度不足 5%的自然对比试验小区,两个小区毗连,其地形地貌及地质条件一致,小区坡面上段的最大坡度达 70°,每个小区坡面长约 46 m,水平投影面积约 106 m^2,自坡顶至坡脚,每隔 2 m 布设 1 处采样断面,每个坡面设置 23 个断面。采样分别于 2017 年 12 月、2018 年 5 月和 2018 年 9 月进行了三次,由于在二老虎沟小流域内,坡面地表覆被主要是出露的砒砂岩、草被和灌木,针对该区域的表层不同覆被类型,采样时去掉表层 2~

3 cm 的表层枯落物,根据四分法采取样点处 5~10 cm 深度的样品约 200 g,混合袋装,共采集坡面泥沙样品 92 个,坡面径流桶内侵蚀泥沙样品 6 个,沟道内泥沙样品 66 个。

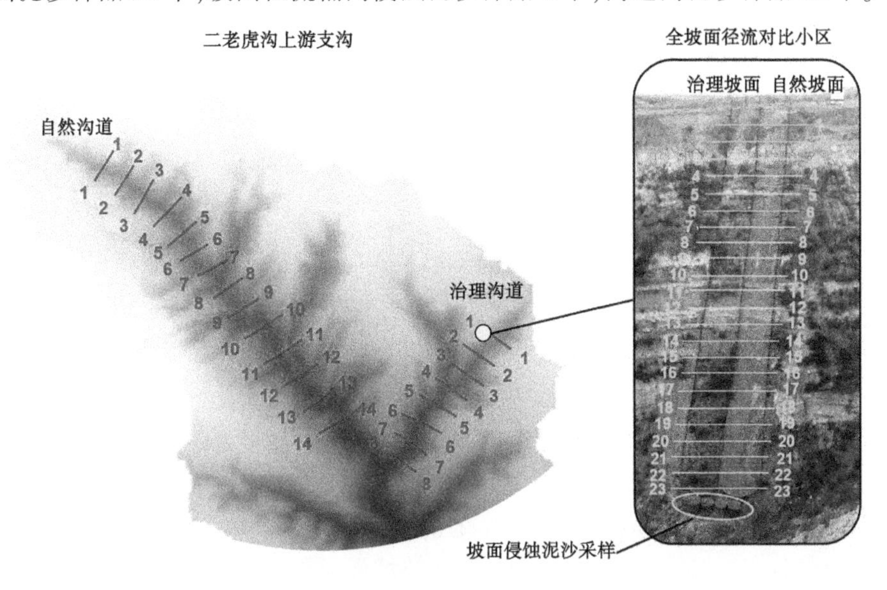

图 6-6　坡面、沟道情况及采样断面分布

6.2.1.2　泥沙粒度测定

鉴于样品的颗粒组成差异较大,泥沙粒度测定采用粗筛、洗筛、细筛及激光粒度仪法的颗粒组成联合分析法。共分四个步骤:第一步粗筛,四分法取 100 g 试样,通过碾压分散过 2 mm 孔径土壤筛,量测 2 mm 以上颗粒所占百分比;第二步洗筛,利用四分法取 100 g 试样中的 30 g 试样,浸泡 12 h 以上,煮沸 1 h,充分将试样分散,采用 0. 075 mm 孔径土壤筛进行洗筛;第三步细筛,将洗筛后筛上颗粒烘干,分别通过 2 mm、1 mm、0. 5 mm、0. 25 mm、0. 1 mm、0. 075 mm 的细筛进行筛分,量测累积筛余量;第四步激光粒度仪法,将洗筛后筛下悬浊液利用激光粒度仪对小于 0. 075 mm 的颗粒粒径进行测试。由于砒砂岩区是黄河粗泥沙来源的核心区,淤积在下游河床的泥沙绝大部分是 $d>0.05$ mm 的粗颗粒泥沙,因此以泥沙粒径 $d>0.05$ mm 代表粗泥沙。

6.2.2　砒砂岩区沟道泥沙颗粒分布特征

经过对自然沟道、治理沟道沿线采集泥沙样品粒径的分析,点绘出了沟道不同部位泥沙粒径的空间分布特征(见图 6-7)。将自然沟道的 1~5、6~10 和 11~14 断面分别设置为上段、中段、下段,治理沟道的 1~3、4~6 和 7~8 断面分别设置为上段、中段、下段。从泥沙粒径的总体分布来看,沟道沉积泥沙普遍较粗,自然沟道和治理沟道砂粒含量均超过 70%、粗泥沙含量超过 80%。从沟道上段、中段、下段的泥沙位置分布来看,粒径的分布较集中,未见明显的规律,说明泥沙颗粒在沿沟道的搬运过程中分选现象不明显。

为了研究泥沙颗粒由坡面至沟道的分选搬运规律,点绘了坡面-沟道泥沙颗粒的空间分布特征(见图 6-8)。总体来看,坡面沉积泥沙较沟道明显偏细,坡面平均砂粒含量约 58%、黏粒含量约 11%、粗泥沙含量约 71%、中值粒径约 0. 13 mm,沟道平均砂粒含量约

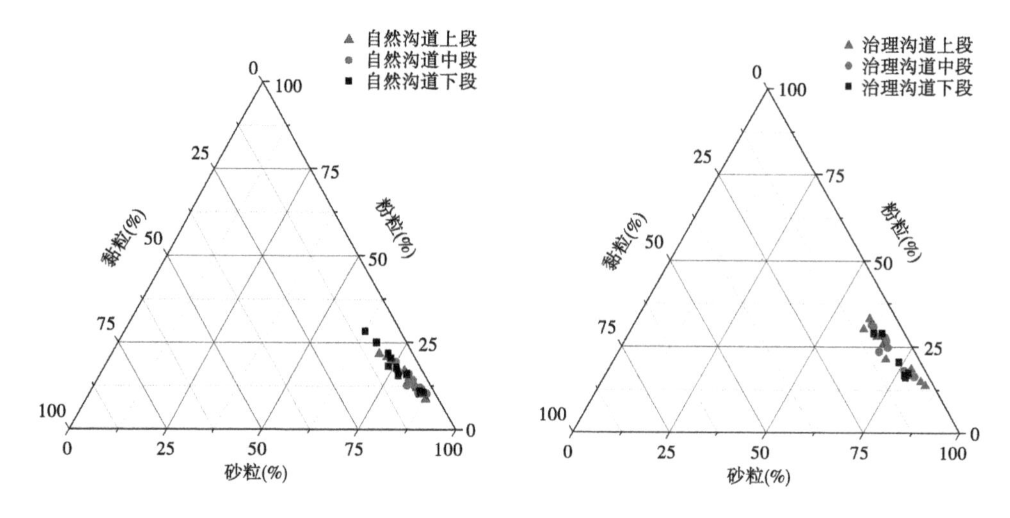

图 6-7　沟道不同部位泥沙粒径的空间分布特征

77%、黏粒含量约 5%、粗泥沙含量约 84%、中值粒径约 0.18 mm。坡面颗粒泥沙百分比含量的变异程度明显大于沟道,坡面泥沙粒径分布变化范围较宽,而沟道泥沙经过坡面的分选作用,粒径分布相对集中,说明泥沙颗粒在从坡面至沟道的搬运过程中,存在较明显的分选现象,粗颗粒泥沙优先从坡面被搬运至沟道,这一结果与室内砒砂岩坡面复合侵蚀试验得到的结果相一致。

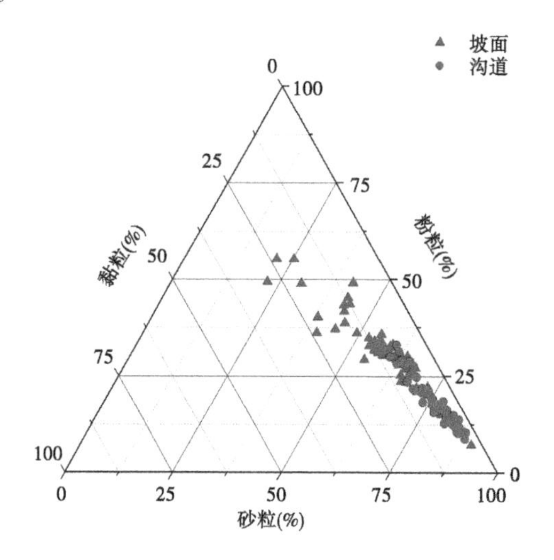

图 6-8　坡面-沟道泥沙颗粒的空间分布特征

6.2.3　砒砂岩区不同季节复合侵蚀作用下沟道泥沙搬运机制

由于砒砂岩区的水力侵蚀、风力侵蚀、冻融侵蚀交替发生,侵蚀动力呈季节性周期变化,因此不同的采样时间点对应着不同的侵蚀动力交互作用。本研究的采样时间分别在 2017 年 12 月、2018 年 5 月和 2018 年 9 月,其中 12 月是砒砂岩区土壤由冻融期进入冬季封冻期的节点,表层土壤温度由冻融循环进入时全时段位于 0 ℃以下,风力较大,平均最大风速约为 12 m/s,降水量较少,几乎没有侵蚀性降水,代表了封冻来临之前冻融-风力侵蚀交互作用下的泥沙产输;5 月是由春季解冻期进入夏季多雨期的过渡,表层土壤在经历了 3 月的数次冻融循环和大风之后,即将进入降雨集中期,代表了雨季来临之前冻融-风力侵蚀交互作用下的泥沙产输;9 月是由降雨集中期向少雨期的过渡,表层土壤经历了 6~8 月的水力侵蚀,代表了雨季过后水力侵蚀作用下的泥沙产输。

为辨识复合侵蚀环境下泥沙粒度特征、粗泥沙输移和动力交互模式之间的响应关系,点绘出了不同季节侵蚀动力交互作用下沟道泥沙粒径的沿程分布特征(见图 6-9、图 6-10)。从整体变化趋势看,5 月雨季来临之前冻融-风力侵蚀交互作用下的泥沙分布与封冻来临之前冻融-风力侵蚀交互作用下的泥沙分布趋势大体相似,自沟头至沟口,中值粒径与粗泥沙含量均缓慢减小,且在自然沟道中的减小速率极为相似,分别为-0. 002 8 和-0. 002 2、-0. 62 和-0. 57。而 9 月雨季过后水力侵蚀作用下的泥沙分布与 5 月、12 月的冻融-风力作用下的分布特征截然不同,自沟头至沟口,中值粒径与粗泥沙含量均呈明显的增大趋势,这一现象说明不同季节的动力交互作用与泥沙颗粒分布存在良好的响应关系,复合侵蚀模式对沟道泥沙的粒度特征、粗泥沙产输具有显著影响,水力作用可能是粗颗粒泥沙向下输送的主要动力。

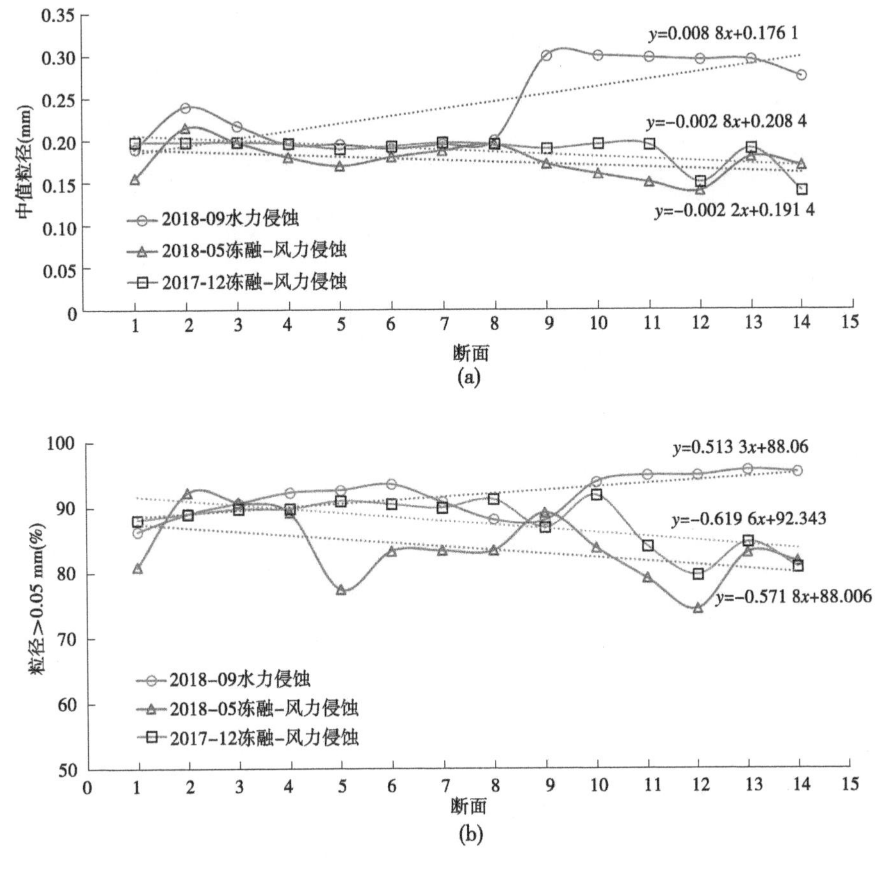

图 6-9　不同侵蚀动力交互作用下自然沟道泥沙沿程分布

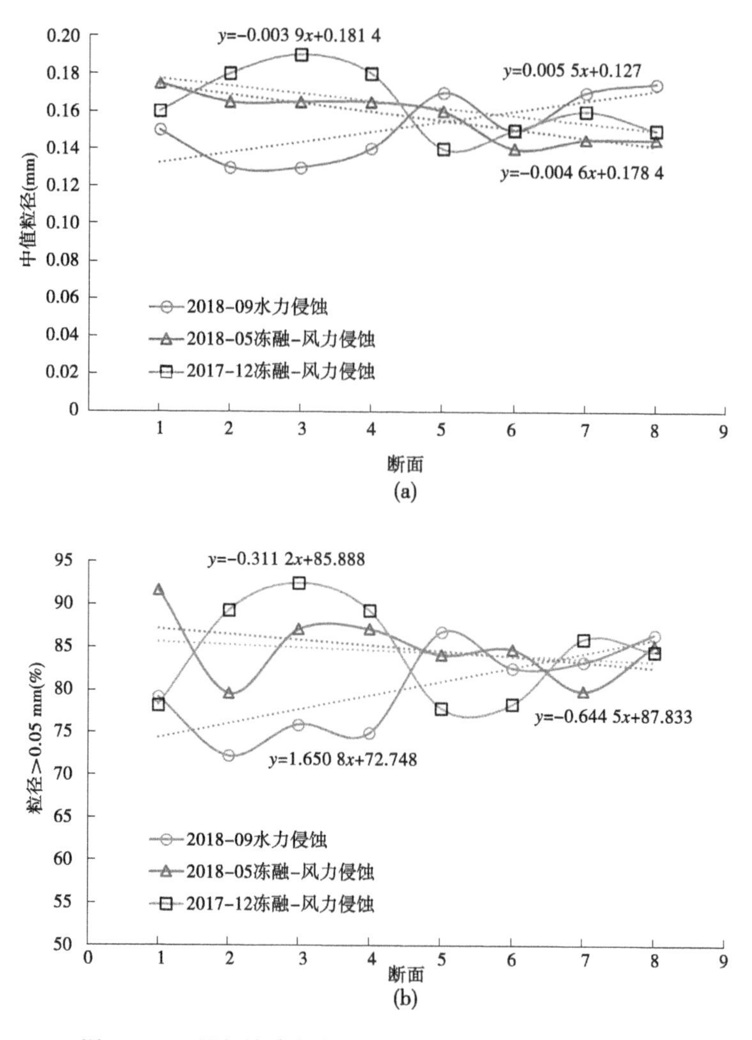

图 6-10 不同侵蚀动力交互作用下治理沟道泥沙沿程分布

6.3 砒砂岩区小流域复合侵蚀下洪水泥沙变化特征

6.3.1 砒砂岩区典型小流域差异性规律

通过实地考察调研,选择砒砂岩区的二老虎沟、什卜尔泰沟、特拉沟分别作为覆土砒砂岩区、裸露砒砂岩区、覆沙砒砂岩区的代表性小流域。土壤侵蚀的过程主要受到气候、地貌、土壤、植被、人类活动等因子的影响,二老虎沟、什卜尔泰沟、特拉沟小流域属于同一气候带,认为影响小流域侵蚀差异的主要因子为地形及土壤,为进一步研究,使用Phantom 4 Pro高精度无人机对上述流域进行了数字化,并在此基础上获得了流域DEM及正射影像(见图6-11),用于后续数据分析。

根据砒砂岩区典型小流域的DEM,提取其坡度统计特征(见表6-5),结果显示二老虎

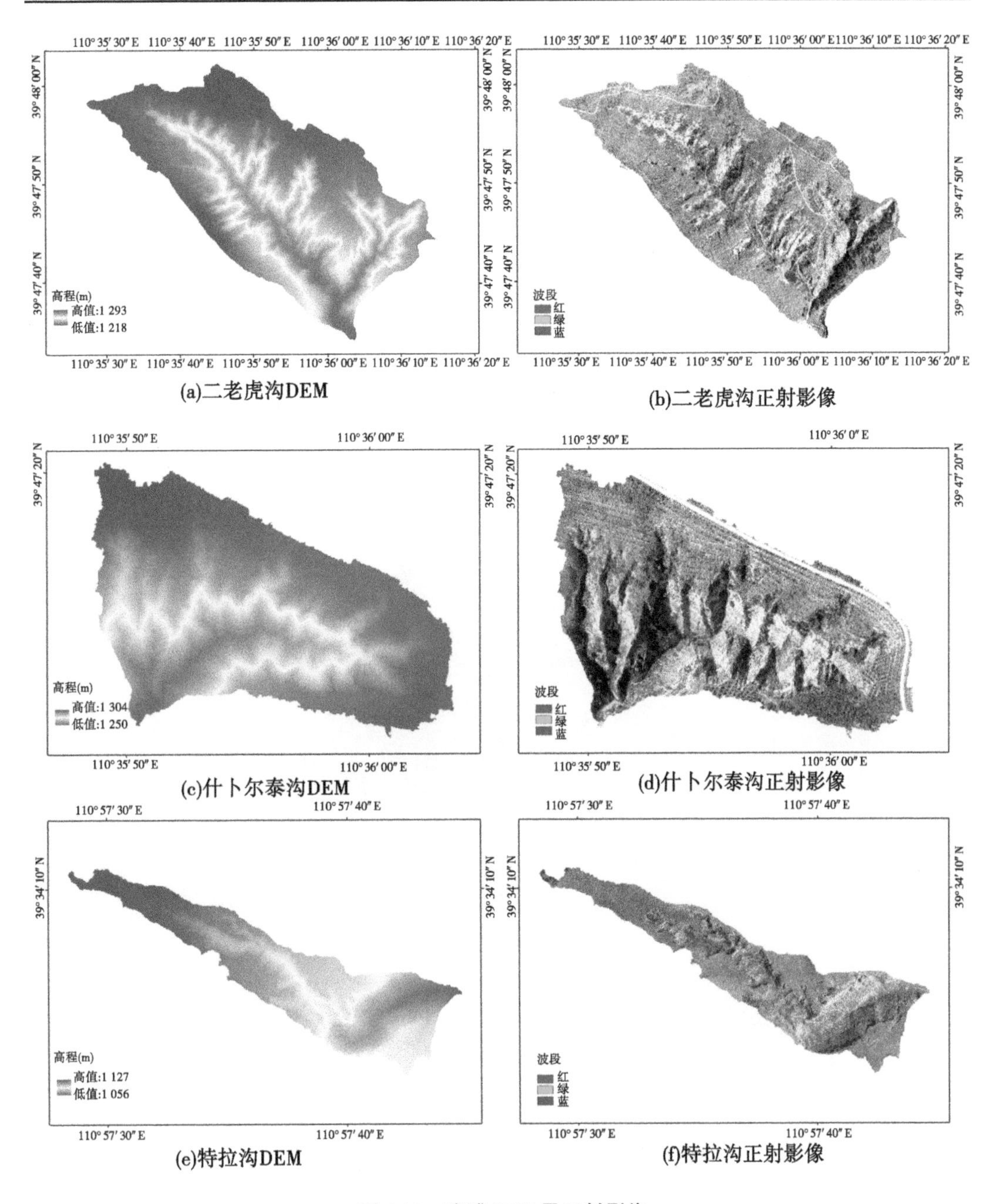

(a)二老虎沟DEM　(b)二老虎沟正射影像

(c)什卜尔泰沟DEM　(d)什卜尔泰沟正射影像

(e)特拉沟DEM　(f)特拉沟正射影像

图 6-11　流域 DEM 及正射影像

沟小流域坡度均值最小，什卜尔泰沟小流域均值次之，特拉沟小流域坡度均值最大。对坡度进行分级，分级结果显示三个小流域坡度的主要分布区间为 35°以上，其中特拉沟小流域坡度分级占比达 41.1%。特拉沟小流域坡度标准差>什卜尔泰沟小流域标准差>二老虎沟小流域标准差，即特拉沟小流域坡度分布离散程度高。

表 6-5　砒砂岩区典型小流域坡度统计特征

典型小流域	坡度分级百分比(%)						均值(°)	标准差(°)
	<5°	5°~8°	8°~15°	15°~25°	25°~35°	>35°		
二老虎沟	14.4	14.5	14.8	14.3	13.8	28.2	22.3	17.2
什卜尔泰沟	24.1	7.8	11.1	9.5	16.6	30.9	22.9	17.5
特拉沟	12.7	9.9	16.0	8.8	11.6	41.1	27.9	19.9

沟沿线作为沟间地与沟谷地的分界线,是一种重要的地貌结构线。根据小流域正射影像,通过目视解译勾绘了砒砂岩区典型小流域的沟沿线(见图 6-12),二老虎沟小流域总面积 42.9 hm^2,其中沟沿线以上面积占比 53.7%,沟沿线以下面积占比 46.3%;什卜尔泰沟小流域总面积 5.7 hm^2,其中沟沿线以上面积占比 40.8%,沟沿线以下面积占比 59.2%;特拉沟小流域总面积 2.1 hm^2,其中沟沿线以上面积占比 48.5%,沟沿线以下面积占比 51.5%。

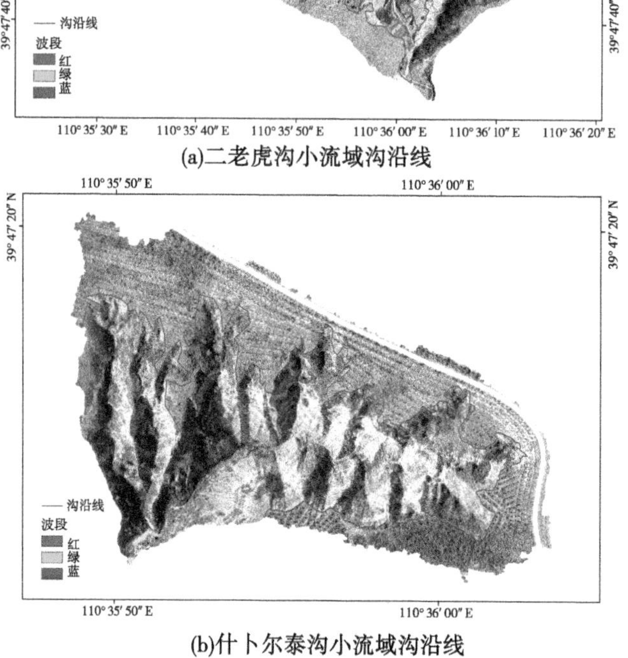

(a)二老虎沟小流域沟沿线

(b)什卜尔泰沟小流域沟沿线

图 6-12　砒砂岩区典型流域沟沿线分布

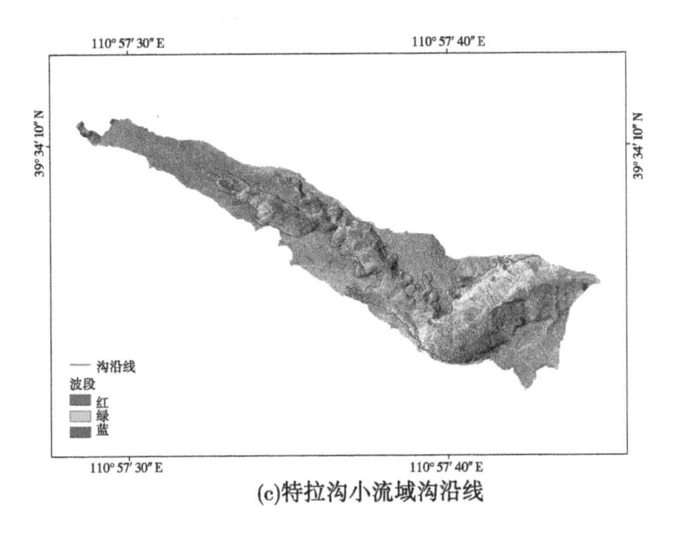

(c)特拉沟小流域沟沿线

续图 6-12

根据研究区 DEM,计算了砒砂岩区典型小流域的 *LS* 因子(见图 6-13),结合沟沿线对砒砂岩区典型小流域的 *LS* 因子进行分析(见表 6-6),分析结果显示,三个小流域沟沿线以下 *LS* 因子均值均大于 3.4,其中二老虎沟小流域沟沿线以下 *LS* 因子均值最大,特拉沟小流域沟沿线以下 *LS* 因子均值最小;三个小流域沟沿线以上 *LS* 因子均值均在 1.1 以下,且随着面积的减小而减小,其中二老虎沟小流域沟沿线以上 *LS* 因子均值最大,什卜尔泰沟小流域沟沿线以上 *LS* 因子均值最小。三个小流域沟沿线以上与沟沿线以下 *LS* 因子均值的差值结果显示,二老虎沟小流域沟沿线以上与沟沿线以下 *LS* 因子均值的差值为 3.8,什卜尔泰沟小流域沟沿线以上与沟沿线以下 *LS* 因子均值的差值为 3.4,特拉沟小流域沟沿线以上与沟沿线以下 *LS* 因子均值的差值为 2.9。

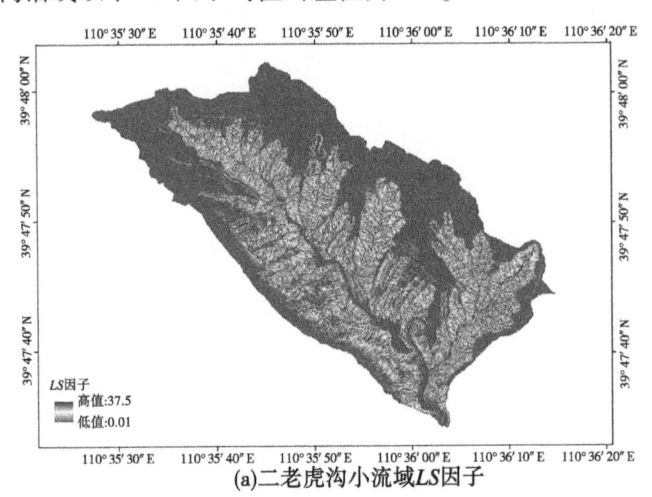

(a)二老虎沟小流域*LS*因子

图 6-13　砒砂岩区典型流域 *LS* 因子

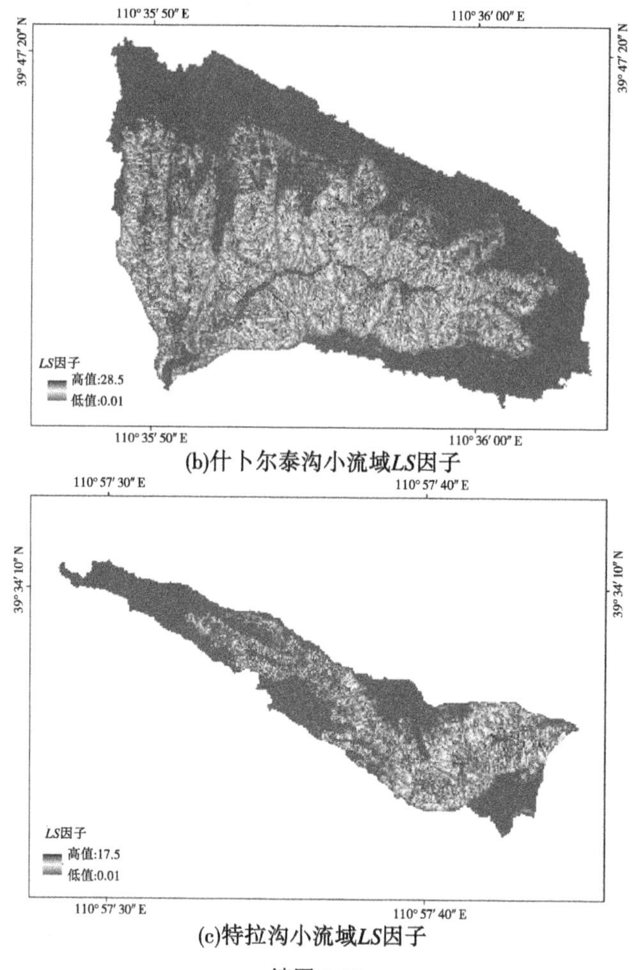

(b)什卜尔泰沟小流域LS因子

(c)特拉沟小流域LS因子

续图 6-13

表 6-6　砒砂岩区典型小流域 *LS* 因子分析

范围	流域	最小值	最大值	平均值	标准差
沟沿线以下	二老虎沟	0.01	37.5	4.81	3.31
	什卜尔泰沟	0.01	28.5	3.87	2.68
	特拉沟	0.01	17.5	3.49	2.56
沟沿线以上	二老虎沟	0.01	33.5	1.03	2.12
	什卜尔泰沟	0.01	16.5	0.43	1.06
	特拉沟	0.01	11.5	0.60	1.29

选取砒砂岩区典型小流域，根据小流域的正射影像对流域土地利用进行目视解译，分析了砒砂岩各分区的土地利用分布情况（见图 6-14），上述三个小流域的主要土地利用类型包含草地、杏地、裸地、油松林草混交地、灌草混交地、道路。

对典型小流域不同土地利用类型面积进行统计（见表 6-7），结果显示特拉沟小流域与什卜尔泰沟小流域的土地利用类型分为三种：草地、裸地、油松林草混交地；二老虎沟小

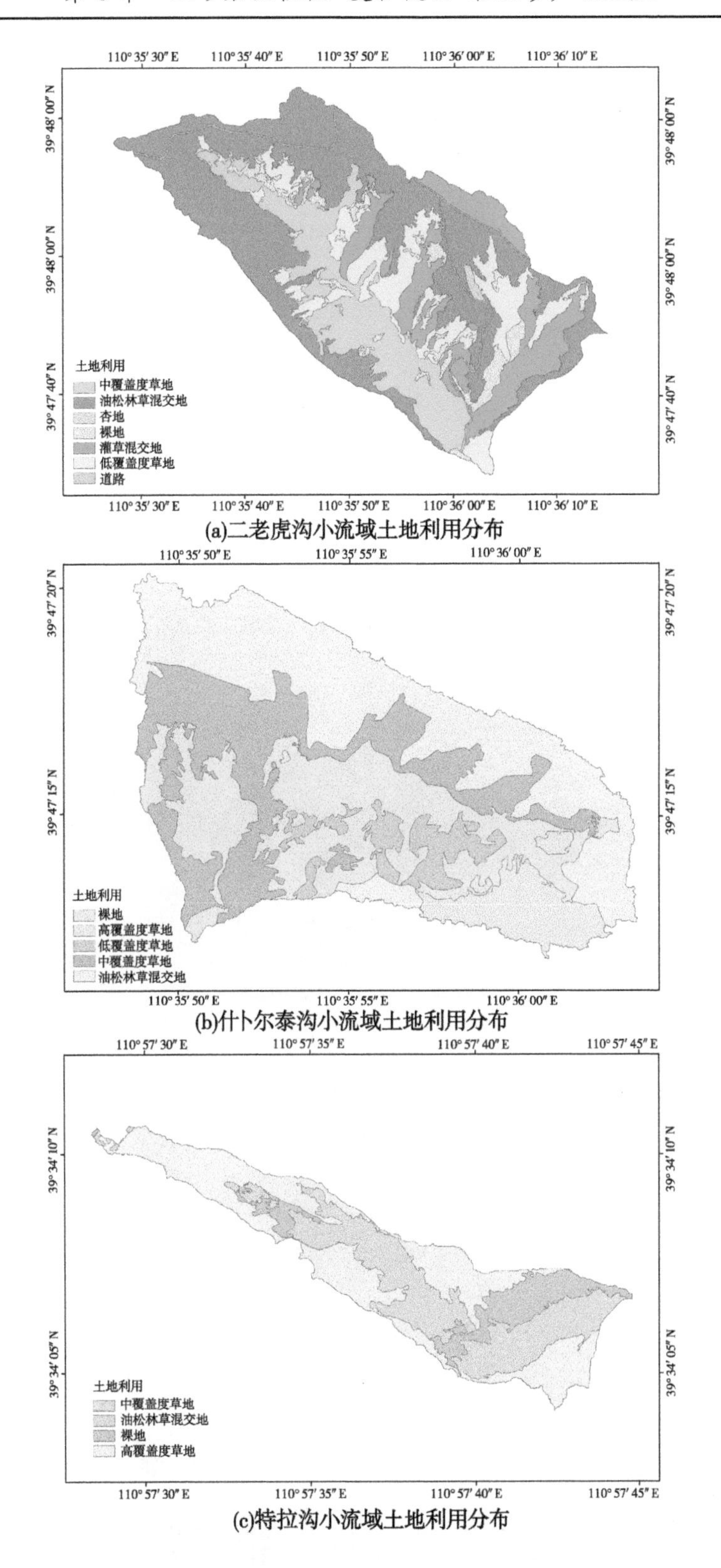

(a)二老虎沟小流域土地利用分布

(b)什卜尔泰沟小流域土地利用分布

(c)特拉沟小流域土地利用分布

图 6-14　砒砂岩区典型流域土地利用分布

流域土地利用类型分为六种：草地、裸地、油松林草混交地、灌草混交地、杏地、道路。特拉沟小流域面积占比最大的土地利用为高覆盖度草地（48.3%）、什卜尔泰沟小流域面积占比最大的土地利用为油松林草混交地（34.5%）、二老虎沟小流域面积占比最大的土地利用为油松林草混交地（44.6%）。

表 6-7　典型小流域土地利用分布面积　　（单位：hm^2）

典型小流域	草地			裸地	油松林草混交地	灌草混交地	杏地	道路
	低覆盖度	中覆盖度	高覆盖度					
二老虎沟	6.3	7.7		2.4	44.6	6.6	0.16	0.5
什卜尔泰沟	0.33	1.4	0.4	1.5	34.5			
特拉沟		0.7	1	0.31	0.008			

选取砒砂岩区典型小流域，根据小流域的土地利用类型进行了小流域表层土壤样品采集，使用马尔文 2000 测定土壤颗粒级配，根据土壤粉砂黏含量计算了区域土壤可蚀性因子（见图 6-15）。二老虎沟小流域土壤可蚀性因子均值为 0.037，什卜尔泰沟小流域土壤可蚀性因子均值为 0.037，特拉沟小流域土壤可蚀性因子均值为 0.031。

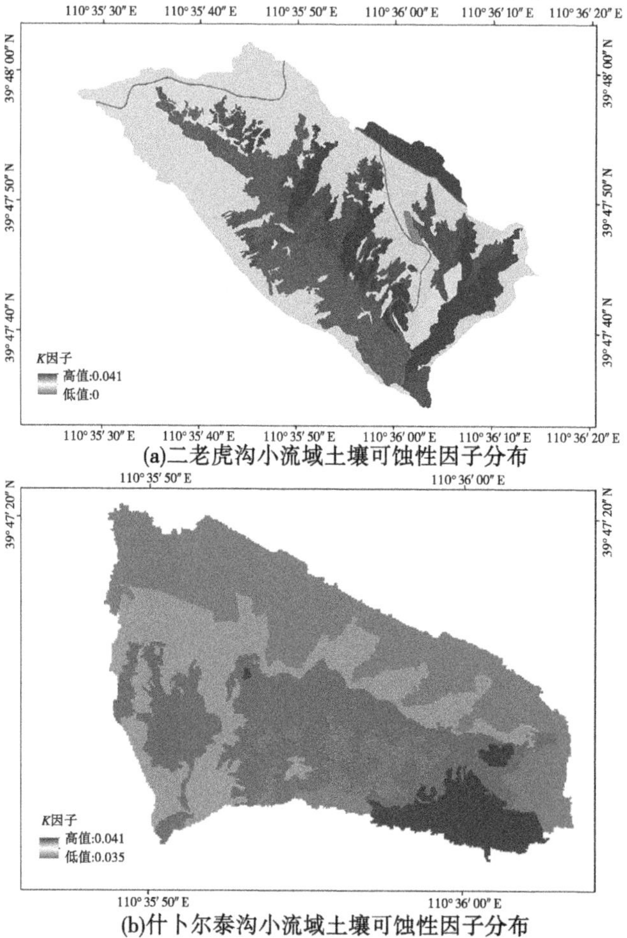

(a)二老虎沟小流域土壤可蚀性因子分布

(b)什卜尔泰沟小流域土壤可蚀性因子分布

图 6-15　砒砂岩区典型流域土壤可蚀性因子分布

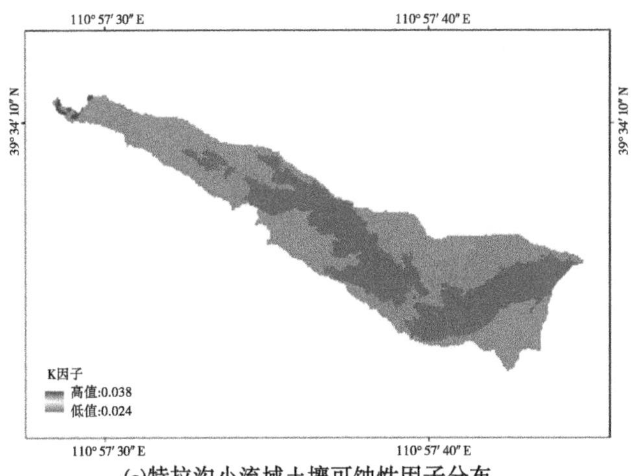

(c)特拉沟小流域土壤可蚀性因子分布

续图 6-15

6.3.2 砒砂岩区典型小流域水力侵蚀评价

基于砒砂岩区典型流域各水力侵蚀因子图层像元值相乘,得到砒砂岩区典型流域水力侵蚀空间分布(见图6-16),砒砂岩典型小流域的年平均水力侵蚀模数存在差异;其中什卜尔泰沟小流域水力侵蚀模数均值为58.4 t/(hm^2·a)、特拉沟小流域水力侵蚀模数均值为32.0 t/(hm^2·a)、二老虎沟小流域水力侵蚀模数均值为24.5 t/(hm^2·a)。

砒砂岩区典型流域各月水力侵蚀模数均值(见图6-17)显示砒砂岩区各典型流域水力侵蚀集中在6~9月,占全年总水力侵蚀的86.6%,其中什卜尔泰沟小流域、特拉沟小流域、二老虎沟小流域6~9月水力侵蚀模数均值分别为50.6 t/(hm^2·a)、27.8 t/(hm^2·a)、21.2 t/(hm^2·a)。

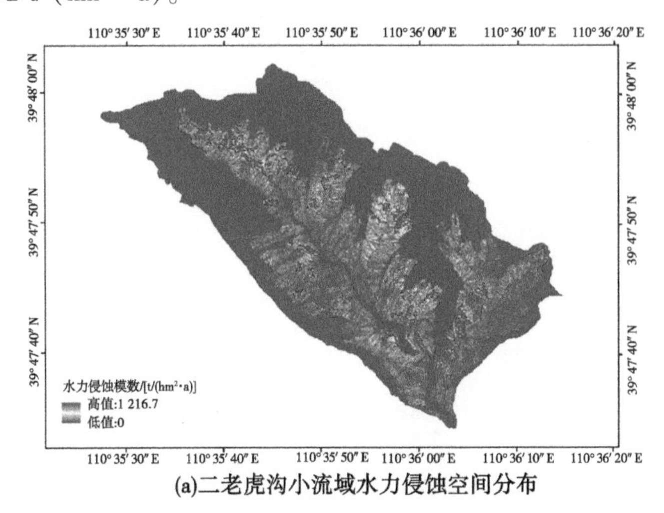

(a)二老虎沟小流域水力侵蚀空间分布

图6-16 砒砂岩区典型流域水力侵蚀空间分布

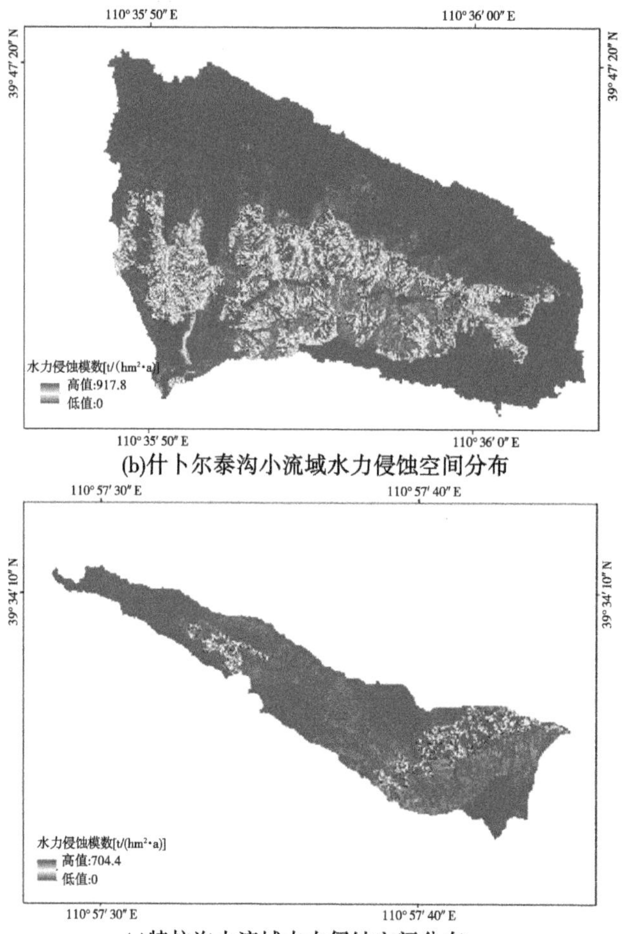

(b)什卜尔泰沟小流域水力侵蚀空间分布

(c)特拉沟小流域水力侵蚀空间分布

续图 6-16

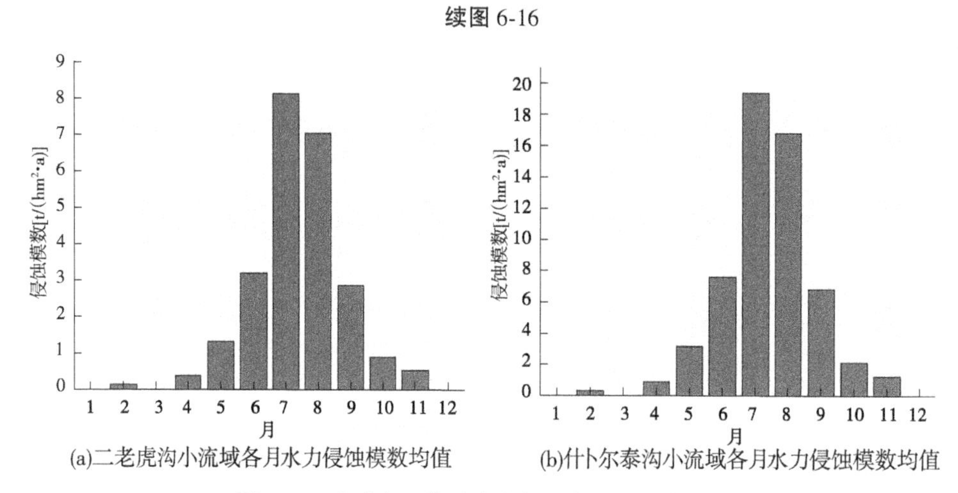

(a)二老虎沟小流域各月水力侵蚀模数均值　(b)什卜尔泰沟小流域各月水力侵蚀模数均值

图 6-17　砒砂岩区典型流域各月水力侵蚀模数均值

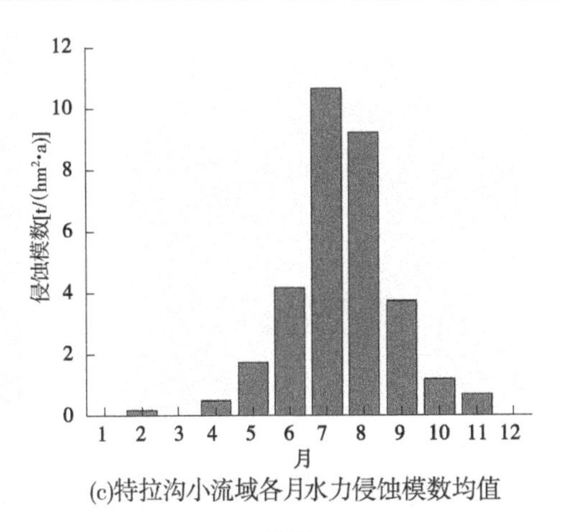

(c)特拉沟小流域各月水力侵蚀模数均值

续图 6-17

在此基础上构建了砒砂岩区典型流域水力侵蚀的四季空间分布场(见图 6-18),对该分布场进行特征值统计(见表 6-8),分析结果显示,砒砂岩区三个典型小流域水力侵蚀均主要分布在夏季,秋季次之,冬季最小,其中什卜尔泰沟夏、冬两季的侵蚀模数均值之差为 43.5 t/(hm^2·a)、特拉沟夏、冬两季的侵蚀模数均值之差为 23.8 t/(hm^2·a)、二老虎沟夏、冬两季的侵蚀模数均值之差为 18.3 t/(hm^2·a)。

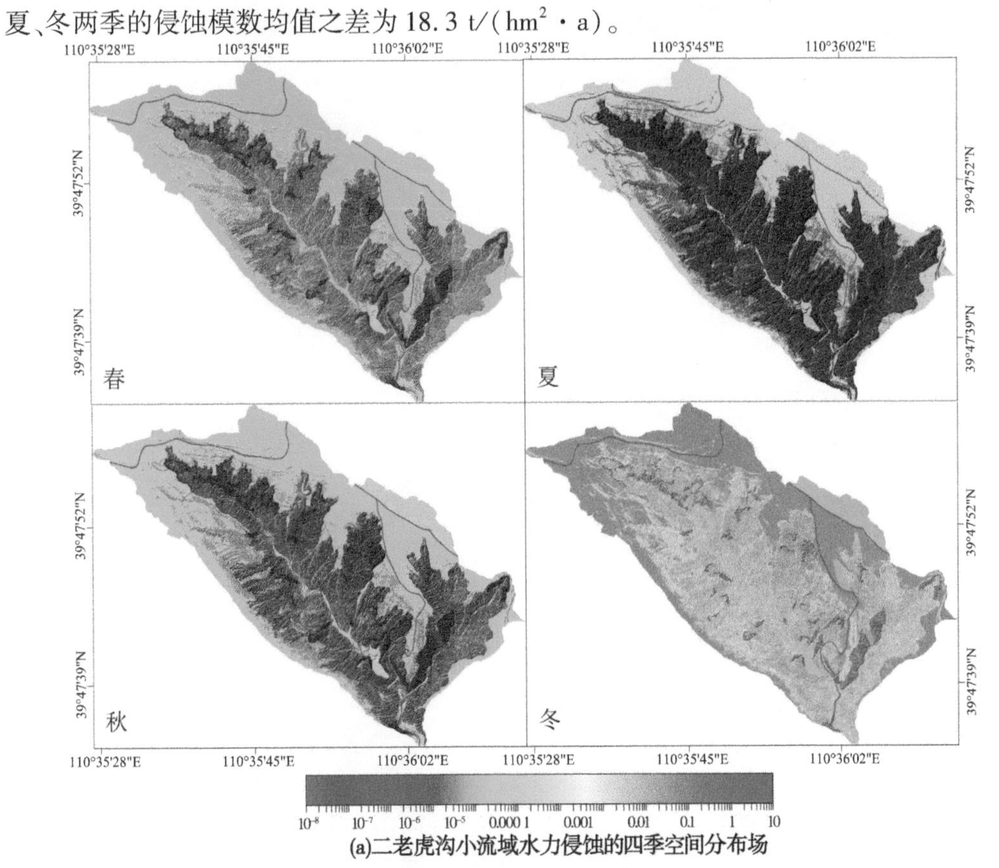

(a)二老虎沟小流域水力侵蚀的四季空间分布场

图 6-18 砒砂岩区典型流域水力侵蚀的四季空间分布场

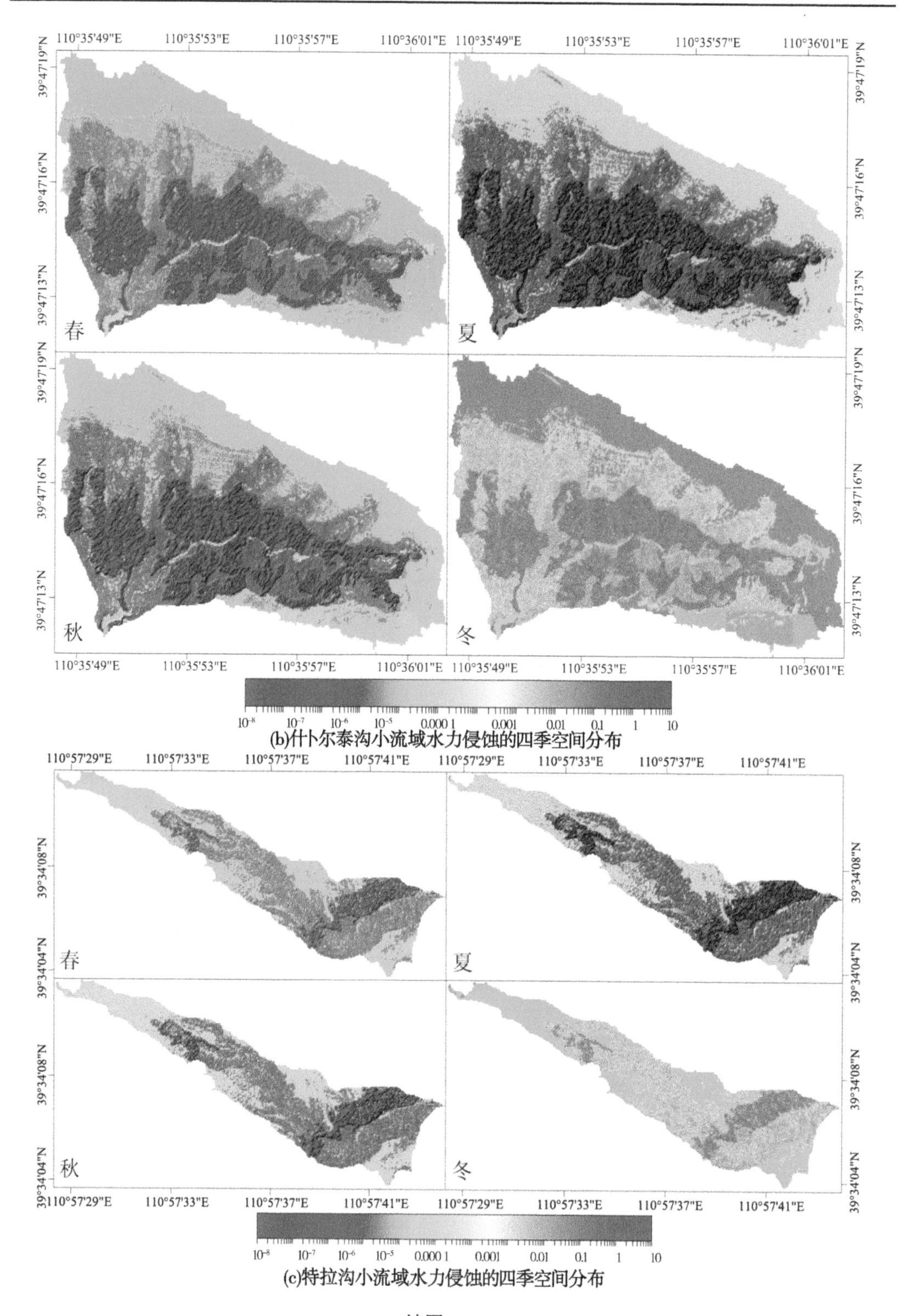

(b)什卜尔泰沟小流域水力侵蚀的四季空间分布

(c)特拉沟小流域水力侵蚀的四季空间分布

续图 6-18

表 6-8　砒砂岩区典型流域水力侵蚀模数特征值统计　[单位:t/(hm²·a)]

小流域	四季	累计百分比			平均值	标准差
		70%	90%	99%		
二老虎沟	春	1.1	3.2	25.3	1.7	4.5
	夏	12.3	34.7	271.9	18.4	48.2
	秋	2.9	8.1	63.6	4.3	4.3
	冬	0.1	0.3	2.1	0.1	0.4
什卜尔泰沟	春	2.4	13.4	31.3	4.1	7.2
	夏	25.4	144.0	335.9	43.8	77.2
	秋	5.9	33.7	78.5	10.2	18.1
	冬	0.2	1.1	2.5	0.3	0.6
特拉沟	春	1.1	7.4	25.3	2.2	5.1
	夏	12.0	80.0	271.9	24.0	54.9
	秋	2.8	18.7	63.6	5.6	12.8
	冬	0.1	0.6	2.1	0.2	0.4

参考水利部《土壤侵蚀分类分级标准》(SL 190—2007)(见表 6-9),统计了砒砂岩区典型流域水力侵蚀分级情况(见表 6-10)。据统计砒砂岩区三个典型流域的水力侵蚀以微度侵蚀为主,各像元的水力侵蚀强度在四季发生转移。夏季水力侵蚀在三个典型小流域出现剧烈侵蚀像元,其中什卜尔泰沟小流域该类侵蚀像元面积占比最大,占小流域面积的 9.9%。

表 6-9　水利部《土壤侵蚀分类分级标准》(SL 190—2007)

级别	侵蚀模数[t/(km²·a)]
微度	<1 000
轻度	1 000~2 500
中度	2 500~5 000
强度	5 000~8 000
极强度	8 000~15 000
剧烈	>15 000

表 6-10　砒砂岩区典型流域水力侵蚀分级情况

小流域	级别(侵蚀模数)[t/(hm²·a)]	春季		夏季		秋季		冬季	
		面积(hm²)	占比(%)	面积(hm²)	占比(%)	面积(hm²)	占比(%)	面积(hm²)	占比(%)
二老虎沟	微度(<1 000)	40.28	94.03	27.72	64.72	38.89	90.78	42.32	98.80
	轻度(1 000~2 500)	1.55	3.62	8.15	19.03	1.39	3.25		
	中度(2 500~5 000)	0.48	1.13	3.53	8.24	1.32	3.08		
	强度(5 000~8 000)	0.01	0.02	0.81	1.90	0.61	1.42		
	极强度(8 000~15 000)	0	0	0.74	1.72	0.12	0.27		
	剧烈(>15 000)			1.36	3.19	0	0		
	合计	42.32	98.80	42.32	98.80	42.32	98.80	42.32	98.80

续表 6-10

小流域	级别(侵蚀模数)[t/(hm²·a)]	春季		夏季		秋季		冬季	
		面积(hm²)	占比(%)	面积(hm²)	占比(%)	面积(hm²)	占比(%)	面积(hm²)	占比(%)
什卜尔泰沟	微度(<1 000)	4. 67	81. 63	3. 38	59. 15	4. 17	72. 92	5. 72	100. 00
	轻度(1 000~2 500)	0. 88	15. 35	0. 61	10. 64	0. 50	8. 72		
	中度(2 500~5 000)	0. 17	3. 01	0. 34	6. 02	0. 79	13. 82		
	强度(5 000~8 000)	0. 00	0. 01	0. 33	5. 74	0. 22	3. 84		
	极强度(8 000~15 000)			0. 49	8. 59	0. 04	0. 71		
	剧烈(>15 000)			0. 56	9. 86	0. 00	0. 00		
	合计	5. 72	100. 00	5. 72	100. 00	5. 72	100. 00	5. 72	100. 00
特拉沟	微度(<1 000)	1. 87	91. 16	1. 36	66. 32	1. 77	86. 49	2. 05	100. 00
	轻度(1 000~2 500)	0. 16	7. 66	0. 36	17. 37	0. 10	4. 67		
	中度(2 500~5 000)	0. 02	1. 18	0. 10	5. 12	0. 14	6. 87		
	强度(5 000~8 000)			0. 05	2. 34	0. 04	1. 75		
	极强度(8 000~15 000)			0. 09	4. 23	0. 00	0. 21		
	剧烈(>15 000)			0. 09	4. 61				
	合计	2. 05	100. 00	2. 05	100. 00	2. 05	100. 00	2. 05	100. 00

6.3.3　砒砂岩区典型小流域风力侵蚀评价

基于风力因子、表土湿度因子、地表粗糙度和植被盖度通过风力侵蚀模型计算砒砂岩区典型流域风力侵蚀空间分布(见图 6-19),砒砂岩典型小流域的年平均风力侵蚀模数存在差异;其中什卜尔泰沟小流域风力侵蚀模数均值为 9.4 t/(hm^2 · a)、特拉沟小流域风力侵蚀模数均值为 3.6 t/(hm^2 · a)、二老虎沟小流域风力侵蚀模数均值为 1.9 t/(hm^2 · a) 。

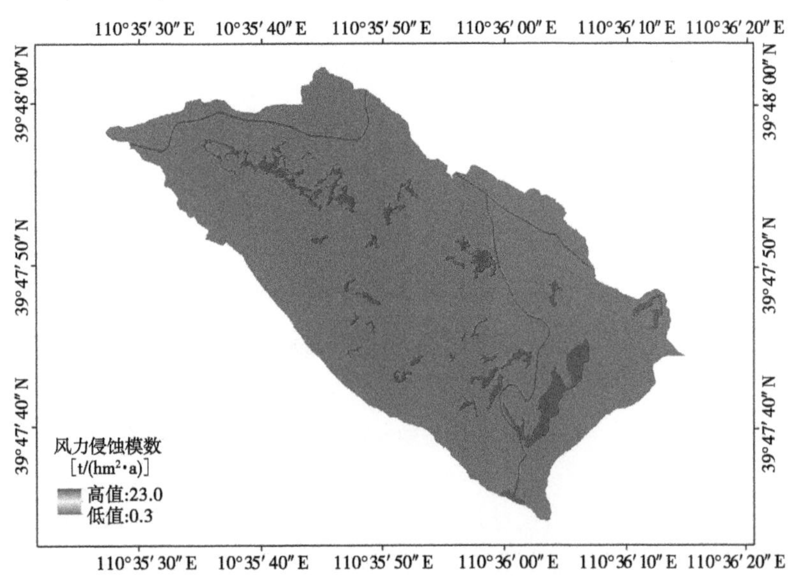

(a)二老虎沟小流域风力侵蚀空间分布

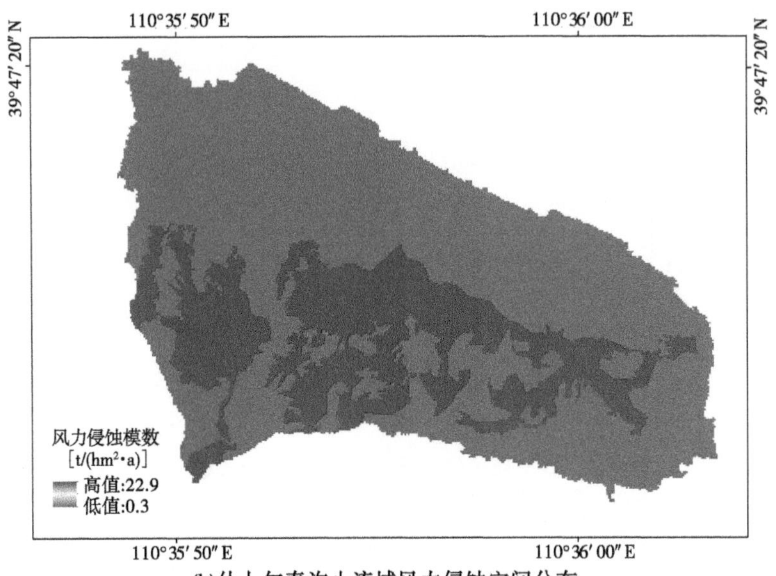

(b)什卜尔泰沟小流域风力侵蚀空间分布

图 6-19　砒砂岩区典型流域风力侵蚀空间分布

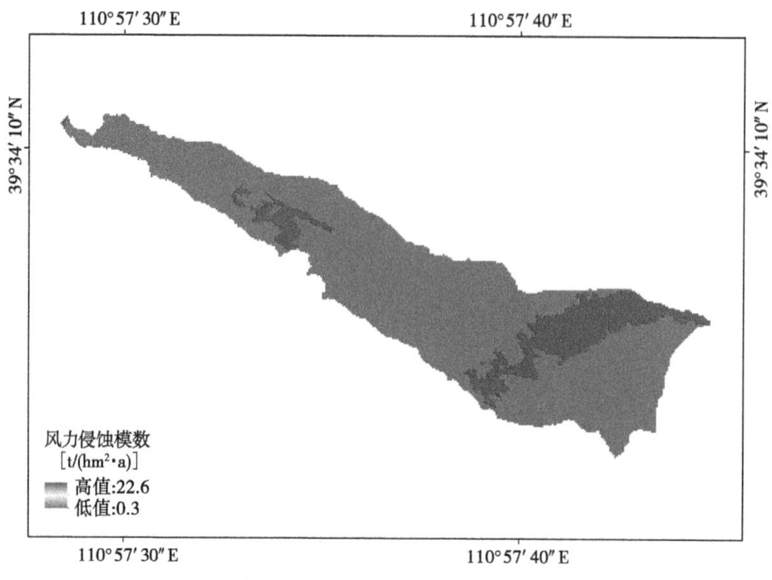

(c)特拉沟小流域风力侵蚀空间分布

续图 6-19

砒砂岩区典型流域各月风力侵蚀模数空间分布图(见图 6-20)显示砒砂岩区风力侵蚀集中在 3~6 月,其中什卜尔泰沟小流域风力侵蚀模数均值为 3.8 t/(hm^2 · a),占全年风力侵蚀的 59.1%;特拉沟小流域风力侵蚀模数均值为 2.1 t/(hm^2 · a),占全年风力侵蚀的 59.3%;二老虎沟小流域风力侵蚀模数均值为 1.1 t/(hm^2 · a) ,占全年风力侵蚀的 59.8%。

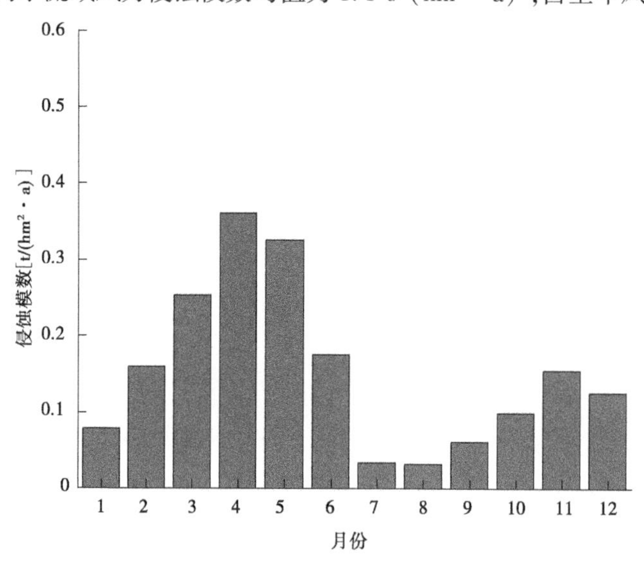

(a)二老虎沟小流域各月风力侵蚀模数均值

图 6-20　砒砂岩区典型流域各月风力侵蚀模数均值

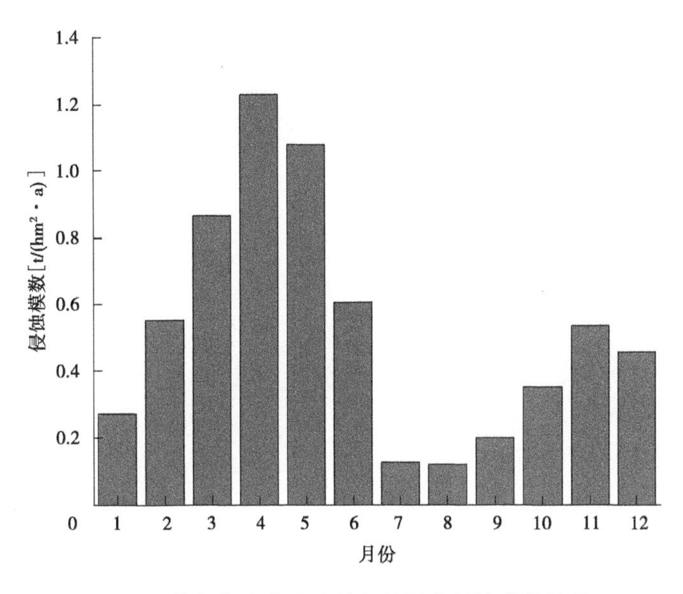

(b)什卜尔泰沟小流域各月风力侵蚀模数均值

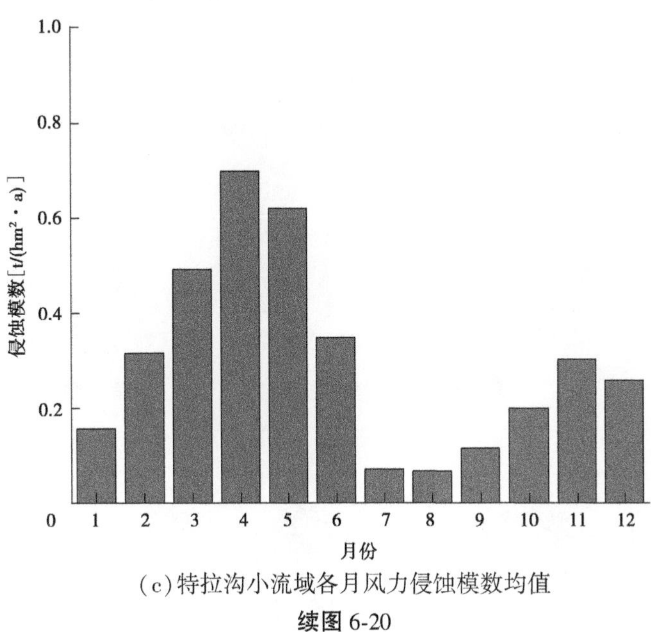

(c)特拉沟小流域各月风力侵蚀模数均值

续图 6-20

在此基础上构建了砒砂岩区典型流域风力侵蚀的四季空间分布(见图 6-21),对该分布场进行特征值统计(见表 6-11),分析结果显示,砒砂岩区典型流域风力侵蚀主要分布在春季,冬季次之,夏季最小,其中什卜尔泰沟春、夏两季的侵蚀模数均值之差为 2.2 t/(hm^2·a)、特拉沟春、夏两季的侵蚀模数均值之差为 1.3 t/(hm^2·a)、二老虎沟春、夏两季的侵蚀模数均值之差为 0.7 t/(hm^2·a)。

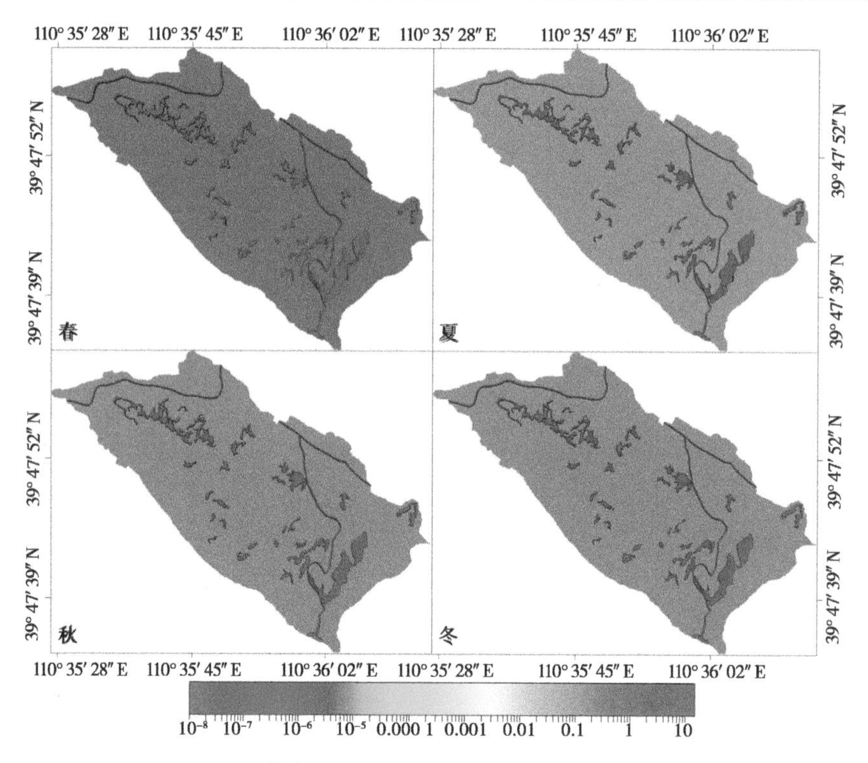

(a)二老虎沟小流域风力侵蚀的四季空间分布

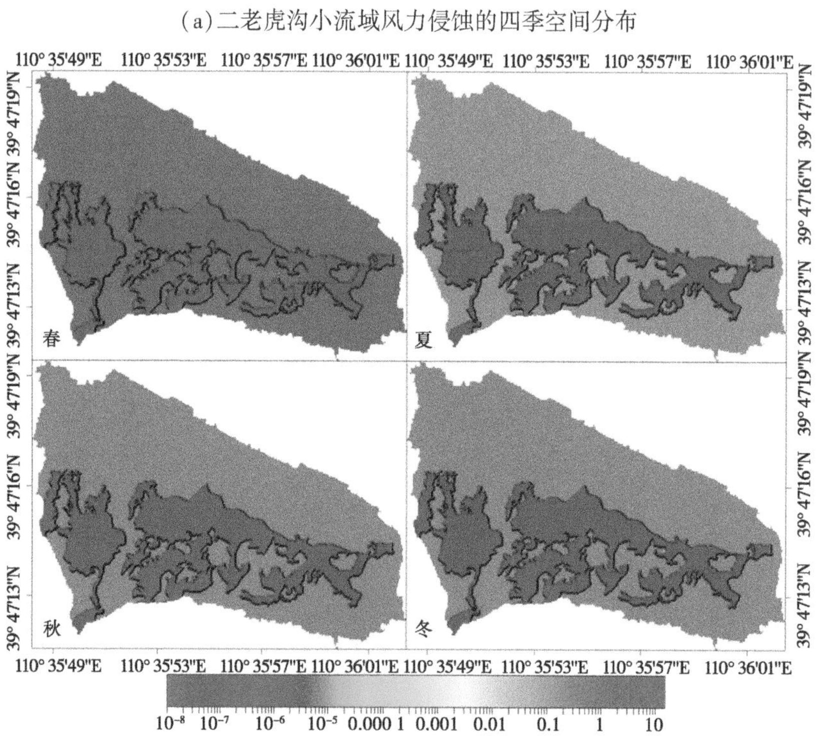

(b)什卜尔泰沟小流域风力侵蚀的四季空间分布

图 6-21　砒砂岩区典型流域风力侵蚀的四季空间分布

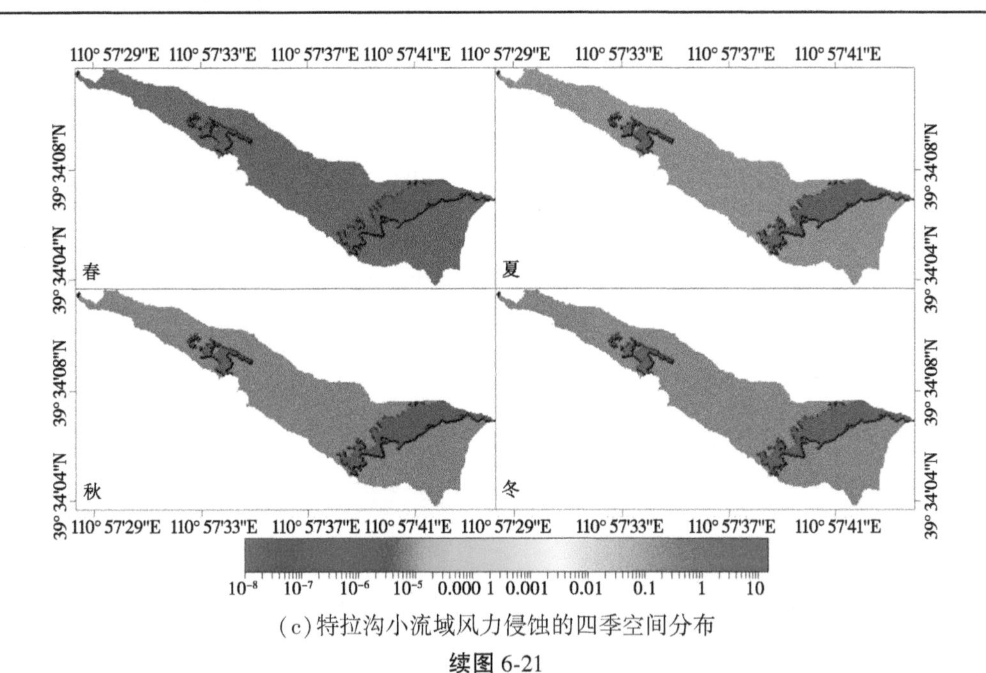

(c)特拉沟小流域风力侵蚀的四季空间分布

续图 6-21

表 6-11　砒砂岩区典型流域风力侵蚀模数特征值统计　[单位:t/(hm² · a)]

小流域	四季	累计百分比			平均值	标准差
		70%	90%	99%		
二老虎沟	春	0.2	0.2	11.3	0.9	2.8
	夏	0.1	0.1	2.8	0.2	0.8
	秋	0.1	0.1	3.7	0.3	1
	冬	0.1	0.1	5	0.4	1.2
什卜尔泰沟	春	0.2	10.9	11	3.1	4.9
	夏	0.1	3.2	3.3	0.9	1.3
	秋	0.1	4.1	4.1	1.1	1.7
	冬	0.1	4.7	4.7	1.3	2
特拉沟	春	0.2	11.2	11.2	1.8	3.9
	夏	0	3.2	3.2	0.5	1.1
	秋	0.1	4	4	0.6	1.3
	冬	0.1	4.5	4.6	0.7	1.6

参考水利部《土壤侵蚀分类分级标准》(SL 190—2007)(见表 6-12)中风力侵蚀强度分级标准确定风力侵蚀等级,并统计砒砂岩区典型流域风力侵蚀分级情况(见表 6-13)。

砒砂岩区典型流域风力侵蚀级别含微度侵蚀和轻度侵蚀，且微度侵蚀为流域主要风力侵蚀类型，三个典型流域中二老虎沟小流域该侵蚀类型占比较特拉沟小流域和什卜尔泰沟小流域分别大 8.0%、20.2%。

表 6-12　水利部《土壤侵蚀分类分级标准》(SL 190—2007) 中风力侵蚀强度等级

级别	床面形态（地表形态）	植被覆盖度(%)（非流沙面积）	风蚀厚度（mm/a）	侵蚀模数 [t/(km² · a)]
微度	固定沙丘、沙地和滩地	>70	<2	<200
轻度	固定沙丘、半固定沙丘、沙地	70~50	2~10	200~2 500
中度	半固定沙丘、沙地	50~30	10~25	2 500~5 000
强度	半固定沙丘、流动沙丘、沙地	30~10	25~50	5 000~8 000
极强度	流动沙丘、沙地	<10	50~100	8 000~15 000
剧烈	大片流动沙丘	<10	>100	>15 000

表 6-13　砒砂岩区风力侵蚀分级情况

小流域	级别（侵蚀模数）[t/(hm² · a)]	春季		夏季		秋季		冬季	
		面积(hm²)	占比(%)	面积(hm²)	占比(%)	面积(hm²)	占比(%)	面积(hm²)	占比(%)
二老虎沟	微度(<200)	39.93	93.1	39.93	93.1	39.93	93.1	39.93	93.1
	轻度(200~2 500)	2.97	6.9	2.97	6.9	2.97	6.9	2.97	6.9
	合计	42.90	100.0	42.90	100.0	42.90	100.0	42.90	100.0
什卜尔泰沟	微度(<200)	4.18	72.9	4.18	72.9	4.18	72.9	4.18	72.9
	轻度 200~2 500	1.56	27.1	1.56	27.1	1.56	27.1	1.56	27.1
	(合计)	5.74	100.0	5.74	100.0	5.74	100.0	5.74	100.0
特拉沟	微度(<200)	1.77	85.1	1.77	85.1	1.77	85.1	1.77	85.1
	轻度 200~2 500	0.31	14.9	0.31	14.9	0.31	14.9	0.31	14.9
	合计	2.08	100.0	2.08	100.0	2.08	100.0	2.08	100.0

6.3.4　砒砂岩区典型小流域风力-水力-冻融复合侵蚀规律

在求取砒砂岩区典型小流域风力侵蚀、水力侵蚀模数的基础上，对砒砂岩区典型小流域风力-水力复合侵蚀进行了分析（见图 6-23），其中什卜尔泰沟、特拉沟、二老虎沟小流域风力-水力复合侵蚀模数均值分别为 64.9 t/(hm^2 · a)、35.7 t/(hm^2 · a)、26.4 t/(hm^2 · a)。砒砂岩区典型小流域各月风力-水力复合侵蚀（见图 6-22）显示，砒砂岩区典型小流域 5～11 月以水力侵蚀为主，12 月至翌年 4 月则以风力侵蚀为主；砒砂岩区典型小流域年风力-水力复合侵蚀（见图 6-23）显示，各小流域的风力、水力侵蚀模数比例存在差异，其中二老虎沟、什卜尔泰沟、特拉沟小流域风力、水力侵蚀模数比例分别为 7.6%、11.0%、11.4%。

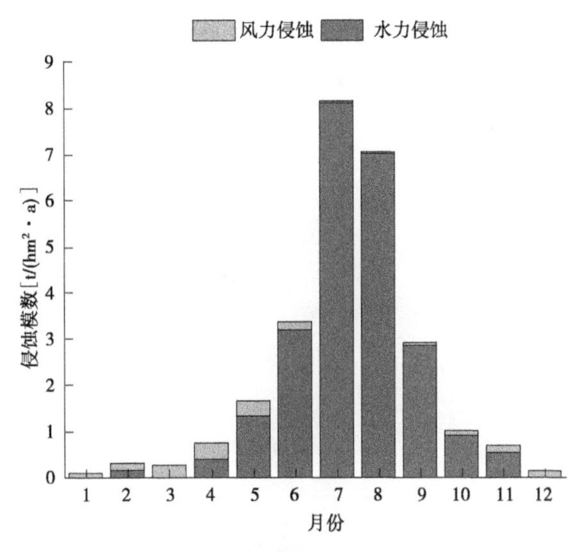

(a)二老虎沟小流域各月风力-水力侵蚀分布

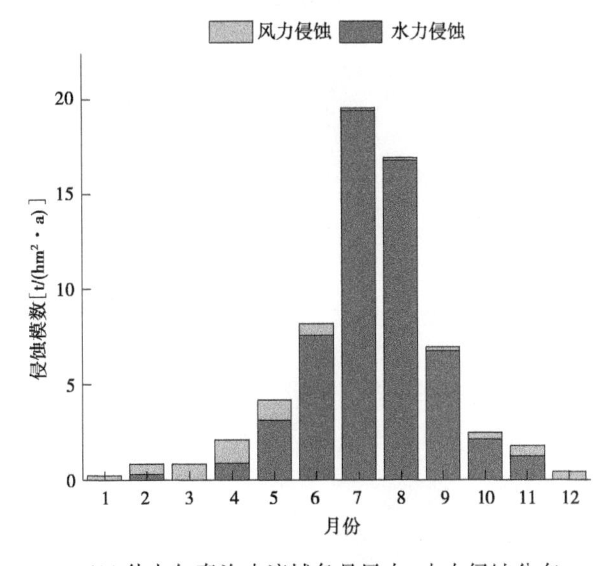

(b)什卜尔泰沟小流域各月风力-水力侵蚀分布

图 6-22　砒砂岩区典型流域各月风力-水力侵蚀分布

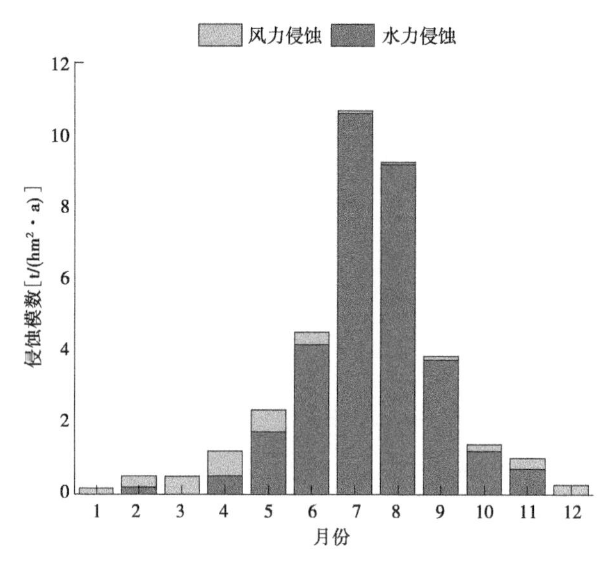

(c)特拉沟小流域各月风力-水力侵蚀分布

续图 6-22

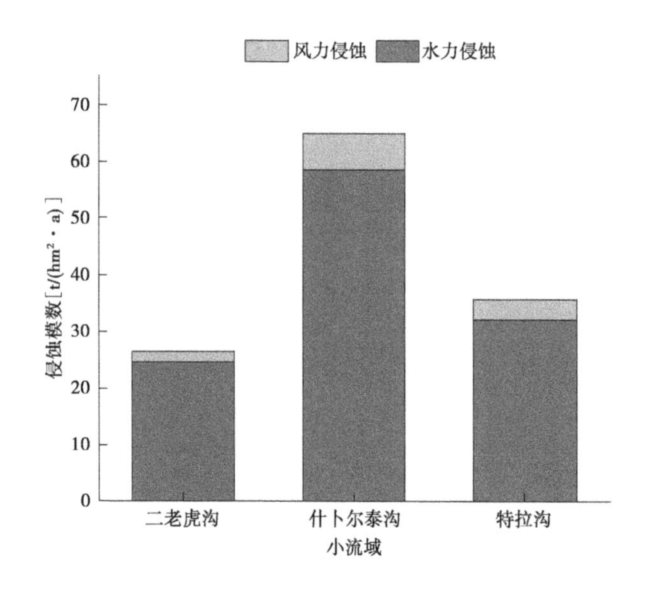

图 6-23　砒砂岩区典型流域年风力-水力侵蚀分布

筛选了准格尔旗站的日最大温度大于 0 ℃和日最小温度小于 0 ℃的半月发生天数以及该背景下的半月积温，结果显示砒砂岩区典型流域冻融主要发生在春、冬两季，且春天的冻融强于冬天，见图 6-24。

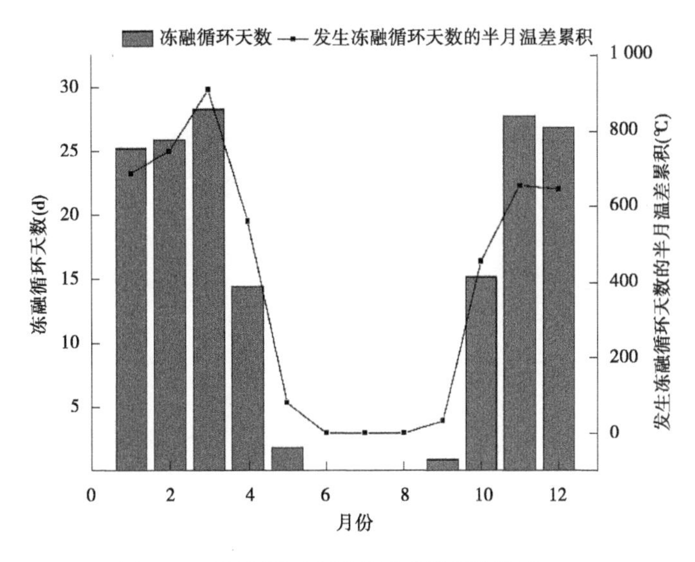

图 6-24 础砂岩区典型流域冻融循环参数

6.3.5 础砂岩区典型小流域侵蚀产沙特征

选取位于裸露础砂岩剧烈侵蚀区的二老虎沟小流域为研究区细化典型流域场次洪水的降水径流关系、产流产沙特征、流域地表覆土及裸露础砂岩(源)和坝地泥沙(汇)的粒径分布,探讨础砂岩区小流域场次洪水的产流产沙特征。

2018 年 8 月对二老虎沟小流域进行坡沟系统及河道淤积层采样,选取 2 个有代表性的大断面采集小流域坡沟系统数据(见图 6-25),该区主要的侵蚀运移物质包含地表覆土及裸露础砂岩,该系统土壤粒径代表流域易流失区的本底值,表层 5 cm 深的土样使用环刀取样,由于流域特殊的地质构造,沟坡原岩使用榔头取样,其中表土采样共计 31 个,原岩采样共计 4 个;根据 Stokes 定理将细粗交替的淤积判定为 1 层沉积旋回,在淤地坝近坝地处(见图 6-25)采集两层泥沙沉积旋回,作为两场次洪条件下流域的泥沙淤积状况。在剔除样品明显杂质、风干、人工磨细分散过 2 mm 筛后,对样品进行上机前期处理,使用 Mastersizer 2000 对样品粒度进行测定,得到二老虎沟小流域泥沙的粒径源汇数据。与沉积旋回样对应的降水、径流、泥沙数据摘自二老虎站 2018 年的实测径流泥沙过程表和降水过程摘录表。

对沉积旋回样对应的二老虎沟小流域洪水事件进行分析,以洪峰所在时间将两次洪水事件命名为 20180716(1 号)和 20180719(2 号)。洪水事件对应的累积降水显示,尽管该区降水持续时间长,但产流段与降水历时仅存在部分重叠,1 号洪水产流时间占降水历时的 6.44%,2 号洪水产流时间占降水历时的 25.64%(见图 6-26)。

以产流结束时间(t_R)为切点,分析降水开始时刻 t_0 至 t_R 时段内小流域的降水径流关系(见图 6-27)。将产流前降水定义为流域产流初损量,该段降水量用于流域初期下渗、植物截留、填洼、蒸散发等耗散过程。据计算,1 号洪水初损量为 6.0 mm,2 号洪水初损量为 2.6 mm,两场降水初损持续时间分别为 50 min 和 5 min。这种差异的形成一方面与流域雨前土壤含水量相关,另一方面与降水雨型相关。产生 1 号洪水的次降水在产流结束

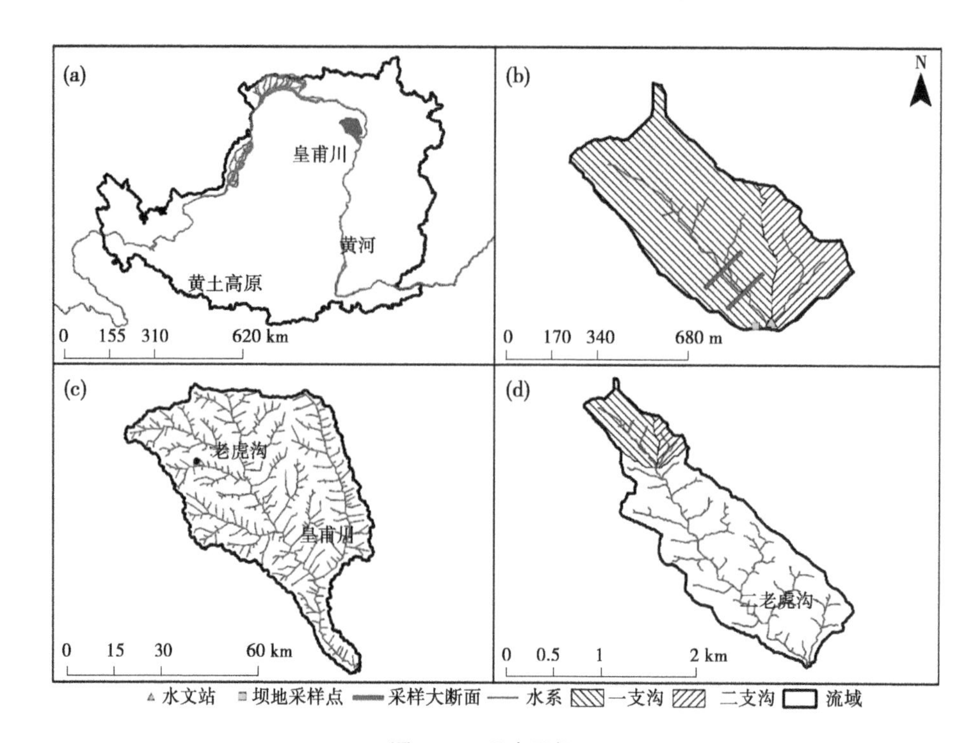

图 6-25 研究区概况

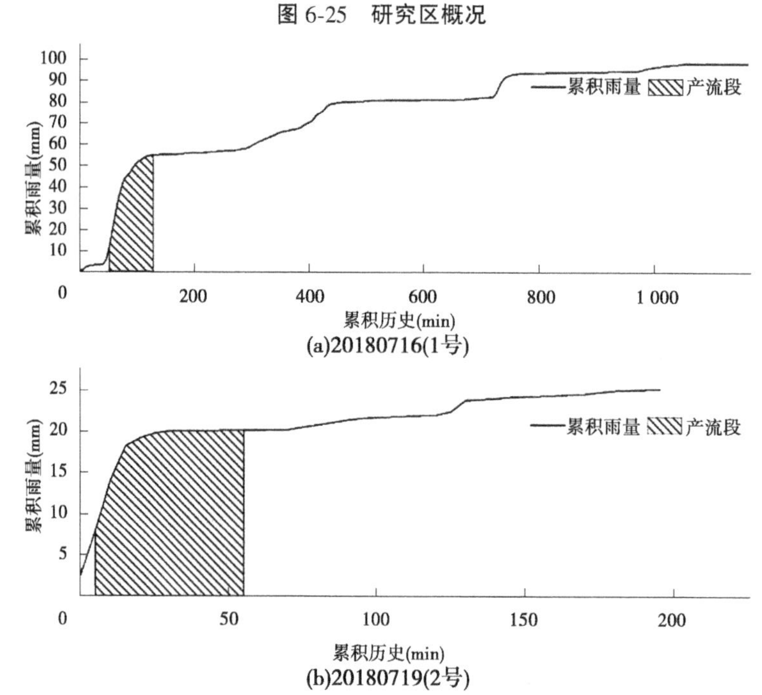

图 6-26 二老虎沟小流域产流降水的累积降水过程

后仍持续了 43 h，该段降水对土壤含水量有一定的补给，该降水结束后两天，第二场产流降水开始，2 号洪水实测流域雨前土壤含水量与 1 号洪水相比增加 7.6%，初损量相对减少;此外该区产流方式属于超渗产流,即雨强大于下渗强度时,产生地面径流,2 号洪水对应的降水主峰与 1 号洪水对应的降水峰值相比偏前(见图 6-27),产流降水的相关参数(见表 6-14)显示,1 号洪水对应的降水在次降水量、最大 30 min 雨强、降雨侵蚀力上大于 2 号洪水对应的降水,但由于降水历时过长,该场降水的平均雨强小于 2 号洪水对应的降水,雨型差异导致 2 号洪水初损持续时间短于 1 号洪水,流域产流提前。

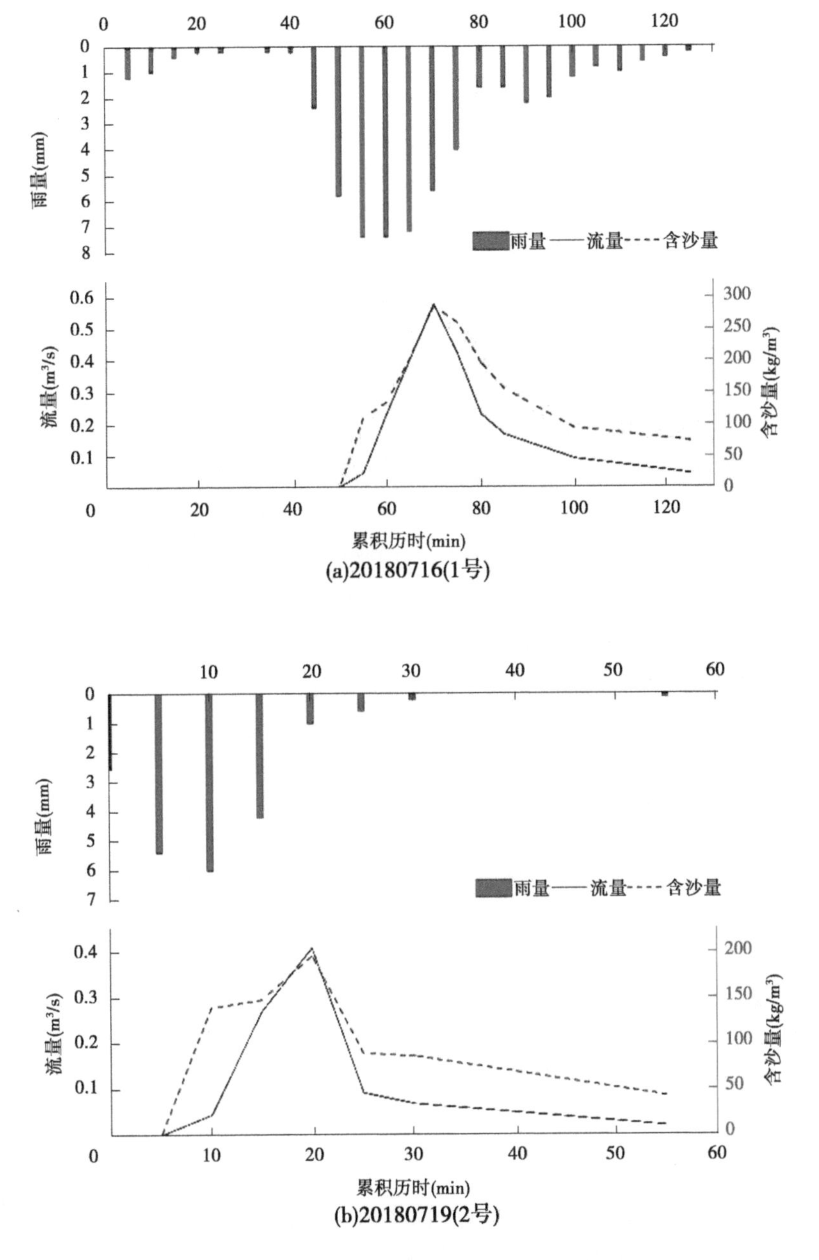

图 6-27　二老虎沟小流域降水-径流-泥沙关系图

表 6-14　二老虎沟小流域产流降水参数

径流次序	降水历时 (min)	次降水量 (mm)	平均雨强 (mm/h)	I_{30} (mm/h)	降雨侵蚀力 [MJ · mm /(hm² · h)]
20180716(1 号)	1 165	98.6	5.1	74.8	1 718.7
20180719(2 号)	195	25.2	7.8	34.8	195.7

二老虎沟沉积旋回样对应的场次洪水径流泥沙过程(见图 6-27)显示,场次洪水的径流泥沙过程为单峰过程,峰现时间一致,流域场次洪水的径流泥沙过程在时间上具有协同性。1 号洪水的洪峰流量为 0.65 m^3/s,洪水历时为 75 min,最大含沙量为 318.9 kg/m^3;2 号洪水的洪峰流量为 0.408 m^3/s,洪水历时为 50 min,最大含沙量为 195.3 kg/m^3。径流作为小流域泥沙运移的主要载体,影响流域输沙过程,根据两场洪水的流量过程线和含沙量过程线推求了两次洪水的径流量和输沙量,计算结果显示 1 号洪水为主要产流产沙洪水,该场洪水对应的径流量为 826.1 m^3,输沙量为 2.7 t;2 号洪水产生的径流量为 308.9 m^3,输沙量为 0.8 t。

二老虎沟小流域的坝地沉积旋回样的粒径分布显示,两场次洪条件下小流域泥沙淤积状况存在差异,沉积旋回粒径分级参照美国制土壤分级标准,分级结果(见表 6-15)显示,二老虎沟小流域 1 号、2 号洪水对应的沉积旋回层的主要粒径为粉粒、中砂粒、细砂粒,上述三种粒径占比达 70%。不同场次对应的粒径分布存在差异,2 号洪水对应的沉积旋回层的黏粒、粉粒、极细砂粒占比与 1 号洪水相比分别减少 2.4%、9.5%、2.9%,与此同时细砂粒、中砂粒、粗砂粒的含量增加 3.4%、8%、3.3%。2 号洪水的沉积旋回样与 1 号洪水的沉积旋回样相比粒径粗化。

表 6-15　二老虎沟小流域坝地泥沙沉积旋回颗粒分级

沉积旋回事件	颗粒分级						
	黏粒	粉粒	极细砂粒	细砂粒	中砂粒	粗砂粒	极粗砂粒
20180716(1 号)	7.4%	29.1%	11.8%	18.7%	23.5%	9.4%	0
20180719(2 号)	5.0%	19.6%	8.9%	22.1%	31.6%	12.7%	0

二老虎沟小流域主要的侵蚀运移物质包含地表覆土及裸露砒砂岩,为探究坝地泥沙沉积旋回物质来源,使用 Weibull 分布对二老虎沟小流域的地表覆土及裸露砒砂岩的粒径分布曲线进行拟合,粒径经验分布曲线采用各实测曲线均值,根据最小二乘准则采用差分进化算法求得 Weibull 分布的最优参数,在此基础上拟合了二老虎坝地泥沙沉积旋回物质来源的理论分布曲线(见图 6-28)。拟合结果显示实际分布与理论分布的均方误差(MSE)均小于 0.000 5,实际分布与理论分布的皮尔逊相关系数均大于 0.99,显著性检验结果 $P<0.01$,实际分布与理论分布显著相关。裸露砒砂岩粒径数据的理论分布曲线形状系数 β 值为 1.29,比例系数 η 均值为 280.02;地表覆土粒径数据的理论分布曲线形状系数 β 值为 0.95,比例系数 η 均值为 118.48。

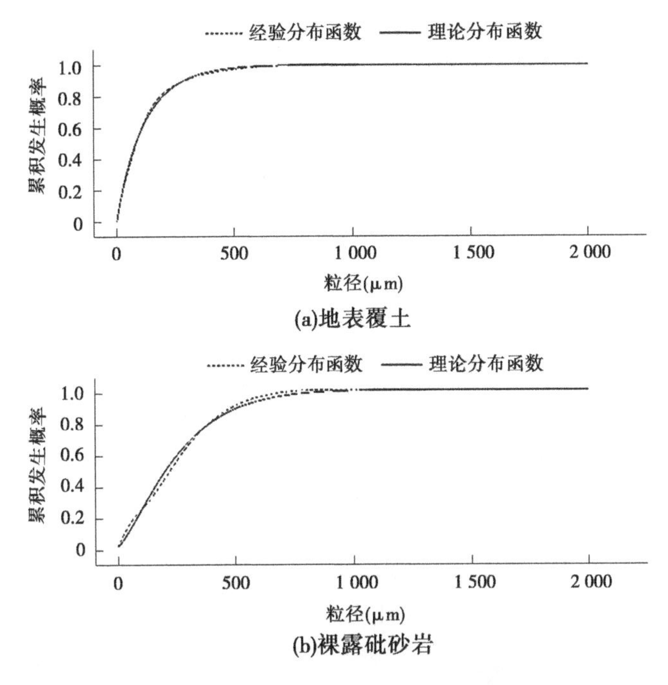

图6-28　二老虎沟小流域主要的侵蚀运移物质颗粒分布函数拟合

次洪条件下河道淤积层的颗粒区间分布函数作为待拟合函数,使用小流域地表覆土及裸露砒砂岩对应的理论区间分布函数进行线性拟合,根据最小二乘准则采用差分进化算法求得沉积旋回层的物质来源比例(见图6-29)。计算结果显示,1号洪水与2号洪水的沉积旋回样中侵蚀运移物质占比最高的为砒砂岩,但1号洪水与2号洪水的沉积旋回样的侵蚀运移物质的占比存在差异,与1号洪水相比,2号洪水的砒砂岩占比增长40.6%(见表6-16)。

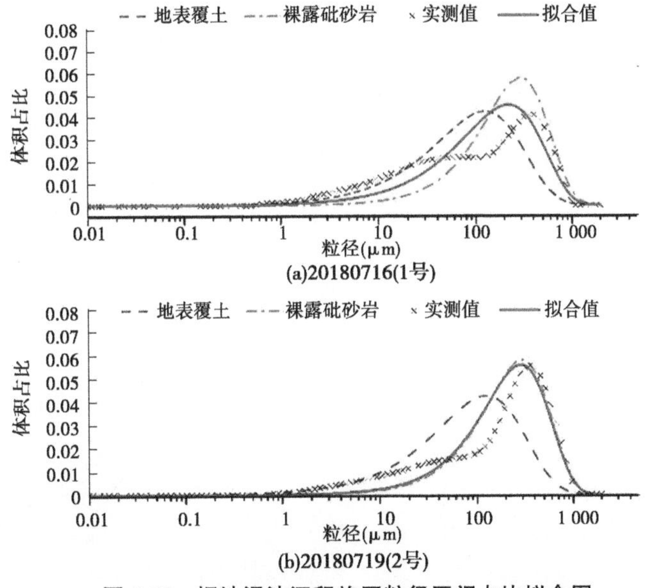

图6-29　坝地泥沙沉积旋回粒径区间占比拟合图

表 6-16　二老虎沟小流域沉积旋回层的物质来源比例

沉积旋回事件	a_1(%)	a_2(%)	*MSE*
20180716(1号)	47.6%	52.4%	3.7×10^{-5}
20180719(2号)	7.0%	93.0%	2.8×10^{-5}

注:a_1 为地表覆土对应的比例系数;a_2 为裸露砒砂岩对应的比例系数。

6.4　砒砂岩区植被退化与土壤侵蚀耦合机制

6.4.1　植被覆盖度时间变化特征

基于砒砂岩区 NDVI 数据提取了该区植被覆盖度,用于分析砒砂岩区植被时空变化特征。砒砂岩区平均植被覆盖度年际变化(见图 6-30)显示,砒砂岩区植被覆盖度略有起伏,但总体呈现上升的趋势,1999~2008 年植被覆盖度呈增加的趋势,随后几年呈波动增加趋势。1999 年、2008 年、2018 年砒砂岩区年平均植被覆盖度分别为 20.04%、50.04% 和 47.14%。2013 年植被覆盖度是近 20 年当中最高(56.54%),与 1999 年相比有显著的改善,而 2018 年植被覆盖度较 2013 年略有退化。砒砂岩区平均植被覆盖度超过 40%的达到 15 年,而植被覆盖度低于 40%的只有 5 年,分别是 1999 年、2000 年、2001 年、2011 年、2015 年,总体呈现上升趋势,平均每年上升幅度为 0.009。

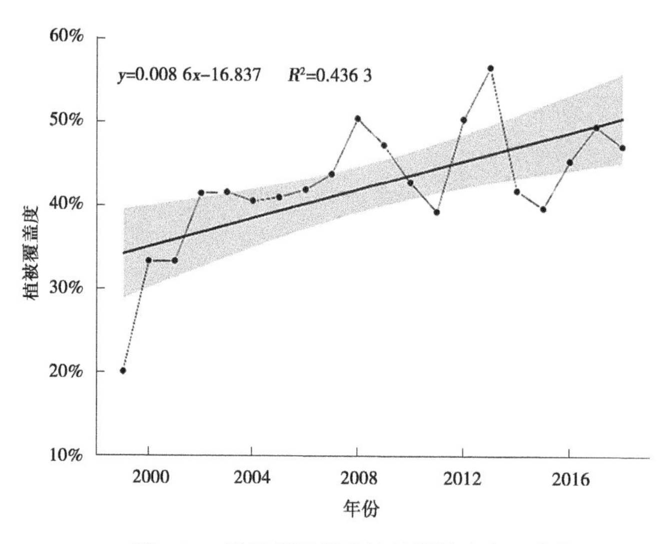

图 6-30　砒砂岩区平均植被覆盖度年际变化

由表 6-17 可知,砒砂岩区植被覆盖度主要以低植被覆盖度、中低植被覆盖度和中植被覆盖度为主。裸地植被覆盖度呈减少趋势,2012 年所占比例下降到 0.15%。与裸地相似,低植被覆盖呈减少趋势,其中 2013 年所占比例仅 6.76%,于 2018 年增长至 12.50%。中低植被覆盖度、中植被覆盖度、高植被覆盖度均呈增加的趋势,2013~2015 年间三个等级的植被覆盖度均至 40%以上,说明了此阶段砒砂岩区植被总体覆盖较好。

表 6-17　砒砂岩区 1999～2018 年植被覆盖度等级统计

年份	裸地		低植被覆盖度		中低植被覆盖度		中植被覆盖度		高植被覆盖度	
	面积（km²）	比例（%）	面积（km²）	比例（%）	面积（km²）	比例（%）	面积（km²）	比例（%）	面积（km²）	比例（%）
1999	936.99	5.61	14 624.34	87.54	1 077.59	6.45	53.23	0.32	14.06	0.08
2000	164.70	0.99	6 226.54	37.27	8 228.08	49.25	1 762.51	10.55	324.38	1.94
2001	201.86	1.21	5 126.86	30.69	10 289.87	61.59	1 042.44	6.24	45.19	0.27
2002	113.48	0.68	3 109.26	18.61	6 937.58	41.53	5 331.73	31.91	1 214.18	7.27
2003	33.14	0.20	2 668.38	15.97	7 444.74	44.56	5 426.13	32.48	1 133.83	6.79
2004	278.19	1.67	3 165.50	18.95	7 158.52	42.85	4 930.02	29.51	1 174.01	7.03
2005	62.27	0.37	3 416.57	20.45	6 925.52	41.45	4 853.69	29.05	1 448.17	8.67
2006	93.40	0.56	2 906.39	17.40	6 520.80	39.03	6 008.61	35.97	1 177.02	7.05
2007	59.25	0.35	3 070.09	18.38	5 594.85	33.49	5 721.39	34.25	2 260.64	13.53
2008	26.11	0.16	2 452.46	14.68	3 317.14	19.86	5 533.59	33.12	5 376.92	32.19
2009	31.13	0.19	1 757.49	10.52	5 560.71	33.29	6 251.65	37.42	3 105.24	18.59
2010	75.32	0.45	3 507.95	21.00	5 335.75	31.94	5 794.70	34.69	1 992.49	11.93
2011	155.66	0.93	4 411.81	26.41	6 365.13	38.10	4 039.22	24.18	1 734.39	10.38
2012	25.11	0.15	1 177.02	7.05	3 802.21	22.76	8 086.47	48.40	3 615.41	21.64
2013	31.13	0.19	1 128.81	6.76	2 529.78	15.14	5 233.31	31.33	7 783.18	46.59
2014	59.25	0.35	3 063.06	18.33	6 024.68	36.06	6 765.84	40.50	793.38	4.75
2015	71.30	0.43	4 016.12	24.04	6 498.70	38.90	5 151.96	30.84	968.13	5.80
2016	41.18	0.25	2 361.07	14.13	4 719.12	28.25	8 023.20	48.03	1 561.66	9.35
2017	48.21	0.29	2 513.72	15.05	3 992.02	23.90	5 358.84	32.08	4 793.43	28.69
2018	47.20	0.28	2 088.91	12.50	4 390.72	26.28	7 461.81	44.66	2 717.59	16.27

为了研究不同砒砂岩分区植被覆盖度随时间的变化特点，统计了不同分区的植被覆盖度并绘制了植被覆盖度的年际变化图（见图 6-31）。可以发现，不同砒砂岩区植被覆盖度变化趋势基本相同，其中覆土砒砂岩区>覆沙砒砂岩区>裸露砒砂岩区（剧烈侵蚀）>裸露砒砂岩区（强度侵蚀）。四个区植被覆盖度分别于 2013 年达到最高，其中覆土砒砂岩区高达 65.60%。就增长速率来看，裸露砒砂岩区（强度侵蚀）增长速率最小，每年仅 0.005。

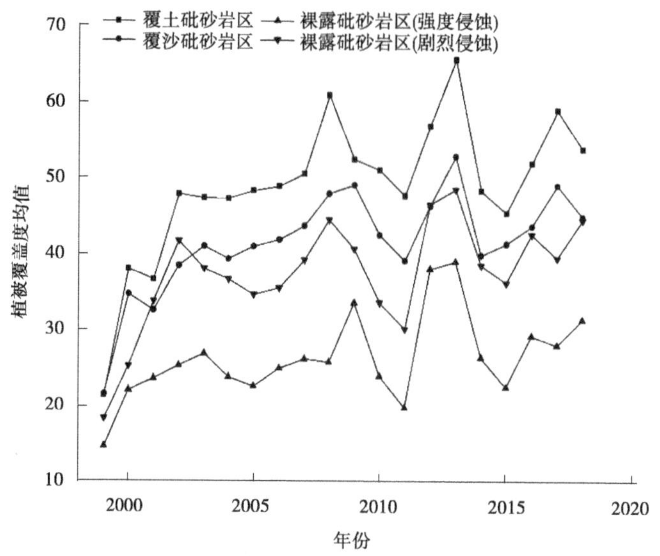

图 6-31　不同砒砂岩分区平均植被覆盖度年际变化

6.4.2　植被覆盖度空间变化特征

6.4.2.1　植被覆盖度空间分布格局分析

由 1999 年、2003 年、2008 年、2013 年、2018 年的植被覆盖度分级图(见图 6-32)可以看出,砒砂岩区植被覆盖度的空间格局基本保持一致,呈现东南高、西北低的空间格局,即覆土砒砂岩区>覆沙砒砂岩区>裸露砒砂岩区(剧烈侵蚀)>裸露砒砂岩区(强度侵蚀),主要与砒砂岩区特有的地形分布有关,裸露区分布于砒砂岩区西北部,地貌多呈岗状丘陵,侵蚀严重,植被稀疏,植被覆盖度较低。覆土区位于砒砂岩区东部,相较于其他分区,降水气候因素较优,植被覆盖度稍高。

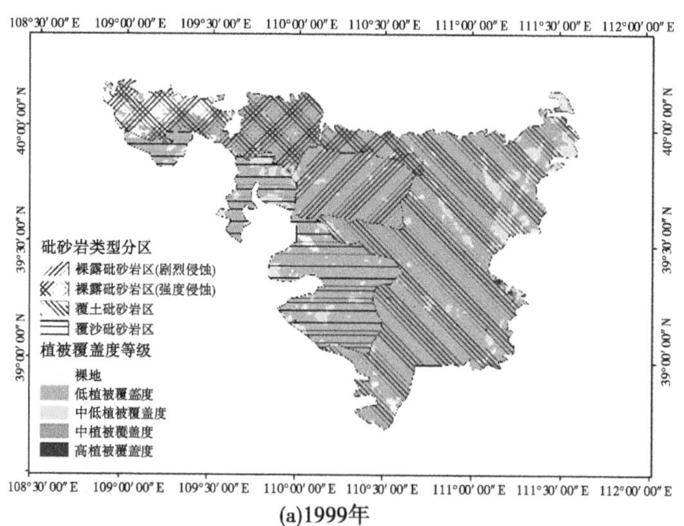

图 6-32　砒砂岩区植被覆盖度空间分布

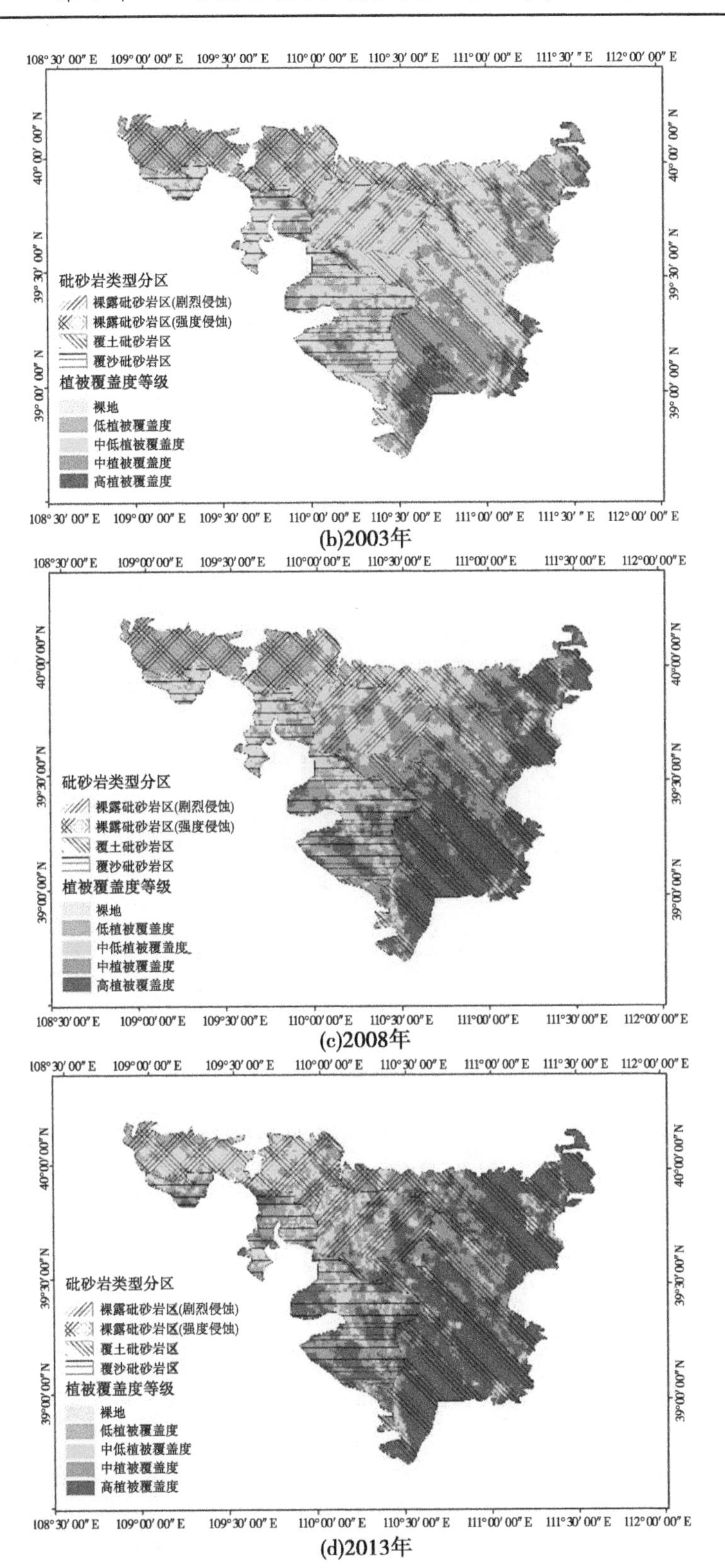

(b)2003年

(c)2008年

(d)2013年

续图 6-32

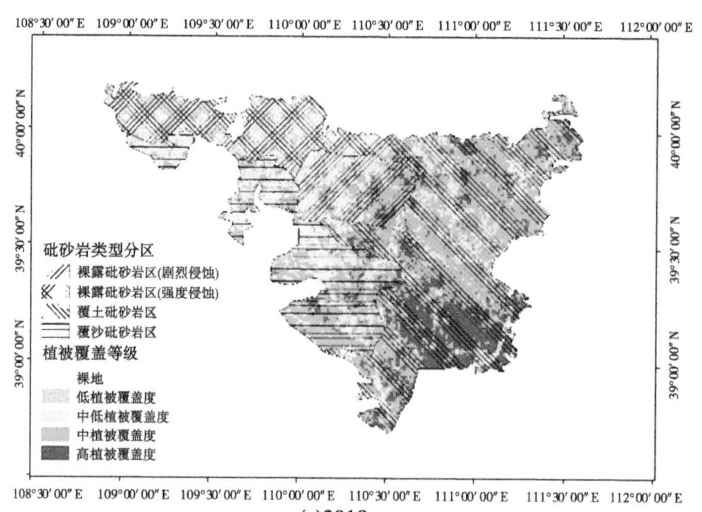

(e)2018

续图 6-32

6.4.2.2　不同植被覆盖度等级的面积变化分析

分别统计 1999 年和 2018 年不同植被覆盖度等级的面积比例,并对各覆盖度等级面积变化情况进行分析。由表 6-18 可得,砒砂岩区植被覆盖度处于中植被覆盖度水平,该等级面积比例较 1999 年增加了 44.35%,并且高植被覆盖度也存在增加现象,共增加了 16.18%,中低植被覆盖度增加了 19.83%。裸地和低植被覆盖度面积有所下降,其中低植被覆盖度减少了 75.03%。统计各分区不同植被覆盖度等级面积比例及变化(见图 6-33),结果显示低覆盖度的面积减少主要在覆土砒砂岩区,裸地的面积减少主要在裸露砒砂岩区(强度侵蚀)。中低覆盖度及以上等级面积均呈增加趋势,其中中低覆盖度的增加主要在裸露砒砂岩区(强度侵蚀),中覆盖度以及高覆盖度主要是覆土砒砂岩区和覆沙砒砂岩区增加最多。

表 6-18　砒砂岩分区不同植被覆盖度等级面积比例及变化　　(%)

植被覆盖度等级	面积比例	裸地	低植被覆盖度	中低植被覆盖度	中植被覆盖度	高植被覆盖度
覆土砒砂岩区	1999 年	0.61	46.18	3.98	0.21	0.08
	2018 年	0.13	1.07	7.23	28.67	13.96
	变化幅度	-0.49	-45.11	3.25	28.46	13.88
覆沙砒砂岩区	1999 年	0.45	18.65	1.98	0.09	0.01
	2018 年	0.04	1.85	7.86	10.13	1.29
	变化幅度	-0.41	-16.80	5.89	10.04	1.29

续表 6-18

植被覆盖度等级	面积比例	裸地	低植被覆盖度	中低植被覆盖度	中植被覆盖度	高植被覆盖度
裸露砒砂岩区（强度侵蚀）	1999 年	4.47	12.49	0.24	0.02	0
	2018 年	0.05	8.43	7.42	1.15	0.16
	变化幅度	-4.42	-4.06	7.18	1.14	0.16
裸露砒砂岩区（剧烈侵蚀）	1999 年	0.08	10.22	0.25	0	0
	2018 年	0.07	1.15	3.76	4.71	0.86
	变化幅度	-0.01	-9.07	3.51	4.71	0.86
砒砂岩全区	1999 年	5.61	87.54	6.45	0.32	0.08
	2018 年	0.28	12.50	26.28	44.66	16.27
	变化幅度	-5.33	-75.03	19.83	44.35	16.18

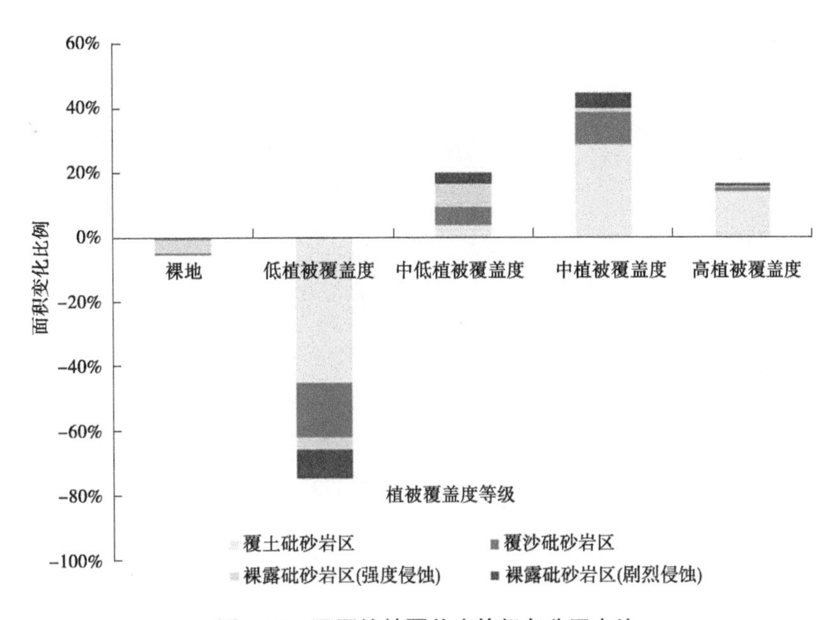

图 6-33　不同植被覆盖度等级各分区占比

6.4.3　植被覆盖度的变化趋势特征

6.4.3.1　植被覆盖度趋势分析

利用一元线性回归模型计算得到砒砂岩区 1999~2018 年植被覆盖度变化趋势的空间分布（见图 6-34），并对分析结果进行显著性检验（见表 6-19），分析结果如下。通过年际变化趋势图（见图 6-34）可以发现，砒砂岩区东部回归斜率为正值，说明植被覆盖度向好的方向发展，回归系数为正值的区域为 15 616.57 km^2，约占砒砂岩区总面积的

93.48%；而在裸露砒砂岩区(强度侵蚀)回归斜率为负值,说明植被覆盖度有变差的趋势,回归系数为负值的区域为 1 089.65 km^2,约占砒砂岩区总面积的 6.52%。正值区域大于负值区域面积,表明砒砂岩区植被覆盖度有改善的趋势。

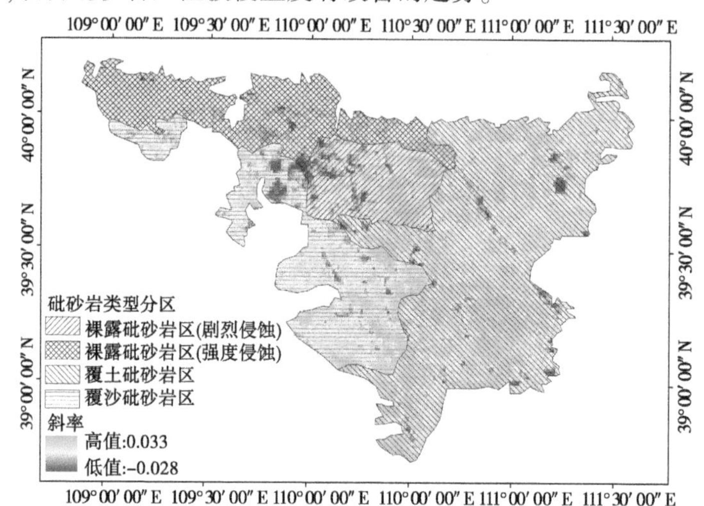

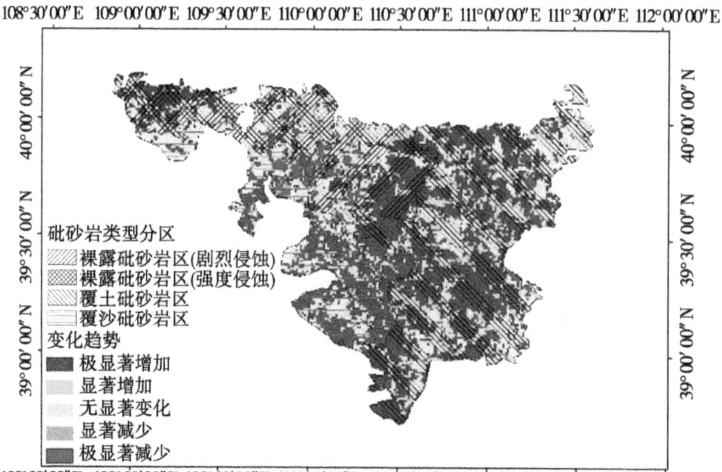

图 6-34　1999~2018 年砒砂岩区植被覆盖度年际变化趋势及显著性检验

通过 F 检验的方法对回归结果进行显著性检验,来判断植被覆盖度的变化是否显著,结果如图 6-34 所示。在 $\alpha=0.05$ 显著性检验水平下,砒砂岩区植被覆盖度有 73.57% 的区域通过了显著性检验,其中 56.73% 的区域通过了 $\alpha=0.01$ 的显著性检验。按照砒砂岩区分区划分,覆沙砒砂岩区约 300.28 km^2 严重退化(通过 $\alpha=0.01$ 显著性检验),位于砒砂岩区西部,占区域总面积的 1.80%,其次是覆土砒砂岩区,占区域面积的 1.74%,严重退化的区域总计占区域面积的 5.86%。明显改善的区域占砒砂岩区约一半面积(50.87%),其中覆土砒砂岩区约 4 900.89 km^2,占区域面积的 29.34%,裸露砒砂岩区(剧烈侵蚀)明显改善的区域最小,占比仅 4.85%。中度退化(通过 $\alpha=0.05$ 显著性检验)的区域占砒砂岩区面积的 0.67%,中度改善的区域占砒砂岩区面积的 16.18%。整个砒砂岩区共26.43%面积在20年间无明显变化。通过上述分析显示,砒砂岩区植被覆盖整体得到改善比退化的区域面积要大,特别是在东部的覆土砒砂岩区。

表6-19 不同砒砂岩区植被覆盖度显著变化趋势统计

等级/分区	覆土砒砂岩区		覆沙砒砂岩区		裸露砒砂岩区(强度侵蚀)		裸露砒砂岩区(剧烈侵蚀)		合计	
	面积(km^2)	比例(%)	面积(km^2)	比例(%)	面积(km^2)	比例(%)	面积(km^2)	比例(%)	面积(km^2)	比例(%)
明显改善	4 900.89	29.34	1 857.92	11.12	929.96	5.57	810.45	4.85	8 499.23	50.87
中度改善	1 525.50	9.13	451.93	2.71	521.22	3.12	203.87	1.22	2 702.52	16.18
无明显变化	1 784.61	10.68	878.75	5.26	1 274.43	7.63	477.03	2.86	4 414.82	26.43
中度退化	28.12	0.17	48.21	0.29	5.02	0.03	30.13	0.18	111.48	0.67
严重退化	291.24	1.74	300.28	1.80	145.62	0.87	241.03	1.44	978.17	5.86

砒砂岩区植被覆盖度变化趋势结果见图6-35和表6-20,结果表明砒砂岩区有45.53%的区域面积植被覆盖度极显著增加,主要分布在覆土砒砂岩区和覆沙砒砂岩区,两者分别占25.56%和10.15%;显著增加的面积占砒砂岩区总面积的16.77%,其中裸露砒砂岩区(剧烈侵蚀)最小,仅占1.31%。显著与极显著增加的区域基本相同,主要分布在砒砂岩区东部区域,该区域降水、气温等气候条件较好,促进了植被增长。无显著变化的区域面积占砒砂岩区总面积的36.42%,主要分布在裸露砒砂岩区(强度侵蚀)东部以及裸露砒砂岩区(剧烈侵蚀)西部,分别占8.28%和4.60%。显著和极显著减少的区域面积仅占0.70%和0.46%。总之,砒砂岩区植被覆盖整体表现为上升趋势,增加的区域面积占砒砂岩区总面积的62.30%,减少的区域面积占砒砂岩区总面积的1.16%。

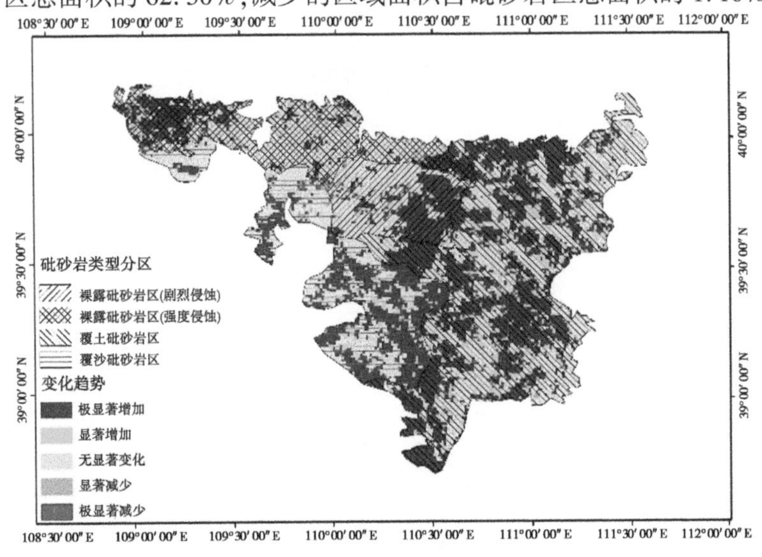

图6-35 砒砂岩区植被覆盖度Mann-Kendall变化趋势图

表 6-20　不同砒砂岩区植被覆盖度 sen's 趋势变化统计

等级/分区	覆土砒砂岩区		覆沙砒砂岩区		裸露砒砂岩区（强度侵蚀）		裸露砒砂岩区（剧烈侵蚀）		合计	
	面积（km^2）	比例（%）	面积（km^2）	比例（%）	面积（km^2）	比例（%）	面积（km^2）	比例（%）	面积（km^2）	比例（%）
极显著增加	4 270.20	25.56	1 696.23	10.15	925.95	5.54	714.04	4.27	7 606.43	45.53
显著增加	1 584.76	9.49	471.01	2.82	526.24	3.15	218.93	1.31	2 800.94	16.77
无显著变化	2 624.19	15.71	1 307.57	7.83	1 383.90	8.28	769.28	4.60	6 084.94	36.42
显著减少	21.09	0.13	40.17	0.24	13.06	0.08	42.18	0.25	116.50	0.70
极显著减少	27.12	0.16	22.09	0.13	13.06	0.08	15.06	0.09	77.33	0.46

6.4.3.2　植被覆盖度稳定性分析

砒砂岩区近 20 年植被覆盖度年均空间变化范围为 0.05~0.89，变异系数空间变化范围为 0.10~0.90（见图 6-36），植被覆盖度变化均属于中等程度变异。从空间分布看，整个砒砂岩区均属于较低稳定区，裸露砒砂岩区（强度侵蚀）西部变异系数较大，生态系统较为脆弱。

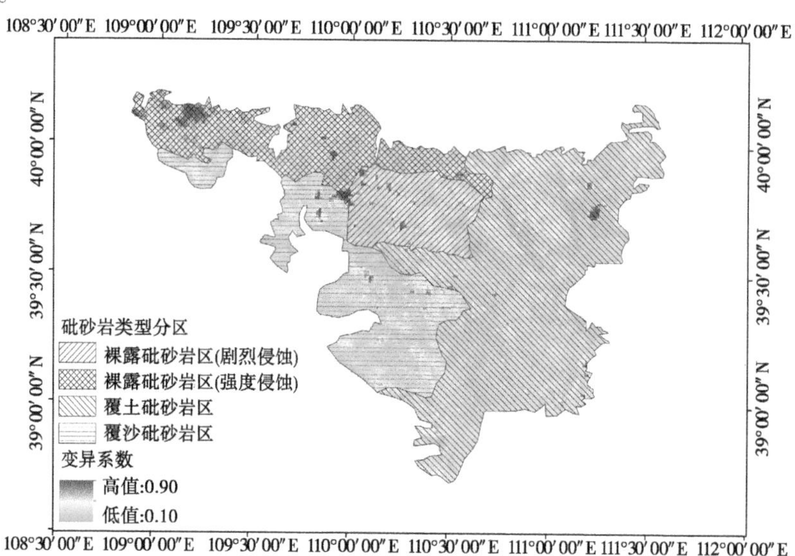

图 6-36　砒砂岩区植被覆盖度变异系数空间分布图

6.4.3.3　植被覆盖度 *Hurst* 指数分析

根据 *Hurst* 指数原理，利用 Arcgis 逐像元空间计算，得到了砒砂岩区 1999~2018 年植被覆盖度的 *Hurst* 指数，结果如图 6-37 所示。基于 *Hurst* 指数分析发现，砒砂岩区植被覆盖度呈正向持续性变化（$Hurst>0.5$）的区域占总面积的 56.16%，反向持续变化（$Hurst<0.5$）面积比例为 43.84%；说明砒砂岩区植被覆盖度变化将在短期内保持现有的发展趋势，即未来植被覆盖度的变化呈现正向趋势。

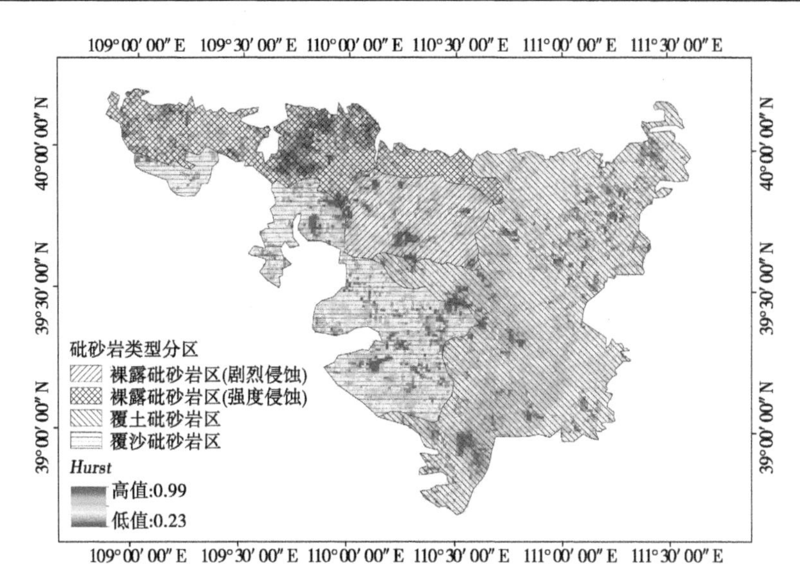

图 6-37　砒砂岩区植被覆盖度 *Hurst* 指数空间分布图

Hurst 指数按照砒砂岩分区进行统计(见表 6-21)可知,弱持续性和弱反持续性所占的比例较大,总计为 47.26%和 41.99%,强持续性和强反持续性所占的比例较小,分别为 1.23%和 0.02%。覆土砒砂岩区、覆沙砒砂岩区、裸露砒砂岩区(剧烈侵蚀)植被覆盖呈现持续性大于反持续性,弱持续性大于弱反持续性,植被覆盖将保持现有的变化趋势。裸露砒砂岩区(强度侵蚀)的反持续性要大于持续性,植被覆盖将向相反的方向发展。总之,砒砂岩区东部地区的 *Hurst* 指数值要高于西部区域,受人类活动影响的地区 *Hurst* 指数值偏高。

表 6-21　不同砒砂岩区植被覆盖度 *Hurst* 指数统计

等级/分区	覆土砒砂岩区		覆沙砒砂岩区		裸露砒砂岩区(强度侵蚀)		裸露砒砂岩区(剧烈侵蚀)		合计	
	面积(km^2)	比例(%)	面积(km^2)	比例(%)	面积(km^2)	比例(%)	面积(km^2)	比例(%)	面积(km^2)	比例(%)
强反持续性	0	0	2.01	0.01	1.00	0.01	0	0	3.01	0.02
较强反持续性	90.39	0.54	61.26	0.37	149.64	0.90	4.02	0.02	305.30	1.83
弱反持续性	3 040.96	18.20	1 555.63	9.31	1 931.23	11.56	487.08	2.92	7 014.90	41.99
弱持续性	4 575.51	27.39	1 544.58	9.25	745.18	4.46	1 029.39	6.16	7 894.65	47.26
较强持续性	760.24	4.55	308.31	1.85	29.12	0.17	184.79	1.11	1 282.47	7.68
强持续性	63.27	0.38	65.28	0.39	20.09	0.12	57.24	0.34	205.88	1.23

6.4.4　砒砂岩区侵蚀环境特征-植被变化特征间的响应规律

植被作为生态系统的重要组成部分,与各种环境因子有着极其重要的联系。为探究各环境因子对砒砂岩区植被覆盖空间分布的影响，选取8种因素并对其进行地理探测器分析，得到影响因子的解释力 q 值(见表6-22)。解释力大小从大到小依次为降水、土壤水分、气温、海拔、土壤类型、土地利用类型、坡度和坡向。降水、土壤水分和气温的 q 值均大于0.5，是区域内植被覆盖空间分布的主导环境因子。土壤类型的 q 值为0.308，与海拔 q 值(0.319)接近，即对植被覆盖空间分布的解释力中等。坡度和坡向对植被覆盖的解释力最弱，q 值分别为0.054和0.003。

表6-22　1999~2018年砒砂岩区环境因子对植被覆盖的解释力(q)

环境因子	降水	气温	土壤类型	土壤水分	土地利用	海拔	坡度	坡向
q 值	0.582	0.533	0.308	0.541	0.096	0.319	0.054	0.003

为了了解任意两个环境因子共同作用下对 *NDVI* 空间分布的解释程度，因此对各因子进行交互作用探测。双因子交互作用下，都会增强对植被覆盖的解释力(见图6-38)，且均为非线性增强趋势。其中，降水∩土壤水分(q 值为0.651)、气温∩土壤水分(q 值为0.647)、土壤类型∩土壤水分(q 值为0.641)和降水∩土壤类型(q 值为0.628)对砒砂岩区植被覆盖空间分布的解释力较大。由此可以看出，降水作为本区域植被覆盖空间分布的主导气候类因素，在与其他环境因子的交互作用下，对植被覆盖影响最大。依据前面对植被覆盖环境因子的分析，土壤类型单因素对本区域植被覆盖的解释力较弱，但与土壤水分的交互作用解释力较大(q 值为0.640)，这说明土壤类型只有在满足一定的土壤水分，并和降水的共同作用下，才会对植被覆盖产生显著的影响。此外，为检测双因子间对 *NDVI* 空间分布 是否存在显著差异，对各因子做生态探测(见图6-39)，结果表明：土壤类型和海拔、土壤水分和气温，无显著差异(检测值为 *N*)，说明土壤类型、土壤水分、海拔、气温对植被覆盖空间分布具有相似的机制。

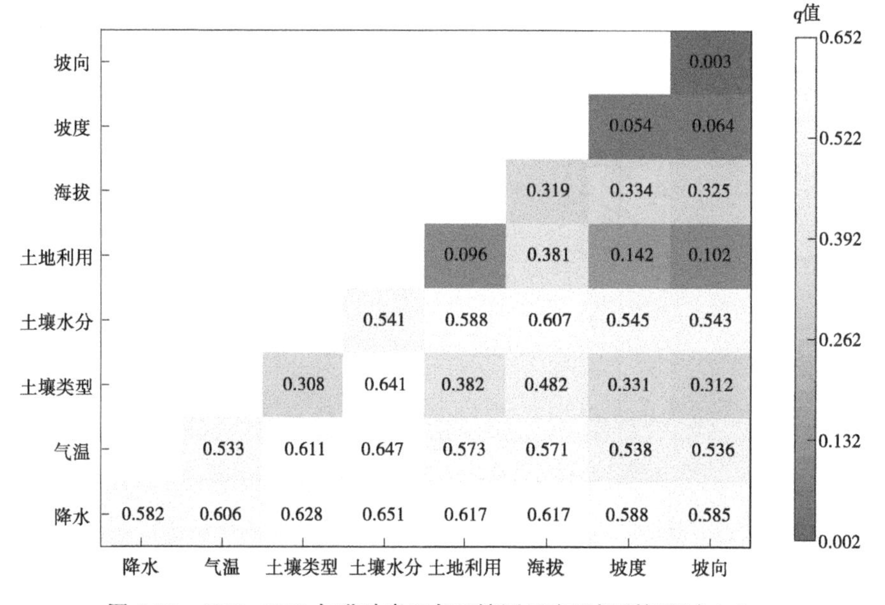

图6-38　1999~2018年砒砂岩区各环境因子交互探测解释力(q)

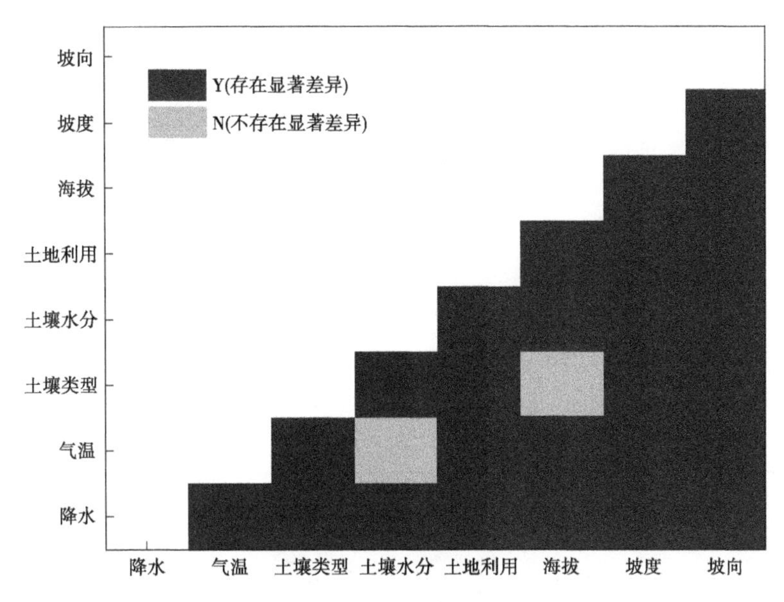

图 6-39　1999～2018 年砒砂岩区各环境因子生态检测

综合各因子,并结合 *NDVI* 空间分布特征分析可知,降水是影响覆土砒砂岩区、覆沙砒砂岩区以及裸露砒砂岩区(强度侵蚀)内植被覆盖空间分布的主导气候因素(见图 6-40)。对于裸露砒砂岩区(剧烈侵蚀)来说,气温是该区域的主导因素,其他因素对该区域植被覆盖影响程度有所差异。覆土砒砂岩区自身覆盖程度高,受到降水、气温的共同影响,更能促进植被生长。裸露砒砂岩区(剧烈侵蚀)受到环境因素的限制,导致区域内植被覆盖程度较低。

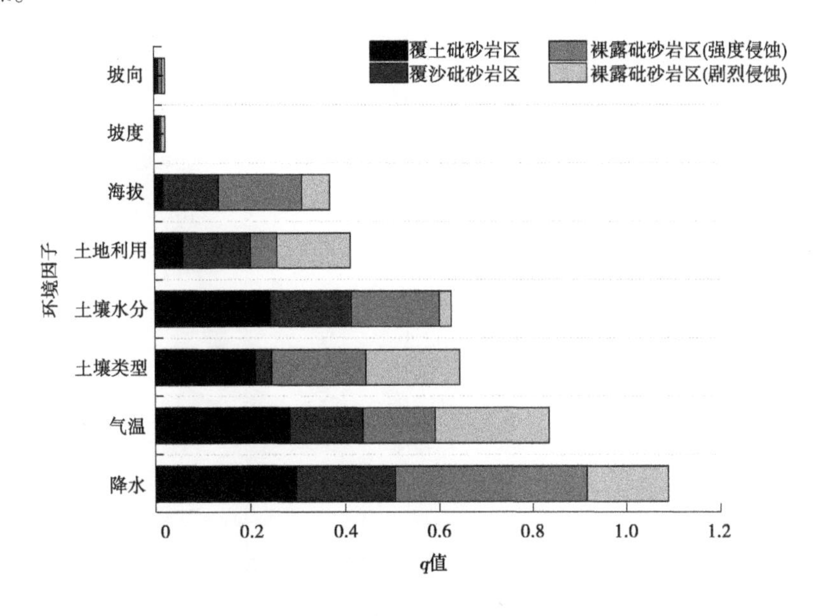

图 6-40　1999～2018 年不同砒砂岩区环境因子交互探测解释力(q)

6.4.5　砒砂岩区不同植被覆盖度的土壤侵蚀特征

植被覆盖度变化是引起土壤侵蚀的动因之一，分析植被覆盖度与土壤侵蚀的关系，可以揭示区域植被覆盖度变化对土壤侵蚀的作用和影响，为区域土壤侵蚀综合治理提供科学参考。

基于空间分析功能，将砒砂岩不同植被覆盖度等级分布图与相应的水力侵蚀强度等级分布图与风力侵蚀强度等级分布图叠加，在此基础上通过分区统计提取不同植被覆盖度包括裸地、低植被覆盖度、中低植被覆盖度、中植被覆盖度、高植被覆盖度的土壤侵蚀分布数据，并对五种植被覆盖度的土壤水蚀（见表 6-23）和风蚀（见表 6-24）分布特征进行分析。

表 6-23　砒砂岩分区不同植被覆盖度的土壤水力侵蚀面积　　（单位：km^2）

侵蚀强度等级	分区	裸地	低植被覆盖度	中低植被覆盖度	中植被覆盖度	高植被覆盖度
微度侵蚀	覆土区	0	56.24	1 107.72	2 115.02	323.38
	覆沙区	0	128.55	1 088.64	767.27	27.12
	剧烈区	5.02	111.48	570.43	112.48	0
	强度区	0	748.19	402.72	5.02	0
轻度侵蚀	覆土区	0	18.08	539.30	971.14	170.73
	覆沙区	0	26.11	311.33	158.68	8.03
	剧烈区	0	39.17	294.25	49.21	0
	强度区	0	374.60	185.79	4.02	0
中度侵蚀	覆土区	0	17.07	363.55	684.92	128.55
	覆沙区	0	13.06	176.75	102.44	3.01
	剧烈区	0	37.16	230.98	25.11	0
	强度区	0	288.23	142.61	1.00	0
强度侵蚀	覆土区	0	6.03	195.83	351.50	57.24
	覆沙区	0	5.02	56.24	36.15	0
	剧烈区	0	18.08	101.43	13.06	0
	强度区	0	153.66	81.35	2.01	0

续表 6-23

侵蚀强度等级	分区	裸地	低植被覆盖度	中低植被覆盖度	中植被覆盖度	高植被覆盖度
极强度侵蚀	覆土区	0	5.02	137.59	353.51	79.34
	覆沙区	0	3.01	53.23	39.17	3.01
	剧烈区	0	6.03	47.20	3.01	0
	强度区	0	74.32	28.12	0	0
剧烈侵蚀	覆土区	0	1.00	91.39	260.11	91.39
	覆沙区	0	2.01	30.13	19.08	0
	剧烈区	0	3.01	20.09	3.01	0
	强度区	0	8.03	9.04	0	0

各分区裸地水力侵蚀面积几乎可以忽略不计,各分区水力侵蚀强度等级总面积主要集中在中低植被覆盖度与中植被覆盖度,其中又以覆土区中低植被覆盖度与中植被覆盖度水力侵蚀强度面积最大,在中低植被覆盖度与中植被覆盖度所占水力侵蚀强度面积分别为 2 435.4 km^2 和 4 736.2 km^2。强度区中低植被覆盖度与中植被覆盖度水力侵蚀强度面积最小,在中低植被覆盖度与中植被覆盖度所占水力侵蚀强度面积分别为 849.6 km^2 和 12.1 km^2。总体而言,随着植被覆盖度的增加,各分区的水力侵蚀面积呈减少趋势,说明各分区植被覆盖度的增加有利于控制区域土壤水土流失。

分析各植被覆盖度的土壤侵蚀强度等级结构,除裸地各水力侵蚀强度面积几乎为 0 以外,其他各植被覆盖度地区均以微度侵蚀和轻度侵蚀为主,中度侵蚀次之,剧烈侵蚀最少。低植被覆盖度地区微度侵蚀和轻度侵蚀所占水力侵蚀强度面积分别为 1 044.5km^2 和 458.0 km^2。中低植被覆盖度地区微度侵蚀和轻度侵蚀所占水力侵蚀强度面积分别为 3 169.5 km^2 和 1 330.7 km^2。中植被覆盖度地区微度侵蚀和轻度侵蚀所占水力侵蚀强度面积分别为 2 999.8 km^2 和 1 183.0 km^2。高植被覆盖度地区微度侵蚀和轻度侵蚀所占水力侵蚀强度面积分别为 350.5 km^2 和 178.8 km^2。

表 6-24　砒砂岩分区不同植被覆盖度的土壤风力侵蚀面积　(单位:km^2)

侵蚀强度等级	分区	裸地	低植被覆盖度	中低植被覆盖度	中植被覆盖度	高植被覆盖度
微度侵蚀	覆土区	0.0	5.0	300.3	352.5	10.0
	覆沙区	0.0	3.0	17.1	1.0	0.0
	剧烈区	0.0	31.1	51.2	1.0	0.0
	强度区	0.0	8.0	69.3	0.0	0.0

续表 6-24

侵蚀强度等级	分区	裸地	低植被覆盖度	中低植被覆盖度	中植被覆盖度	高植被覆盖度
轻度侵蚀	覆土区	0.0	50.2	1 945.3	4 180.8	811.5
	覆沙区	0.0	86.4	1 410.0	1 063.5	40.2
	剧烈区	0.0	108.5	1 107.7	197.8	0.0
	强度区	0.0	1 091.7	736.1	11.0	0.0
中度侵蚀	覆土区	0.0	0.0	1.0	25.1	5.0
	覆沙区	0.0	50.2	107.5	27.1	1.0
	剧烈区	0.0	0.0	0.0	0.0	0.0
	强度区	1.0	380.6	17.1	0.0	0.0
强度侵蚀	覆土区	0.0	5.0	36.2	5.0	0.0
	覆沙区	0.0	1.0	19.1	0.0	0.0
	剧烈区	0.0	1.0	1.0	0.0	0.0
	强度区	0.0	50.2	2.0	0.0	0.0
极强度侵蚀	覆土区	0.0	3.0	74.3	17.1	0.0
	覆沙区	0.0	2.0	17.1	4.0	0.0
	剧烈区	0.0	4.0	10.0	1.0	0.0
	强度区	0.0	22.1	23.1	0.0	0.0
剧烈侵蚀	覆土区	0.0	0.0	4.0	4.0	0.0
	覆沙区	0.0	80.3	148.6	29.1	0.0
	剧烈区	0.0	0.0	1.0	0.0	0.0
	强度区	0.0	194.8	12.1	0.0	0.0

各分区裸地风力侵蚀面积几乎可以忽略不计，各分区风力侵蚀强度等级总面积主要集中在中低植被覆盖度与中植被覆盖度，其中又以覆土区中低植被覆盖度与中植被覆盖度风力侵蚀强度面积最大，在中低植被覆盖度与中植被覆盖度所占风力侵蚀强度面积分别为 2 361.1 km^2 和 4 584.5 km^2。强度区中低植被覆盖度与中植被覆盖度风力侵蚀强度面积最小，在中低植被覆盖度与中植被覆盖度所占风力侵蚀强度面积分别为 859.7 km^2 和 11.0 km^2。总体而言，随着植被覆盖度的增加，各分区的风力侵蚀面积呈减少趋势，说明各分区植被覆盖度的增加有利于控制区域土壤水土流失。

分析各植被覆盖度的土壤侵蚀强度等级结构，除裸地各风力侵蚀强度面积几乎为 0 以外，其他各植被覆盖度地区均以轻度侵蚀和中度侵蚀为主，剧烈侵蚀次之，极强度侵蚀最少。低植被覆盖度地区轻度侵蚀和中度侵蚀所占风力侵蚀强度面积分别为 1 336.8

km^2 和 430.8 km^2。中低植被覆盖度地区剧烈侵蚀和微度侵蚀所占风力侵蚀面积分别为 165.7 km^2 和 437.9 km^2。中植被覆盖度地区剧烈侵蚀和微度侵蚀所占风力侵蚀强度面积分别为 33.1 km^2 和 354.5 km^2。高植被覆盖度地区微度侵蚀所占风力侵蚀强度面积为 10 km^2。

6.5　砒砂岩区植被-复合侵蚀-粗泥沙产输耦合关系

6.5.1　复合侵蚀-粗泥沙产沙叠加放大效应

6.5.1.1　分析方法

通过对不同动力交互过程的关联组合对比分析，分离复合侵蚀中水力、风力、冻融的耦合叠加效应。

设 D_1、D_2、D_3 分别为风力、水力和冻融侵蚀因子变量集，则复合侵蚀 $f(D)$ 可以表示为

$$f(D)=f(D_1,D_2,D_3) \tag{6-3}$$

因为复合侵蚀具有在时间上交替的特征，那么在某一时段内，必然存在二个或三个侵蚀动力因子的交集，在此时段内除主导侵蚀动力作用外，还有其他动力的联合作用。因此，在某一时段内侵蚀动力因子存在以下几种交集关系：

$$\Psi_1(t)=D_1\cap D_2$$
$$\Psi_2(t)=D_1\cap D_3$$
$$\Psi_3(t)=D_2\cap D_3$$
$$\Psi_4(t)=D_1\cap D_2\cap D_3$$

式中：$\Psi_i(t)$ 为在某一时段内的交集函数，其关系与时间 t 有关。

正是有这些侵蚀动力因子的交集关系存在，也必然有

$$f(D)=f(D_1,D_2,D_3)\geqslant f(D_1)+f(D_2)+f(D_3) \tag{6-4}$$

即复合侵蚀大于或等于单相侵蚀的线性叠加，其叠加的放大效应应该是 $f(\Psi_i(t))$ 函数。

据此，可以设计辨识复合侵蚀效应的实现路径为："冻融+水力侵蚀"与"冻融-水力侵蚀"复合侵蚀对比，认识"冻-水"叠加效应；"冻融+风力侵蚀+水力侵蚀"与"冻融-风力侵蚀-水力侵蚀"复合侵蚀对比，分解"冻-风-水"叠加效应（见图 6-41）。

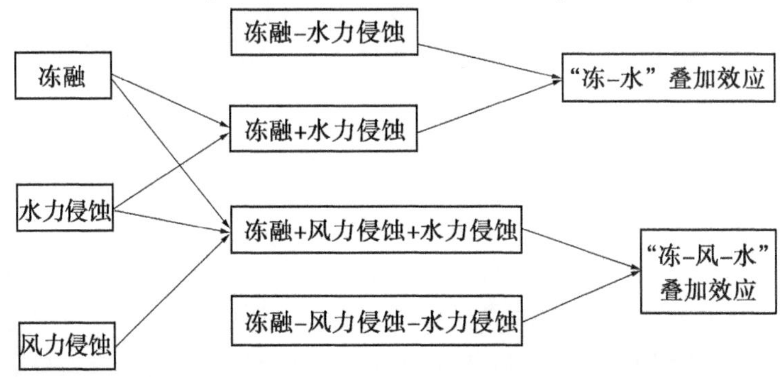

图 6-41　水力、风力、冻融耦合的叠加效应分离方案

6.5.1.2 单相侵蚀过程

根据砒砂岩区主要侵蚀类型，在模型试验中模拟的单相侵蚀包括水力侵蚀、冻融侵蚀和风力侵蚀。

1. 水力侵蚀过程

砒砂岩区水力侵蚀多发生于夏季 7~8 月，此时降雨集中且多为暴雨，其降雨量约占全年总降雨量的 64%。从水力侵蚀作用下砒砂岩坡面侵蚀产沙过程（见图 6-42）看出，水力侵蚀单独作用使砒砂岩坡面产沙量呈先波动上升后波动下降，再趋于相对稳定的时序规律。坡面产沙开始于降雨约 8 min 后，产沙活跃时段为降雨后的 12~38 min，随着降雨持续，约 40 min 后坡面形态发育趋于稳定，相应的产沙量也逐渐趋于相对稳定，整个试验过程中坡面累积产沙量约为 330 kg。砒砂岩坡面在水力侵蚀作用下的产沙过程与黄土坡面细沟产沙较为相似，即细沟发育活跃期产沙量迅速增大，随后达到平衡状态下的相对稳定产沙量。

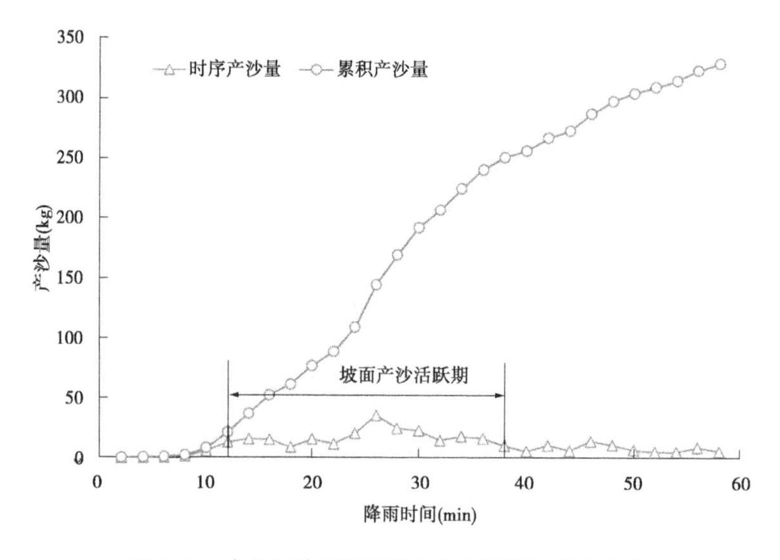

图 6-42　水力侵蚀作用下砒砂岩坡面侵蚀产沙过程

2. 冻融过程

砒砂岩区冻融侵蚀多发生于春季解冻期。在白天，随着气温升高表层土体解冻；到了夜晚，气温降低土体再次上冻，完成一次冻融循环，其持续时间基本维持在 24 h 左右。图 6-43 为冻融作用下砒砂岩坡面不同层次土体的冻融循环过程，其冻融循环试验历时 7 d。

根据 6 次完整的冻融循环过程观测，冻融循环影响厚度基本上只在表层 10 cm 内，更深层的土体则一直处于冰冻状态。根据土力学基本原理，由于温度变化，表层 10 cm 内的土体水分会发生由液态（固态）到固态（液态）的相变过程，进而引起体积不均匀膨胀，可造成土体机械性破坏。不过，在这一过程中并未观测到坡面产沙，而且置于野外现场坡顶的天然砒砂岩块体在经历了一次冻融循环后，其形态、质量也并未发生明显变化。这一现象说明，在单一冻融作用下可能并不会导致坡面产沙量明显增加，但其对砒砂岩表层结构的破坏可以为水蚀提供更为充足的物质来源，就是说冻融作用只有在水力、重力等驱动因

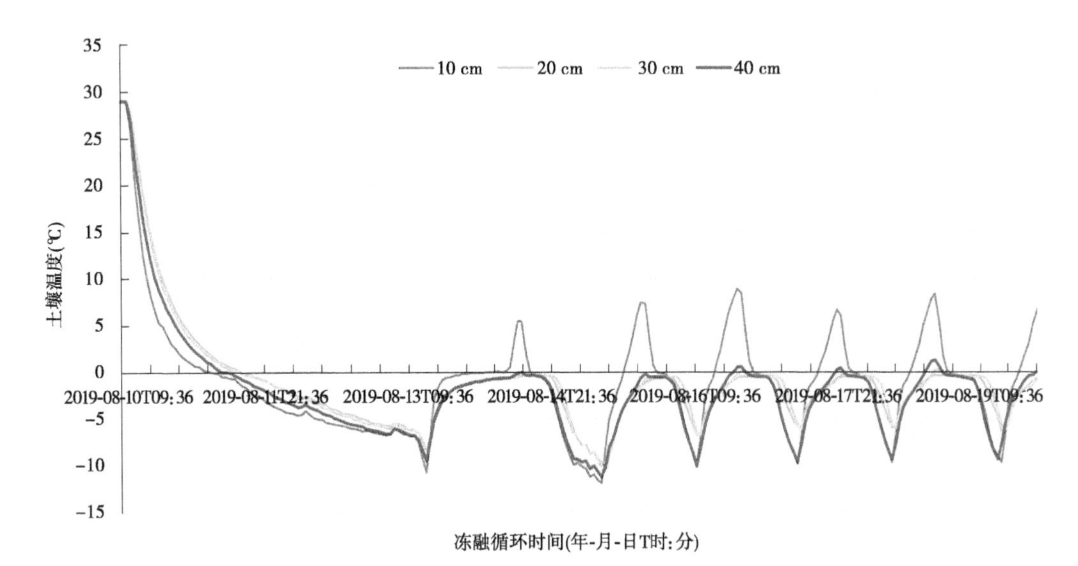

图6-43　冻融作用下砒砂岩坡面不同层次土体的冻融循环过程

子的复合作用下才能使坡面冻融物质被搬运、堆积。

3. 风蚀过程

砒砂岩区风力侵蚀的主要作用时段在每年的3~5月,此时随着春季气温逐渐回升,地表冻土开始融化,且降雨稀少,植被覆盖度低,平均风速2.4 m/s,最大风速可达15~16 m/s。自然界中风蚀过程分为风化和风积两个方面,其中风化作用是在大气条件下使砒砂岩的物理性状和化学成分发生变化;风积作用是风力所挟带的沙粒发生堆积。在单一风蚀试验中,由于砒砂岩土壤的颗粒较粗,风积产沙量非常小。同时,根据现场观测,在风力作用环境下的天然砒砂岩块体形态、质量并未出现明显变化。这一现象说明,单一风蚀作用也可能不会造成砒砂岩坡面产沙量的明显增加,只有在水力等作用下,风蚀对砒砂岩表层的风化影响才会显现。当然,对这一现象还需要深化研究。

6.5.1.3　冻融-风蚀-水蚀叠加过程

砒砂岩区侵蚀环境因子呈明显的季节性变化特征,水力、风力、冻融侵蚀过程在时间上交替、在空间上叠加,延长了侵蚀时间,加剧了侵蚀程度。要揭示水力-风力-冻融的驱动叠加效应,需要通过与不同侵蚀动力组合的对比分析,定量分离风蚀、冻融与水蚀过程的叠加关系。

以“冻-水”表示冻融、水力二者的复合侵蚀产沙量,以“冻-风-水”表示冻融、风力、水力三者的复合侵蚀产沙量,由“冻+水/冻+风+水”表示冻融与水蚀(或冻融与风力侵蚀和水力侵蚀)过程相加的产沙量。根据不同动力组合作用下砒砂岩坡面侵蚀产沙过程分析(见图6-44),由于试验过程中单一风蚀过程产沙量极少,因此“冻+水”和“冻+风+水”两条线基本上重合、“风力侵蚀”和“冻融”两条线重合。也说明在单一的冻融、风蚀作用下砒砂岩坡面产沙量甚微。“冻+水/冻+风+水”产沙过程较复合侵蚀产沙量明显偏小,且累积产沙量的增加过程较为平缓;“冻-水”和“冻-风-水”产沙过程较“冻+水/冻+风+水”过程增加明显,且在降雨开始后的14~42 min累积产沙量剧烈增加,而此时正是坡面侵蚀形态发育的活跃阶段,说明多动力交互作用下的复合侵蚀会导致砒砂岩坡面产沙的明显增加,尤其是对坡面侵蚀形态发育活跃期的侵蚀产沙量影响显著。

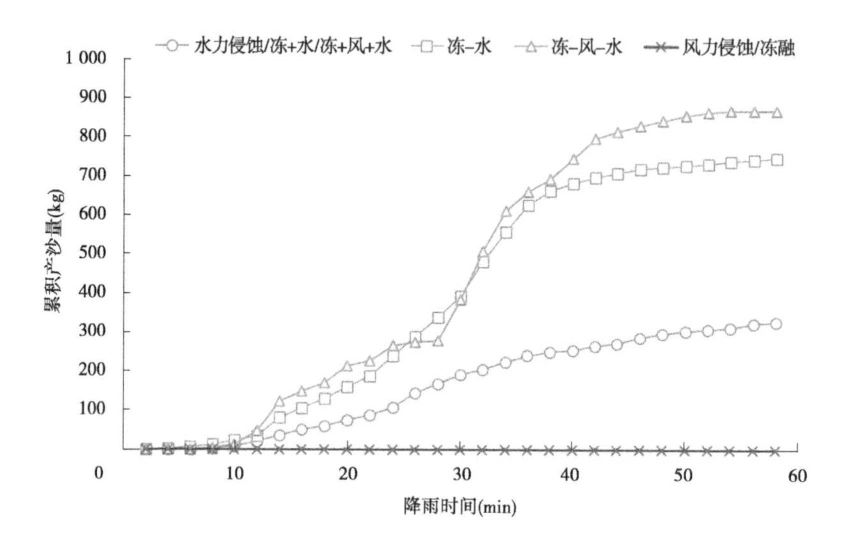

图 6-44　不同动力组合作用下砒砂岩坡面侵蚀产沙过程

从图 6-45 所示的多动力交互作用下砒砂岩坡面复合侵蚀叠加效应看,在"冻+水"作用下,砒砂岩坡面产沙量约为 330 kg,"冻-水"复合作用下的产沙量约为 748 kg,"冻-水"叠加效应约放大到 127%;在"冻+风+水"作用下,砒砂岩坡面产沙量约为 329 kg,"冻-风-水"复合作用下的产沙量约为 868 kg,"冻-风-水"叠加效应放大至 164%。说明复合侵蚀作用存在着叠加放大效应,两相或三相作用力的交互能使砒砂岩坡面的产沙量增加 1 倍以上。

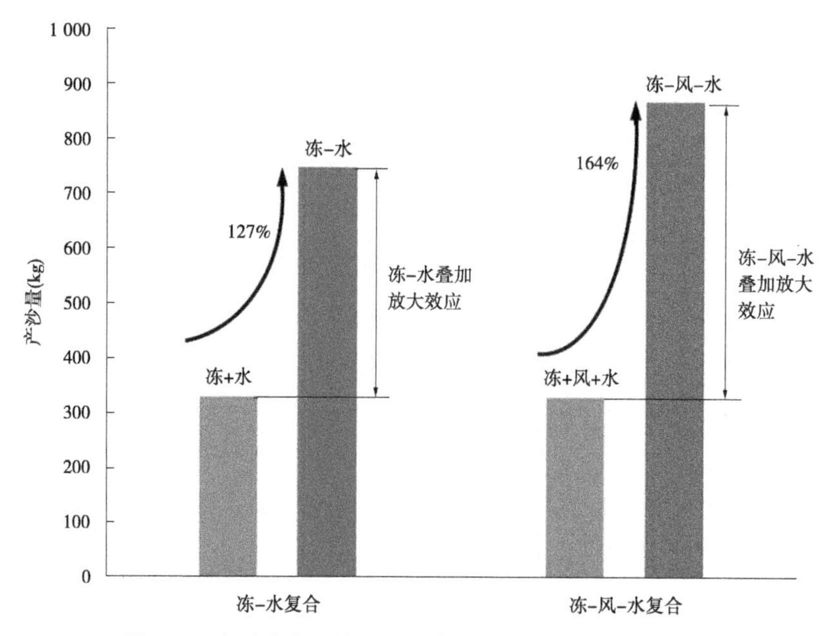

图 6-45　多动力交互作用下砒砂岩坡面复合侵蚀叠加效应

6.5.1.4　复合侵蚀对粗泥沙的叠加放大效应

从图 6-46 所示的多动力交互作用下砒砂岩坡面复合侵蚀-粗泥沙产沙叠加效应看，在“冻+水”作用下，砒砂岩坡面产粗泥沙量约为 191 kg，“冻-水”复合作用下的产沙量约为 387 kg，“冻-水”叠加效应约放大到 103%；在“冻+风+水”作用下，砒砂岩坡面产沙量约为 190 kg，“冻-风-水”复合作用下的产沙量约为 468 kg，“冻-风-水”叠加效应放大至 145%。说明复合侵蚀作用存在着叠加放大效应，两相或三相作用力的交互能使砒砂岩坡面的粗泥沙产沙量增加 1 倍以上，这也是砒砂岩区成为黄河粗泥沙来源核心区的重要原因之一。

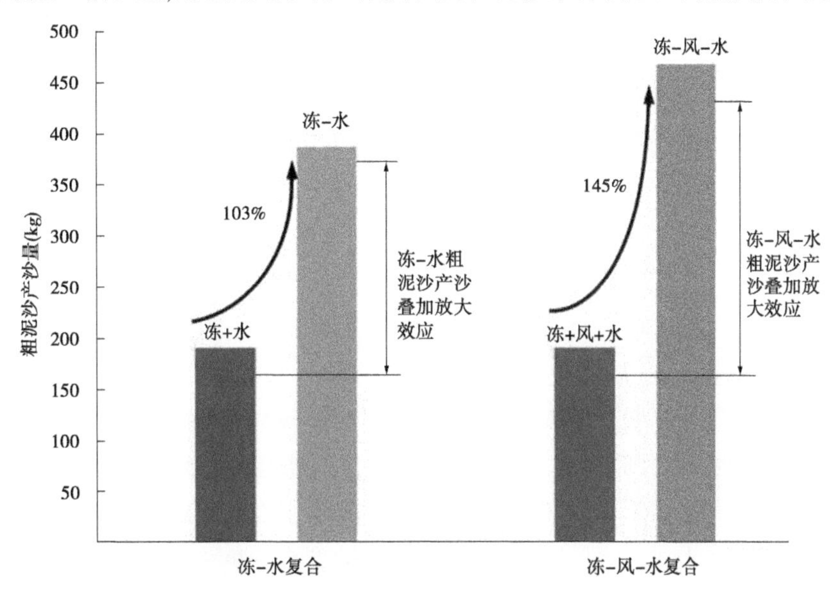

图 6-46　多动力交互作用下砒砂岩坡面复合侵蚀-粗泥沙产沙叠加效应

6.5.2　复合侵蚀-粗泥沙产输过程

6.5.2.1　数据处理

在现有研究中，中值粒径(d_{50})通常被用作评价沉积物样品粒径的平均粒径指数。在颗粒级配曲线上，对应于 50%纵坐标的粒径称为 d_{50}。在所有沉积物样品中，大于或小于 d_{50} 的沉积物质量相等；d_{50} 越大，沉积物颗粒越粗。泥沙颗粒的分形维数不仅可以用来表征土壤粒径的大小和土壤质地组成的均匀性，还可以用来反映土壤结构、土壤性质和肥力以及土壤退化的程度。利用 Tyler 和 Wheatcraft 提出的以不同粒级颗粒体积分布为特征的土壤分形模型。1992 年，计算公式如下：

$$\left(\frac{d_i}{d_{\max}}\right)^{3-D} = \frac{V(\delta < d_i)}{V_0} \tag{6-5}$$

$$D = 3 - \lg\left[\frac{V(\delta < d_i)}{V_0}\right] / \lg \frac{\bar{d}_i}{\bar{d}_{\max}} \tag{6-6}$$

式中：$\bar{d}_i$ 为 d_i和 d_{i+1} 的平均粒径 ($d_i > d_{i+1}, i = 1, 2, \cdots$)，mm；$\bar{d}_{\max}$是平均最大粒径，mm；

$V(\delta < \bar{d}_i)$ 为粒径小于$\bar{d}_i$ 的累积体积;V_0 为每种粒径体积的总和 。

6.5.2.2　不同侵蚀动力下 *ER* 的变化过程

图 6-47 给出了不同侵蚀动力作用下各粒径组分的 *ER* 变化过程。砂粒和 d>0.05 mm 的颗粒在不同动力作用下,*ER* 基本均大于 1;粉粒在单一水蚀作用下,*ER* 约等于 1,而在冻+水、冻+风+水等复合侵蚀作用下,*ER* 基本均小于 1。黏粒的 *ER* 变化随侵蚀动力的不同而存在明显差异,单一水力侵蚀作用下 *ER* 均小于 1,冻+水作用下 *ER* 均大于 1,冻+风+水作用下 *ER* 在 1 附近波动。这说明砂粒和 d>0.05 mm 等粗颗粒在侵蚀泥沙中发生了富集,粉粒则相反,发生了流失,而黏粒的分选搬运过程随侵蚀动力的不同而存在明显差异。坡面侵蚀泥沙颗粒的粒径分布取决于土壤质地、降雨特性、径流类型、冻融作用、地形特征等很多因素,而这些因素也会导致侵蚀泥沙颗粒分选规律存在很大差异。其中,冻融作用能够破坏土壤颗粒之间的黏结力,改变土壤原状颗粒大小,进而导致土壤颗粒容易发生分离。在水力侵蚀与冻融侵蚀复合作用下,坡面侵蚀及侵蚀泥沙颗粒分选规律会与单一的水力侵蚀作用有很大不同。一般认为,在黄土坡面泥沙颗粒的分选搬运过程中,优先搬运的是细颗粒泥沙。而在砒砂岩颗粒的分选搬运过程中,优先搬运的是粗颗粒泥沙。究其原因,一方面,可能由于砒砂岩坡面的坡度(25°~40°)较一般黄土坡面坡度(15°~25°)大,粗泥沙颗粒在重力作用下沿坡面有较大分力,使其较易发生位移。另一方面,可能与砒砂岩土壤的质地有关,细颗粒泥沙主要以团聚体的形式存在,而粗颗粒泥沙则以单个粒子的形式存在。因此,由于黏粒和粉粒的团聚体结构,它们较难剥离和运输,但是沙粒则相反,由于缺乏黏聚力,加上砒砂岩地区降雨径流的输送和承载能力很强,所以沙粒较容易搬运。

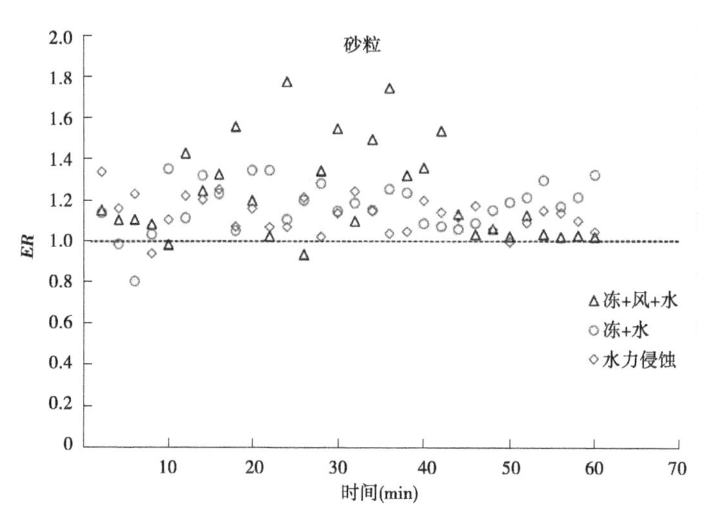

图 6-47　复合侵蚀条件下不同粒径侵蚀泥沙 *ER* 的时空变化

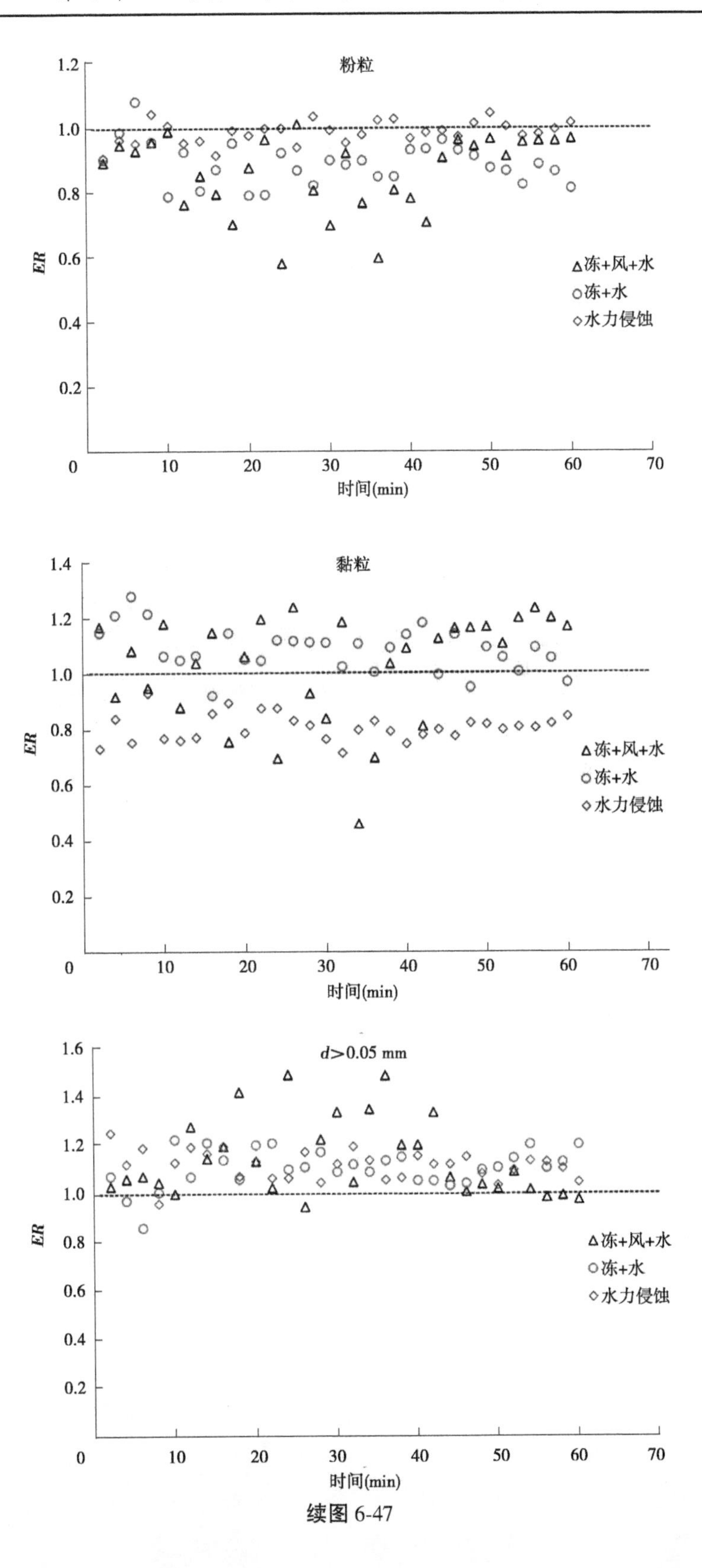
粉粒
ER
1.2
1.0
0.8
0.6
0.4
0.2
0
10
20
30
40
50
60
70
时间(min)
冻+风+水
冻+水
水力侵蚀
黏粒
ER
1.4
1.2
1.0
0.8
0.6
0.4
0.2
0
10
20
30
40
50
60
70
时间(min)
冻+风+水
冻+水
水力侵蚀
d>0.05 mm
ER
1.6
1.4
1.2
1.0
0.8
0.6
0.4
0.2
0
10
20
30
40
50
60
70
时间(min)
冻+风+水
冻+水
水力侵蚀

续图 6-47

6.5.2.3　不同侵蚀动力下分形维数的变化过程

图 6-48 给出了不同侵蚀动力作用下各粒径组分的分形维数变化过程。不同侵蚀动力作用下的颗粒分形维数变化差异较大,其均值大小依次为冻+水(2.50)>冻+风+水(2.48)>纯水蚀(2.41)。在本研究中,各个土壤样品的粒径分布均是连续的,分析的上下限均介于 0.001~2 mm,所以分形维数的波动越大,就代表土壤粒径的分布范围越宽,异质性程度越大,土壤质地越不均匀。由此说明,在冻+水和冻+风+水复合作用下,侵蚀泥沙粒径分布在 2.33~2.53,异质性程度较大,质地较不均匀;在纯水蚀作用下,侵蚀泥沙粒径分布在 2.37~2.43,异质性程度较小,质地较均匀。从各种动力随时间的变化趋势来看,冻+水复合和纯水蚀作用下的波动幅度较小,而冻+风+水作用下的波动幅度较大。这表明在冻+水复合和纯水力侵蚀作用下侵蚀能量较为稳定,侵蚀土壤粒径组成随时间的变化较为稳定,而冻+风+水复合作用下侵蚀能量不稳定,不同时间下侵蚀土壤粒径组成变化较大。说明,风力的作用会加剧侵蚀动力系统的不稳定性,风力侵蚀过程是一个复杂的风沙物理过程,其是否发生及发生的强度由气流状况和下垫面状况共同决定,风力和风力侵蚀强度间可能并非简单的线性关系,影响因素的微小改变可能会导致风力侵蚀强度的急剧变化。

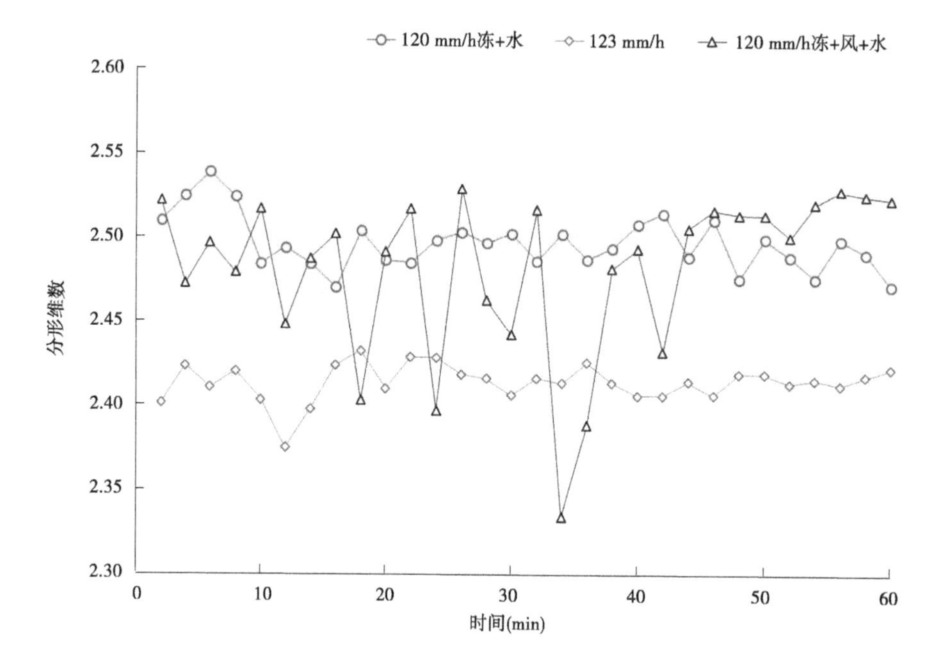

图 6-48　不同侵蚀动力作用下各粒径组分的分形维数变化过程

6.5.2.4　不同侵蚀动力下 d_{50} 的变化过程

图 6-49 给出了不同侵蚀动力作用下各粒径组分的 d_{50} 变化过程。从变化趋势来看,不同侵蚀动力作用下的 d_{50} 变化差异较大,其均值大小依次为冻+风+水（0.059 mm）>冻+水(0.054 mm)>纯水力侵蚀(0.039 mm)>初始值(0.032 mm)。由此说明,不同动力作用下的砒砂岩土壤侵蚀物质的颗粒组成均大于初始土壤。其中,在冻+风+水复合作用

下侵蚀物质的颗粒最粗,在纯水力侵蚀作用下的侵蚀物质颗粒最细,说明多侵蚀动力的交互在时空分布、能量供给、物质来源等方面相互耦合,会形成与单一的水蚀或风力侵蚀发生机制完全不同的泥沙侵蚀、搬运、沉积过程,为粗泥沙的输移创造条件。从各种动力随时间的变化趋势来看,冻+风+水复合作用下的波动幅度最大,冻+水复合作用下的波动幅度次之,纯水力侵蚀作用下的波动幅度最小。这再次表明冻+风+水的复合侵蚀系统能力较大且极不稳定,冻+水和纯水力侵蚀系统的能量较为稳定。可见,砒砂岩区之所以成为黄河粗泥沙集中来源的核心区,不仅和砒砂岩土壤本身特殊的性质有关,也和这一地区复杂的气候条件和地貌条件有关,多动力交互、坡陡等因素交织在一起形成了该地区独特的粗泥沙产输条件。

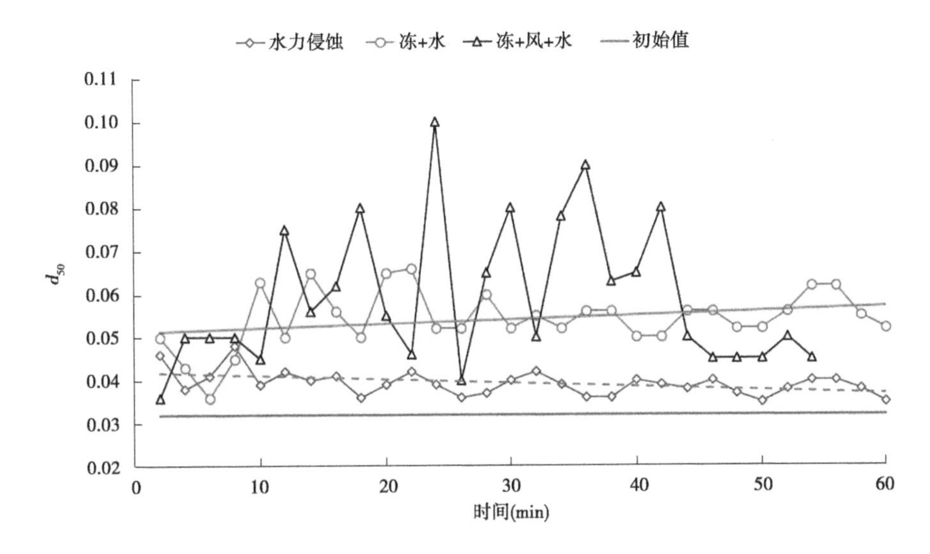

图 6-49　不同侵蚀动力作用下各粒径组分的 d_{50} 变化过程

6.5.3　植被-复合侵蚀作用下泥沙粒径分布特征

6.5.3.1　植被对泥沙颗粒分布影响

为辨识砒砂岩区植被作用对泥沙输移的影响,将治理后与治理前的自然坡面、沟道泥沙颗粒分布特征进行了对比(见图 6-50、图 6-51)。从治理前、后沟道泥沙分布的对比来看,治理后沟道泥沙颗粒较自然沟道粒径分布偏细,在治理前自然沟道植被覆盖度 30% 的情况下砂粒含量约 82%、黏粒含量约 4%、中值粒径约 0. 2 mm,在治理后沟道植被覆盖度 65%的情况下砂粒含量约 70%、黏粒含量约 8%、中值粒径约 0. 16 mm;从治理前、后坡面泥沙分布的对比来看,泥沙粒径沿坡面分布差别不大,粗泥沙含量均为 29%,中值粒径分别为 0. 13 mm 和 0. 12 mm,但坡面侵蚀泥沙存在明显差异,治理前自然坡面植被覆盖度不足 5%的侵蚀泥沙中砂粒含量约 63%、黏粒含量约 8%、中值粒径约 0. 14 mm、粗泥沙含量约 77%,治理后坡面植被覆盖度达 60%的侵蚀泥沙中砂粒含量约 56%、黏粒含量约 11%、中值粒径约为 0. 11 mm、粗泥沙含量约 69%。由此可以看出,植被对砒砂岩地区坡面、沟道泥沙具有良好的天然分选功能,能将大量粗颗粒泥沙拦截在植物坝内,这一研究结果也是在砒砂岩地区实施植物柔性坝建设的理论依据。

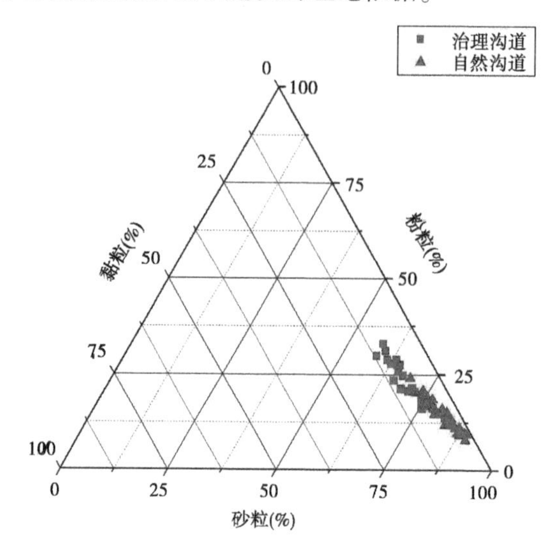

图 6-50　治理沟道、自然沟道泥沙颗粒分布

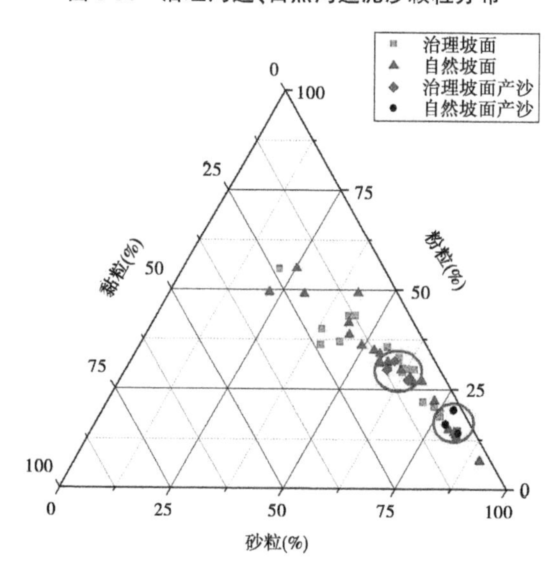

图 6-51　治理坡面、自然坡面及其侵蚀泥沙分布

6.5.3.2　植被对粗泥沙分布的影响

为辨识砒砂岩区植被作用对粗泥沙输移的影响，将治理后与治理前的自然坡面、沟道沿程粗颗粒泥沙含量进行了对比（见图 6-52、图 6-53）。从治理前、后沟道粗泥沙含量的对比来看，治理后沟道的粗颗粒泥沙含量较自然沟道明显下降，在治理前自然沟道沿程平均粗泥沙含量约 87%，在治理后沟道粗泥沙含量约 79%，植被覆盖度提高了 35%，粗泥沙含量降低了 9.2%，且治理前粗泥沙含量沿程起伏变化较大，而治理后粗泥沙含量沿程变化较平稳；从治理前、后坡面粗泥沙含量的对比来看，治理后坡面的粗颗粒泥沙含量较自然坡面也有明显下降，治理前自然坡面粗泥沙含量约 71%，治理后坡面粗泥沙含量约 68%，植被覆盖度提高了 55%，粗泥沙含量降低了 4.2%，且治理前粗泥沙含量沿坡面起伏

变化较大,而治理后粗泥沙含量沿坡面变化较平稳。可见,植被对砒砂岩地区沟道、坡面粗泥沙的减少有明显效果,且对沿程粗泥沙颗粒的分布有明显的调节作用,植被对沟道的粗泥沙减少效果优于坡面,因此要减少砒砂岩区的粗泥沙含量,沟道植物柔性坝的建设效果明显。

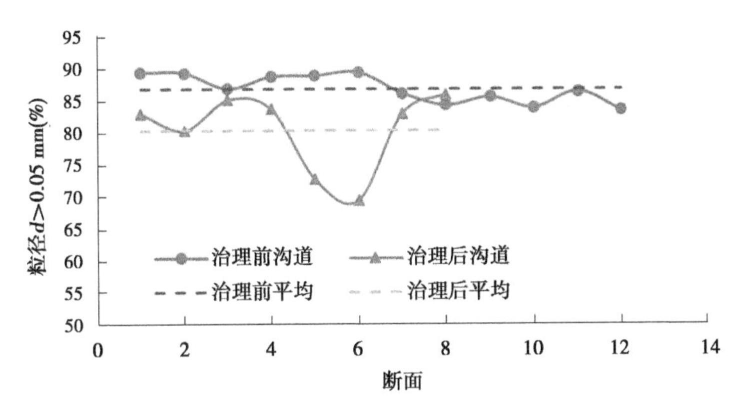

图 6-52　治理沟道、自然沟道粗颗粒泥沙沿程分布

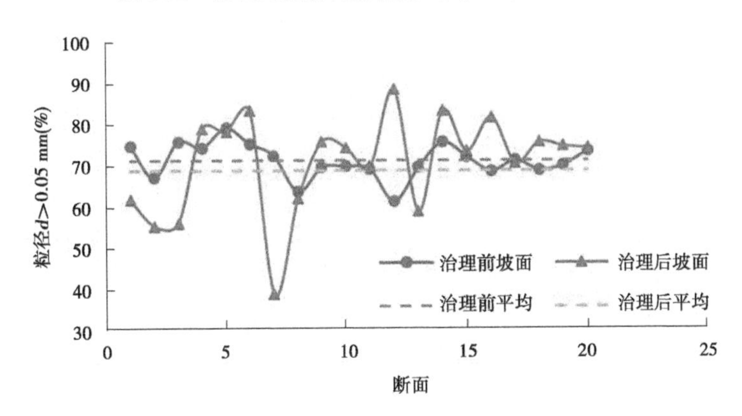

图 6-53　治理坡面、自然坡面粗颗粒泥沙沿程分布

6.6　本章小结

(1)随着不同侵蚀动力种类的增加,侵蚀泥沙的平均重量直径 *MWD* 呈增大趋势。不同复合侵蚀作用下砂粒、粉粒和黏粒的平均含量表现出与供试土壤相匹配的特征。单一水力侵蚀试验的侵蚀泥沙颗粒在侵蚀过程中产出变化较为稳定;随着侵蚀动力种类的增加发生复合作用,能够改变砒砂岩坡面侵蚀泥沙中各粒径颗粒的含量比例,粗颗粒产出明显并在侵蚀过程中波动变化剧烈。

(2)单一水力侵蚀下,进入降雨中后期的各粒径颗粒的富集率皆趋近于 1,再次表现出与供试土壤颗粒高匹配的特征,也表明水力侵蚀对砒砂岩泥沙的侵蚀方式以整体侵蚀为主。随着侵蚀动力重力的增加,各粒径颗粒在侵蚀过程中变化更加剧烈,而复合侵蚀作用下只有砂粒含量的富集率大于 1，表明复合侵蚀作用能够明显影响砒砂岩侵蚀泥沙的颗粒含量，造成坡面大量粗颗粒富集。

（3）砒砂岩沟道沉积泥沙普遍较粗，坡面沉积泥沙较沟道明显偏细，泥沙颗粒在沿沟道的搬运过程中分选现象不明显，但在从坡面至沟道的搬运过程中，存在明显的分选现象，粗颗粒泥沙优先搬运，砂粒和 d>0.05 mm 等粗颗粒在侵蚀泥沙中发生了富集，粉粒则相反发生了流失，黏粒随侵蚀动力的不同而存在明显差异。

（4）砒砂岩沟道泥沙颗粒分布特征与多动力交互作用存在良好的响应关系，不同季节的复合侵蚀模式对沟道泥沙产输具有显著影响，水力作用是输送粗颗粒泥沙的主要动力。风力的作用会加剧侵蚀动力系统的不稳定性，在冻+水复合和纯水力侵蚀作用下侵蚀能量较为稳定，侵蚀土壤粒径组成随时间的变化较为稳定，而冻+风+水复合作用下侵蚀能量不稳定，不同时间下侵蚀土壤粒径组成变化较大。

（5）植被对砒砂岩地区坡面、沟道泥沙具有良好的天然分选功能。

（6）典型小流域水力侵蚀的四季空间分布场以夏季为主，秋季次之，冬季最小，其中各季水力侵蚀以微度侵蚀为主，各像元的水力侵蚀强度在四季发生转移，夏季水力侵蚀在三个典型小流域出现剧烈侵蚀像元，其中以什卜尔泰沟小流域该类侵蚀像元面积占比最大，占小流域面积的 9.9%；风力侵蚀集中在 3~6 月，占全年总风力侵蚀的 59%以上，典型流域风力侵蚀的四季空间分布场以春季为主，冬季次之，夏季最小，与水力侵蚀相似，各季风力侵蚀以微度侵蚀为主，其中二老虎沟小流域该类侵蚀像元面积占比最大，占小流域面积的 93.1%。

（7）基于前期砒砂岩区典型小流域风力、水力侵蚀模数分析结果，量化了砒砂岩区典型小流域风力-水力复合侵蚀，并界定了小流域季节性冻融发生时间，砒砂岩区典型小流域 5~11 月以水力侵蚀为主，12 月至翌年 4 月则以风力侵蚀为主，二老虎沟、什卜尔泰沟、特拉沟小流域风力、水力侵蚀模数比例分别为 11.4%、16.4%、17.0%，且上述小流域伴有季节性冻融侵蚀，主要发生在春、冬两季，且春天的冻融强于冬天。

（8）降水作为二老虎沟小流域洪水事件的主要驱动力，为流域产流产沙提供了初始动力来源，小流域的坝地沉积旋回样的分析结果显示，粉粒、中砂粒、细砂粒为二老虎沟小流域坝地沉积旋回样的主要粒径，占比达 70%，两场次洪条件下小流域泥沙淤积状况存在差异，结果显示砒砂岩为 1 号洪水与 2 号洪水的沉积旋回样中的主要侵蚀运移物质，但与 1 号洪水相比，2 号洪水沉积旋回样中的砒砂岩占比增长，地表覆土占比减少。

（9）区域植被覆盖度变化将在短期内保持增长趋势，降水、土壤水分和气温是影响砒砂岩区植被覆盖空间分布的主导环境因子，坡度和坡向对植被覆盖的解释力最弱。各分区不同植被覆盖度水力侵蚀发生面积主要集中在中低植被覆盖度与中植被覆盖度地区，占水力侵蚀发生面积的 80.3%。

第 7 章　结　论

7.1　砒砂岩环境特征

7.1.1　环境因子特征

砒砂岩区多年平均降水量为 390.9 mm，多年平均气温 7.8 ℃，整体均呈现上升趋势，其中年平均气温上升趋势显著。空间上该区降水量/气温呈现东南高、西北低的趋势。不同砒砂岩区年冻融循环天数差异较小，其中覆土区年冻融循环天数最少，随着年代更替，年冻融循环天数在不断减少。区域坡度从西北到东南逐渐递增，以斜坡为主，占到总面积的 57.06%，缓斜坡次之；各坡向所占比例均匀分布在 25%左右，阳坡稍偏大。砒砂岩区的土壤类型一共有 17 种，以石灰性雏形土（CMc）和简育栗钙土（KSh）为主，分别占砒砂岩区土壤类型的 21.31%和 17.41%。

7.1.2　土壤水分时空特征

通过反演的遥感数据可以得到，土壤平均含水量按季节排序总体表现为秋季>夏季>春季>冬季，在四个时间段内土壤平均含水量的空间分布基本一致，均为从西北到东南逐渐上升。月尺度上，年内土壤含水量最高的为 10 月，最低的为 1 月，一年 12 个月中仅有 4 个月土壤水分处于下降阶段，其余月份土壤含水量均在增加。土壤平均含水量按各区排序总体表现为覆土区>裸露区（剧烈侵蚀）>裸露区（强度侵蚀）>覆沙区，其中覆土区和覆沙区各月均属于中等变异，裸露区（剧烈侵蚀）各月均属于弱变异且变异程度最低。

治理小区与自然小区在 0~10 cm 处土壤含水量变化相差不大，但在 10~20 cm 处治理小区土壤含水量变化明显小于自然小区，在 40~100 cm 土层中，两种小区土壤含水量变化情况类似，但整体上自然小区土壤含水量高于治理小区。在不同雨型条件下两种小区降水入渗深度均有不同，在小雨与中雨条件下，多数降水事件下自然小区入渗深度明显高于治理小区，治理小区在大雨条件下入渗深度已经达到 100 cm，自然小区在暴雨条件下入渗达到 100 cm。

7.1.3　水力、风力侵蚀特征

研究区水力侵蚀发生面积占区域面积的 92.9%，水力侵蚀模数均值为 26.47 t/(hm^2·a)。砒砂岩区水力侵蚀模数空间上呈现东南大、西北小的趋势，各分区水力侵蚀强度发生面积呈相同趋势。研究区水力侵蚀以微度侵蚀和轻度侵蚀为主，占研究区水力侵蚀等级面积的 69.6%。各分区水力侵蚀均集中分布在 6~9 月，占全年水力侵蚀模数的 85%以上。研究区水力侵蚀的四季空间分布场分析结果显示，砒砂岩区水力侵蚀主要分布在夏季，秋季次之，冬季最小，各分区均呈相同趋势。研究区风力侵蚀发生面积为 16 694.2 km^2，风力侵蚀空间上呈西北高、东南低的趋势，其中裸露（强度侵蚀）区风力侵蚀模数均值最大，为 68.4 t/(hm^2 · a)。各分区风力侵蚀集中分布在春季（3~5 月），占全年风力侵蚀模数均值的 41%。研究区风力侵蚀主要以微度侵蚀和轻度侵蚀为主，砒砂岩区风力侵蚀四季空间分布场分析结果显示，风力侵蚀主要分布在春季，冬季次之，夏季最小，各分区呈相同趋势。

7.1.4　风力-水力复合侵蚀特征

研究区风水复合侵蚀模数在空间上呈西北高东部低的趋势，裸露（强度侵蚀）区风力-水力复合侵蚀模数最大，为 88.23 t/(hm^2 · a)。砒砂岩区各月风力-水力复合侵蚀显示研究区各分区 6~9 月以水力侵蚀为主，3~5 月以风力侵蚀为主。研究区风力-水力侵蚀模数存在差异，其中水力侵蚀所占侵蚀百分比为 49.28%，风力侵蚀为 50.72%。各分区中裸露（强度侵蚀）区差异最显著，水力侵蚀占比为 22.5%，风力侵蚀占比为 77.5%。筛选了砒砂岩区日最大温度大于 0 ℃和日最小温度小于 0 ℃的月平均发生天数以及该背景下的月温差累计，结果显示砒砂岩区冻融主要发生在春冬两季，且春天的冻融强于冬天。各分区发生冻融循环天数的月温差累计表现为春季和冬季月温差累计最大，且春季温差累计显著大于冬季，其中裸露（强度侵蚀）区月温差累计最大。

7.2　砒砂岩复合侵蚀特征

7.2.1　不同侵蚀营力分布特征

水力侵蚀高峰期发生于 6~9 月，风力侵蚀高峰期为 3~5 月，冻融期为 12 月初至翌年 3 月底。其中，冻融过程具有上冻期、封冻期和解冻期三个阶段，上冻期表层土体最先冻结；封冻期的土壤水分含量处于全年中的较低水平，解冻期表层土体最先解冻，深层土体最后解冻；春季解冻期是冻融循环的多发期，加之这一时期的土壤水分含量相对较高，极易对土体结构形成冻融侵蚀破坏。

7.2.2　复合侵蚀分布特征

复合侵蚀作用基本上是双类侵蚀叠加耦合造成的，分别为风冻交错、风水交错和风水冻交错三个典型动力组合模式。砒砂岩区年内存在三个高侵蚀风险期，即每年的 2 月上旬至 3 月中下旬为高侵蚀风险期Ⅰ，表现为风力侵蚀、冻融交错作用（风冻交错）；每年的 6 月中上旬至 8 月中下旬为高侵蚀风险期Ⅱ，表现为以水力侵蚀为主的风水交错侵蚀作用（风水交错）；每年的 10 月中旬至 11 月中下旬为高侵蚀风险期Ⅲ，表现为水力侵蚀、风力侵蚀、冻融交错侵蚀作用（风水冻交错）。

7.2.3　侵蚀动力对产沙影响

单一的冻融、风力侵蚀作用并不会直接导致砒砂岩坡面产沙量明显增加，二者只有在水力、重力等驱动因子的共同作用下才能使坡面泥沙被搬运、堆积,础砂岩区的复合侵蚀主要表现为以水力侵蚀过程为主导的水力-风力-冻融交互侵蚀作用。在础砂岩坡面,风力产沙量甚微,其影响作用主要是使础砂岩表层结构发生破坏,形成风化层,为水力侵蚀提供更为充足的物质来源,础砂岩体表面风化层的存在是影响风蚀产沙的一个重要因素。复合侵蚀不等于水力、风力、冻融单一动力侵蚀量的简单线性叠加,其复合侵蚀作用存在着叠加放大效应,水力、风力、冻融等两相或三相作用力的交互能使础砂岩坡面的产沙量增加1倍以上,这种多动力的叠加尤其对坡面侵蚀形态发育活跃期的侵蚀产沙量影响显著。

7.3 础砂岩复合侵蚀机制及动力临界特征

7.3.1 复合侵蚀峰谷涨跌特征

多动力交错叠加加剧了复合侵蚀发生发展进程和侵蚀过程峰谷涨跌变化。础砂岩区复合侵蚀表现为多种动力侵蚀时空上的交替或叠加,侵蚀发生发展过程和侵蚀发生临界以上动力条件持续时间和分布范围呈正相关。伴随年内单一动力侵蚀过程的错峰交替分布,复合侵蚀过程表现为春、夏、秋三个高峰过程,分别表现为春季风-冻复合侵蚀、夏季水-风复合侵蚀、秋季风-冻复合侵蚀过程。结合裸露坡面开展的不同动力组合条件下侵蚀模拟试验并初步分析发现,多动力叠加增加了复合侵蚀强度,加剧了侵蚀发生发展进程和侵蚀过程峰谷涨跌落差。

7.3.2 复合侵蚀发生影响因素

改善下垫面植被覆盖和土壤温湿度条件可调控复合侵蚀发生发展过程复合侵蚀过程由单一动力过程交错或叠加构成,分布范围和侵蚀强度不仅与动力条件有关,也与下垫面植被覆盖和土壤温湿度关系紧密。水力、风力侵蚀强度与植被覆盖度呈负相关,风力侵蚀强度与土壤水分条件呈负相关,冻融与土壤水分条件呈正相关。增加地表覆盖可以提升风力侵蚀临界风速、水力侵蚀临界雨量,调节地表温度,降低冻融循环次数,提高春季土壤湿度和降低秋冬季土壤湿度可抑制风力侵蚀和冻融侵蚀强度。认识复合侵蚀与下垫面的耦合关系,对采取措施人为干预和调控复合侵蚀过程具有指导意义。础砂岩复合侵蚀和础砂岩构成岩性成分及其特征有直接关系。不同类型础砂岩致密程度不同,其黏聚力和抗剪强度与含水量关系不同,复合侵蚀发生发展过程存在差异。

7.3.3 复合侵蚀临界特征

础砂岩区复合侵蚀临界受单一动力侵蚀临界的交错和叠加影响。多动力复合侵蚀年内呈交替叠加模式,复合侵蚀临界受单动力侵蚀临界影响。初步界定了水力侵蚀、风力侵蚀和冻融侵蚀的临界动力范围,揭示了多动力复合侵蚀过程动力临界条件。通过增加地表覆盖,降低风力、水力和气温交替变化影响,可以调控或提高础砂岩区抵抗水力侵蚀、风力侵蚀和冻融侵蚀的能力。

7.4 植被-复合侵蚀-产沙响应特征

7.4.1 砒砂岩的侵蚀过程

砒砂岩的侵蚀过程包括以下两个步骤：①母岩的冻融、风化、堆积过程；②降雨侵蚀及泥沙搬运。砒砂岩母质在冷热、干湿等的作用下，母岩产生风化，风化的速度很快，砒砂岩母质的冻融、风化与侵蚀交替进行，风化崩解形成的岩屑成为径流侵蚀挟带泥沙的源泉，岩石风化层被侵蚀后，又裸露出新的岩体供冻融、风化，呈冻融风化-侵蚀-冻融风化循环的特点；砒砂岩母质土壤侵蚀强烈，导致土层浅薄，土地生产力下降，甚至裸露母质、母岩丧失生产力，演变成侵蚀更严重的母质侵蚀。

7.4.2 野外沟道产沙特征

砒砂岩沟道沉积泥沙普遍较粗，坡面沉积泥沙较沟道明显偏细，泥沙颗粒在沿沟道的搬运过程中分选现象不明显，但在从坡面至沟道的搬运过程中，存在明显的分选现象，粗颗粒泥沙优先搬运，砂粒和 d>0.05 mm 等粗颗粒在侵蚀泥沙中发生了富集，粉粒则发生了流失，黏粒随侵蚀动力的不同而存在明显差异。径流作为小流域泥沙运移的主要载体，对流域输沙过程具有影响，二老虎沟小流域的坝地沉积旋回样的分析结果显示砒砂岩是洪水的沉积旋回样中的主要侵蚀运移物质。

7.4.3 复合侵蚀对泥沙颗粒影响

砒砂岩沟道泥沙颗粒分布特征与多动力交互作用存在良好的响应关系，不同季节的复合侵蚀模式对沟道泥沙产输具有显著影响，水力作用是输送粗颗粒泥沙的主要动力。风力的作用会加剧侵蚀动力系统的不稳定性，在冻+水复合和纯水力侵蚀作用下侵蚀能量较为稳定，侵蚀土壤粒径组成随时间的变化较为稳定，而冻+风+水复合作用下侵蚀能量不稳定，不同时间下侵蚀土壤粒径组成变化较大。

7.4.4 植被对产沙的影响

植被对砒砂岩地区坡面、沟道泥沙具有良好的天然分选功能，能将大量粗颗粒泥沙拦截在植物坝内，对砒砂岩沟道进行抗蚀促生治理后，沟道、坡面侵蚀泥沙颗粒明显变细，因此在这一地区实施抗蚀促生、植被恢复重建、植物柔性坝等水土保持措施具有重要意义。

7.4.5 典型小流域侵蚀特征

对砒砂岩区典型小流域不同时间尺度（年、月、季节）的水力、风力侵蚀分布进行分析，结果显示：什卜尔泰沟小流域、特拉沟小流域、二老虎沟小流域水力侵蚀集中分布在6~9月，占全年总水力侵蚀的87%，典型小流域水力侵蚀的四季空间分布场以夏季为主，秋季次之，冬季最小，其中各季水力侵蚀以微度侵蚀为主，各像元的水力侵蚀强度在四季发生转移，夏季水力侵蚀在三个典型小流域出现剧烈侵蚀像元，其中以什卜尔泰沟小流域该类侵蚀像元面积占比最大，占小流域面积的9.9%；什卜尔泰沟小流域、特拉沟小流域、二老虎沟小流域风力侵蚀集中在3~6月，占全年总风力侵蚀的59%以上，典型流域风力侵蚀的四季空间分布场以春季为主，冬季次之，夏季最小，与水力侵蚀相似，各季风力侵蚀以微度侵蚀为主，其中二老虎沟小流域该类侵蚀像元面积占比最大，占小流域面积的93.1%。

7.4.6　典型小流域风力-水力-冻融复合侵蚀特征

基于前期砒砂岩区典型小流域风力、水力侵蚀模数分析结果，量化了砒砂岩区典型小流域风力-水力复合侵蚀，并界定了小流域季节性冻融发生时间，其中砒砂岩区典型小流域各月风力-水力复合侵蚀显示，砒砂岩区典型小流域5~11月以水力侵蚀为主，12月至翌年4月则以风力侵蚀为主，且小流域伴有季节性冻融侵蚀，主要发生在春、冬两季，且春天的冻融强于冬天。

7.4.7　砒砂岩区植被退化与土壤侵蚀耦合机制

1999~2018年砒砂岩区植被覆盖呈增加趋势。空间上，砒砂岩区植被覆盖格局呈现从东南向西北递减的空间分布特征，其中覆土区>覆沙区>裸露区（剧烈侵蚀）>裸露区（强度侵蚀）。近20年砒砂岩区45.53%的区域面积植被覆盖度极显著增加，主要分布在覆土区和覆沙区，显著和极显著减少的区域零星分布在裸露区与覆沙区交界处。区域植被覆盖度变化将在短期内保持增长趋势，降水、土壤水分和气温是影响砒砂岩区植被覆盖空间分布的主导环境因子，坡度和坡向对植被覆盖的解释力最弱。

各分区不同植被覆盖度水力侵蚀发生面积主要集中在中低植被覆盖度与中植被覆盖度地区，占水力侵蚀发生面积的80.3%。其中，覆土区中低植被覆盖度和中植被覆盖度水力侵蚀发生面积最大，占该区水力侵蚀发生面积比例分别为30.05%、58.32%。总体而言，不同植被覆盖度水力侵蚀面积中低植被覆盖度区>中植被覆盖度区>低植被覆盖度区>高植被覆盖度区。对不同植被覆盖度的风力侵蚀特征进行分析，结果表明除裸地无风力侵蚀外，风力侵蚀均集中在中低植被覆盖度与中植被覆盖度地区，占风力侵蚀发生面积的79.8%。其中，覆土区中低植被覆盖度和中植被覆盖度风力侵蚀发生面积最大，占该区水力侵蚀发生面积比例分别为30.72%、57.94%。

参考文献

[1] 许炯心. 黄河中游多沙粗沙区高含沙水流的粒度组成及其地貌学意义[J]. 泥沙研究, 1999(5): 13-17.

[2] 王愿昌,吴永红,寇权,等. 砒砂岩分布范围界定与类型区划分[J]. 中国水土保持科学, 2007, 5(1): 4-8.

[3] 赵羽, 金争平, 史培军, 等. 内蒙古土壤侵蚀研究[M]. 北京:科学出版社, 1989.

[4] 李晓丽, 于际伟, 刘李杰. 鄂尔多斯砒砂岩土壤侵蚀与气候条件关系的研究[J]. 内蒙古农业大学学报(自然科学版), 2014,35(3):105-109.

[5] 刘社堂. 陕西榆林沙荒地开发整治的实践与思考[J]. 西部资源,2017(5):120-122,129.

[6] 姚文艺,吴智仁,刘慧,等 . 黄河流域砒砂岩区抗蚀促生技术试验研究[J]. 人民黄河,2015,37(1): 6-10.

[7] 刘慧, 时明立, 蔡怀森,等. 砒砂岩侵蚀的物理特性试验研究[J]. 人民黄河,2016,38(6):8-10.

[8] 肖培青,姚文艺,刘慧 . 砒砂岩地区水土流失研究进展与治理途径[J]. 人民黄河,2014,36(10): 92-95.

[9] 姚文艺, 肖培青, 王愿昌,等. 砒砂岩区侵蚀治理技术研究进展[J]. 水利水电科技进展,2019,39(5):1-9,15.

[10] 石迎春,叶浩,侯宏冰,等 . 内蒙古南部砒砂岩侵蚀内因分析[J]. 地球学报,2004,25(6):259-264.

[11] 张平仓, 唐克丽. 六道沟流域有效水蚀风蚀能量及其特征研究[J]. 土壤侵蚀与水土保持学报, 1997,3(2): 32-40.

[12] 张攀, 姚文艺, 刘国彬,等. 土壤复合侵蚀研究进展与展望[J]. 农业工程学报,2019,35(24):154-161.

[13] Visser S M, Sterka G, Ribolzi O. Techniques for simultaneous quantification of wind and water erosion in semi-arid regions[J]. Journal of Arid Environments, 2004, 59: 699-717.

[14] Harvey A M. Coupling between hillslopes and channels in upland fluvial systems: implications for landscape sensitivity, illustrated from the How gill Fells, northwest England[J]. Catena, 2001, 42: 225-250.

[15] 宋阳, 刘连友, 严平. 风水复合侵蚀研究述评[J]. 地理学报, 2006,61(1): 77-88.

[16] 杨岩岩, 刘连友, 曹恒武. 沙漠-黄土过渡带风水复合侵蚀营力特征:以靖边县为例[J]. 干旱区研究,2012,29(4):692-698.

[17] 高学田, 唐克丽. 风蚀水蚀交错带侵蚀能量特征[J]. 水土保持通报,1996,16(3):27-31.

[18] 冷疏影, 冯仁国, 李锐, 等. 土壤侵蚀与水土保持科学重点研究领域与问题[J]. 水土保持学报, 2004, 17(5): 1-6.

[19] 严平, 董治宝. 从 2002 年第五届风沙国际会议(Icar-5)看沙漠科学研究的发展趋势[J]. 干旱区地理, 2004, 27(3): 451-454.

[20] Huang G H, Gunther D, Peterson L C, et al. Climate and the collapse of Maya civilization[J]. Science, 2003, 299(5613): 1731-1735.

[21] Bridges, J E, Mctainsh G H. Aeoliair-fluvial interactions in dryland environments: examples and Austral-

ia case study[J]. Progress in Physcial Geography,2003,27(4):471-501.

[22] Belnap J, Munson S M, Field J P. Aeolian and fluvial processes in dryland regions: the need for integrated studies [J]. Ecohydrology, 2011, 4(5):615-622.

[23] El-Baz F, Maingue M, Robinson C. Fluvial-aeolian dynamics in the northeastern Sahara: the relationship between fluvial/aeolian systems and ground-water concentration[J]. Journal of Arid Environments, 2000, 44: 173-183.

[24] Lancaster N. Linkages between fluvial, lacustrine, and aeolian systems in drylands. A Contribution to IGCP Project 413[J]. Quaternary International, 2003, 104(1): 1.

[25] Bullard J E, Tainshmc G H. Aeolian-fluvial interactions in dryland environments: examples, concepts and Australia case study[J]. Progress in Physical Geography, 2003, 27: 471-501.

[26] 唐克丽,等.中国水土保持[M].北京:科学出版社,2004.

[27] 海春兴,史培军,刘宝元,等.风水两相侵蚀研究现状及我国今后风水侵蚀的主要研究内容[J].水土保持学报,2002,16(2):50-56.

[28] 姚正毅,屈建军,郑新民,等.北方农牧交错带风水复合侵蚀区水土流失现状、分布特点及发展趋势[J].中国水土保持,2008(12):63-66.

[29] 杨会民,王静爱,邹学勇,等.风水复合侵蚀研究进展与展望[J].中国沙漠,2016,36(4):962-971.

[30] Kirkby M J. The stream head as a significant geomorphic threshold[R]. Department of Geography, University of Leeds Working Paper,1978:216.

[31] Joanna E. Bullard,Ian Livingstone. Interactions between aeolian and fluvial systems indryland environments[J]. Area,2002,34(1):8-16.

[32] Zhao C H, Gao J E, Huang Y F, et al. The contribution of astragallus adsurgens roots and canopy to water erosion control in the water-wind crisscross erosion region of the Loess Plateau,China[J]. Land Degradation & Development,2017, 28: 265-273.

[33] 海春兴,史培军,刘宝元,等.风水两相侵蚀研究现状及我国今后风水蚀的主要研究内容[J].水土保持学报,2002,16(2):50-52,56.

[34] 刘元保,朱显漠,周佩华,等.黄土高原土壤侵蚀垂直分带性研究[J].中国科学院西北水土保持研究所集刊,1988,8(7):5-8.

[35] 唐克丽.黄土高原水蚀风蚀交错区治理的重要性与紧迫性[J].中国水土保持,2000(11):11-12,17.

[36] Clark M L, Rendell H M. Climate change impacts on sand supply and the formation of desert sand dunesin the south-west USA[J]. Journal of Arid Environments,1988,39(3):517-531.

[37] Bullard J E, Livingstone I. Interactions between Aeolian and fluvial systems in dryland environments[J]. Area, 2002,(34):8-16.

[38] 张庆印.黄土高原沙黄土水蚀与风蚀交互作用模拟试验研究[D].杨凌:西北农林科技大学,2013.

[39] 史培军,王静爱.论风水两相作用地貌的特征及其发育过程[J].内蒙古林学院学报,1986,8(2):88-97.

[40] 毕慈芬,王富贵.砒砂岩地区土壤侵蚀机制研究[J].泥沙研究,2008(1):70-73.

[41] 王随继.黄河中游冻融侵蚀的表现方式及其产沙能力评估[J].水土保持通报,2004,24(6):1-5.

[42] 杨具瑞,方铎,毕慈芬,等.砒砂岩区小流域沟冻融风化侵蚀模型研究[J].中国地质灾害与防治学报,2003,14(2):87-93.

[43] 赵国际. 内蒙古砒砂岩地区水土流失规律研究[J]. 水土保持研究, 2001,8(4): 158-160.

[44] 脱登峰, 许明祥, 郑世清, 等. 黄土高原风蚀水蚀交错区侵蚀产沙过程及机制[J]. 应用生态学报, 2012, 23(12): 3281-3287.

[45] 汪亚峰, 傅伯杰, 陈利顶, 等. 黄土高原小流域淤地坝泥沙粒度的剖面分布[J]. 应用生态学报, 2009,20(10): 2461-2467.

[46] 王强恒,孙旭,刘昀,等.室内模拟水岩作用对砒砂岩风化侵蚀的影响[J].人民黄河, 2013,35(4): 45-47.

[47] 唐政洪,蔡强国,李忠武,等.内蒙古砒砂岩地区风蚀、水蚀及重力侵蚀交互作用研究[J].水土保持学报, 2001, 15(2): 25-29.

[48] Joanna E,Bullard,Grant H. McTainsh. Aeolian-fluxial interactions in dryland environments: exampies, concepts and Australiacase study[J]. Progress in Physical Geography,2003(27):471-501.

[49] 宋阳, 严平, 刘连友,等. 威连滩冲沟砂黄土的风蚀与降雨侵蚀模拟实验[J]. 中国沙漠,2007,27(5):814-819.

[50] 王则宇,崔向新,蒙仲举,等.风水复合侵蚀下锡林河流域不同管理方式草地表土粒度特征[J]. 土壤, 2018, 50(4): 819-825.

[51] Wiggs G F S , Bullard J E, Garvey B,et al. Interactions Between Airflow and Valley Topography with Implications for Aeolian Sediment Transport[J]. Physical Geography,2002,23(5): 366-380.

[52] 张祥.东柳沟流域风力-水力侵蚀动力过程试验研究[D].西安:西安理工大学,2018.

[53] 邹学勇,刘玉璋,吴丹,等. 若干特殊地表风蚀的风洞实验研究[J]. 地理研究,1994,13(2):41-48.

[54] 脱登峰.黄土高原水蚀风蚀交错区土壤退化机制研究[D]. 杨凌:西北农林科技大学,2016.

[55] 孔宝祥.季节性冻融对黄土高原风水蚀交错区土壤可蚀性作用机制研究[D]. 杨凌:西北农林科技大学,2018.

[56] 马玉凤,严平,李双权.内蒙古孔兑区叭尔洞沟中游河谷段的风水交互侵蚀动力过程[J].中国沙漠,2013,33(4):990−999.

[57] 颜明, 张守红, 许炯心, 等. 风水两相变化对黄河中游支流粗泥沙的影响[J]. 水土保持学报, 2010, 24(2): 25-29.

[58] 姚文艺,李长明,张攀,等.砒砂岩侵蚀机制研究与展望[J].人民黄河,2018,40(6): 1−7.

[59] 景可, 陈永宗, 李凤新. 黄河泥沙与环境[M]. 北京: 科学出版社, 1993.

[60] 李秋艳, 蔡强国, 方海燕. 黄土高原风水蚀交错带风力作用对流域产沙贡献的空间特征研究[J]. 水资源与水工程学报, 2011, 22 (4): 39-49.

[61] Pelt R S V, Hushmurodov S X, Baumhardt R L, et al. The reduction of partitioned wind and water erosion by conservation agriculture[J]. Catena, 2017, 148: 160-167.

[62] Ayub J J, Lohaiza F, Velasco H, et al. Assessment of 7Be content in precipitation in a South American semi-arid environment[J]. Science of the Total Environment, 2012, 441: 111-116.

[63] Hagen L J, Van Pelt S, Sharratt B. Estimating the saltation and suspension components from field wind erosion[J]. Aeolian Research, 2010, 1(3-4): 147-153.

[64] Mendez M J, Buschiazzo D E. Wind erosion risk in agricultural soil under different tillage systems in the semiarid Pampas of Argentina[J]. Soil & Tillage Research, 2010, 106: 311-316.

[65] 师长兴. 风力侵蚀对无定河流域产沙作用定量分析[J]. 地理研究, 2006, 25(2): 285-293.

[66] Zhang J Q, Yang M Y, Deng X X, et al. Beryllium-7 measurements of wind erosion on sloping fields in the wind-water erosion crisscross region on the Chinese Loess Plateau[J]. Science of the Total Environment, 2018, 615: 240-252.

[67] Chappell A, Li Y, Yu H, et al. Cost-effective sampling of 137Cs-derivednet soil redistribution: part 2 - estimating the spatial mean change over time[J]. Journal of Environmental Radioactivity, 2015, 141: 168-174.

[68] Hong S W, Lee I B, Seo I H, et al. Measurementand prediction of soil erosion in dry field using portable wind erosion tunnel[J]. Biosystems Engineering, 2014, 118: 68-82.

[69] Yang M Y, Walling D E, Sun X J, et al. A wind tunnel experiment explore the feasibility of using beryllium-7 measurements to estimate soil loss by wind erosion[J]. Geochimicaet Cosmochimica Acta, 2013, 114: 81-93.

[70] 孙喜军. 黄土高原水蚀风蚀交错带土壤侵蚀速率的7Be和137Cs示踪研究[D]. 北京:中国科学院教育部水土保持与生态环境研究中心, 2012.

[71] 岳乐平, 李建星, 郑国璋, 等. 鄂尔多斯高原演化及环境效应[J]. 中国科学(D辑:地球科学), 2007(S1): 16-22.

[72] 白杭改. 砒砂岩侵蚀脆弱性的成因[D]. 长春:吉林大学, 2017.

[73] 马艳萍, 刘池洋, 王建强,等. 盆地后期改造中油气运散的效应——鄂尔多斯盆地东北部中生界漂白砂岩的形成[J]. 石油与天然气地质, 2006(2): 233-238,243.

[74] 马艳萍, 刘池洋, 赵俊峰,等. 鄂尔多斯盆地东北部砂岩漂白现象与天然气逸散的关系[J]. 中国科学(D辑:地球科学), 2007(S1): 127-138.

[75] 马艳萍, 刘池洋, 司维柳,等. 鄂尔多斯盆地东北部流-岩相互作用的岩石学记录对烃类运散的指示[J]. 西安石油大学学报(自然科学版), 2014, 29(2): 37-42,49,4.

[76] 宋土顺, 刘立, 王玉洁,等. 鄂尔多斯盆地漂白砒砂岩特征及成因[J]. 石油与天然气地质, 2014, 35(5): 679-684.

[77] Chan M A, Parry W T, Bowman J R. Diagenetic hematite and manganese oxides and fault-related fluid flow in Jurassic sandstones, southeastern Utah[J]. AAPG bulletin, 2000, 84(9): 1281-1310.

[78] 胡观冠, 李保生, 温小浩,等, 毛乌素沙地现代流动沙丘沙的矿物成分[J]. 中国沙漠, 2014, 34(6): 1454-1460.

[79] 叶浩,石建省,侯宏冰,等. 内蒙古南部砒砂岩岩性特征对重力侵蚀的影响[J]. 干旱区研究,2008,25(3):402-405.

[80] 石建省,叶浩,王强恒,等. 水岩作用对内蒙古南部砒砂岩风化侵蚀的影响分析[J]. 现代地质,2009,23 (1):171-177 .

[81] Visser S M,Sterka G,Ribolzi O . Techniques for simultaneous quantification of wind and water erosion in semi-arid regions[J]. Journal of Arid Environments,2004,59:699-717.

[82] Harvey A M . Coupling between hillslopes and channels in upland fluvial systems:implications for landscape sensitivity,illustrated from the Howgill Fells,northwest England[J]. Catena,2001,42:225-250.

[83] Du H,Dou S,Deng X,et al. Assessment of wind and water erosion risk in the watershed of the Ningxia-Inner Mongolia Reach of the Yellow River,China[J]. Ecological Indicators,2016,67:117-131.

[84] Pelt R S V,Hushmurodov S X,Baumhardt R L,et al. The reduction of partitioned wind and water erosion by conservation agriculture[J]. Catena,2017,148:160-167.

[85] Tuo D F,Xu M X,Gao L Q,et al. Changed surface roughness by wind erosion accelerates water erosion [J]. Journal of Soils and Sediments,2016,16:105-114.

[86] Zhang Q Y,Fan J,Zhang X P. Effects of simulated wind followed by rain on runoff and sediment yield from a sandy loessial soil with rills[J]. Journal of Soils and Sediments,2016,16:2306-2315.

[87] 张建国, 刘淑珍. 界定西藏冻融侵蚀区分布的一种新方法[J]. 地理与地理信息科学, 2005, 21

(2): 32-34.

[88] 李智广,刘淑珍,张建国,等. 我国冻融侵蚀的调查方法[J]. 中国水土保持科学,2012,10(4):1-5.

[89] 王随继. 黄河中游冻融侵蚀的表现方式及其产沙能力评估[J]. 水土保持通报,2004,24(6):1-5.

[90] 张攀,姚文艺,刘国彬,等. 砒砂岩区典型小流域复合侵蚀动力特征分析[J]. 水利学报,2019,50(11):1384-1391.

[91] Asadi H, Ghadiri H, Rose C W, et al. An investigation of flow-driven soil erosion processes at low stream powers[J]. Journal of Hydrology,2007,342(1-2):134-142.

[92] Slattery M C, Burt T P. Particle size characteristics of suspended sediment in hillslope runoff and stream flow[J]. Earth Surface Processes and Landforms,1997,22(8):705-719.

[93] 肖培青, 郑粉莉. 上方来水来沙对细沟侵蚀泥沙颗粒组成的影响[J]. 泥沙研究, 2003(5):64-68.

[94] 王龙生. 黄土坡面细沟流水动力学特性试验研究[D]. 武汉:华中农业大学,2014.

[95] Shi Z H, Fang N F, Wu F Z. Soil erosion processes and sediment sorting associated with transport mechanisms on steep slopes[J]. Journal of Hydrology,2012,454:123-130.

[96] 王玲. 陡坡地水蚀过程与泥沙搬运机制[D]. 杨凌:中国科学院教育部水土保持与生态环境研究中心,2016.

[97] 高燕, 郑粉莉, 王彬,等. 土壤结皮对黑土区坡面产流产沙的影响[J]. 水土保持研究,2014,21(4):17-20.

[98] 张攀, 唐洪武, 姚文艺,等. 细沟形态演变对坡面水沙过程的影响[J]. 水科学进展, 2016, 27(4):535-541.

[99] Zhang P, Yao W Y, Liu G B, et al. Experimental study of sediment transport processes and size selectivity of eroded sediment on steep Pisha sandstone slopes[J]. Geomorphology,2020,363:107211.